Schriften der Mathematisch-naturwissenschaftlichen Klasse

Band 27

Reihe herausgegeben von

Heidelberger Akademie der Wissenschaften, Heidelberg, Deutschland

Anthony D. Ho · Thomas W. Holstein ·
Heinz Häfner
(Hrsg.)

Altern: Biologie und Chancen

Alter und Altern individuell, kollektiv
und die Folgen

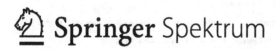

Hrsg.
Prof. Dr. Anthony D. Ho
Innere Medizin/Hämatologie
Onkologie & Rheumatologie
Universität Heidelberg
Heidelberg, Deutschland

Heidelberger Akademie der Wissenschaften
Heidelberg, Deutschland

Prof. Dr. Thomas W. Holstein
Centre for Organismal Studies
Universität Heidelberg
Heidelberg, Deutschland

Heidelberger Akademie der Wissenschaften
Heidelberg, Deutschland

Prof. Dr. Dr. h.c. mult. Heinz Häfner
Zentralinstitut für Seelische Gesundheit
Mannheim, Deutschland

Heidelberger Akademie der Wissenschaften
Heidelberg, Deutschland

Das dieser Publikation zugrundeliegende Vorhaben wurde mit Mitteln des Bundesministeriums für Bildung und Forschung unter dem Förderkennzeichen 01JG1901 gefördert. Die Verantwortung für den Inhalt dieser Veröffentlichung liegt beim Autor.

ISSN 2945-901X   ISSN 2945-9028   (electronic)
Schriften der Mathematisch-naturwissenschaftlichen Klasse
ISBN 978-3-658-34858-8   ISBN 978-3-658-34859-5   (eBook)
https://doi.org/10.1007/978-3-658-34859-5

Die Deutsche Nationalbibliothek verzeichnet diese Publikation in der Deutschen Nationalbiblio-grafie; detaillierte bibliografische Daten sind im Internet über http://dnb.d-nb.de abrufbar.

Springer Spektrum ist ein Imprint der eingetragenen Gesellschaft Springer Fachmedien Wiesbaden GmbH und ist ein Teil von Springer Nature.
Die Anschrift der Gesellschaft ist: Abraham-Lincoln-Str. 46, 65189 Wiesbaden, Germany

Vorwort

Altern: Biologie und Chancen
(Vierter Band aus der Reihe „Alter und Altern")

Die Heidelberger Akademie der Wissenschaften hatte im Jahr 2006 das erste Symposium in dieser Reihe mit dem Thema „Was ist Alter(n)?" organisiert. Die Beleuchtung des Phänomens „Altern" sowohl aus geisteswissenschaftlicher als auch aus mathematik- und naturwissenschaftlicher Sicht zeichnete das Akademie-Symposium aus und war damals ein Novum. Es folgten zwei weitere Veranstaltungen mit dem Titel „Alter(n) gestalten – Medizin, Technik, Umwelt" 2009, und „Alter und Altern – Wirklichkeiten & Deutungen" 2011.

Seit 2006 werden viele revolutionäre Erkenntnisse auf dem Gebiet der molekularen Grundlagen des Alterns gewonnen, die langfristige Auswirkungen auf die gesellschaftlich-politische Gestaltung des Alterns mit sich ziehen. Daher wurde nach reiflicher Vorbereitung diese Symposienreihe fortgeführt, und diesmal unter besonderer Einbindung der Politik.

Mit dem Titel „Altern: Biologie und Chancen" richtete die Heidelberger Akademie der Wissenschaften vom 28. März bis 30. März 2019 das interdisziplinäre Symposium aus. Es trafen sich Natur- und Geisteswissenschaftler mit Vertretern der Politik und der Öffentlichkeit zum Austausch. Das wissenschaftlich wie auch allgemein interessierte Publikum aus Baden-Württemberg war unsere Zielgruppe. Die Veranstaltung sollte einerseits das Interesse der breiten Öffentlichkeit anspornen und andererseits die interdisziplinäre Forschung, vor allem unter Nachwuchswissenschaftlern, stimulieren. Besucht wurde das Symposium von rund 300 Teilnehmern.

Schwerpunktmäßig wurden folgende Themen behandelt: (A) Biologie &
Medizin – molekulare Grundlage des Alterns, Krankheitsbilder, Verbesserung der Lebensqualität im Alter und (B) Geisteswissenschaften – historisch-
kulturelle Aspekte, gesellschaftlich-politisch-wirtschaftliche Perspektive und
Generationsgerechtigkeit.

Das Symposium wurde am 28. März in dem Neuen Hörsaalgebäude der Uni-
versität Heidelberg mit Grußworten von Thomas Holstein, dem Präsidenten der
Akademie, Heinz Häfner, dem Initiator der Symposienreihe „Altern" in den
Jahren 2006 bis 2011, und Christoph Dahl, dem Geschäftsführer der Baden-
Württemberg-Stiftung und Hauptsponsor des Symposiums, eröffnet. Den ersten
Keynote-Vortrag zum Thema „Plastizität des Alterns: Die Chancen des Zusam-
menspiels von Person, Biologie und Kultur" hielt Frau Ursula Staudinger von der
Columbia University New York (ab August 2020 Rektorin der Technischen Uni-
versität Dresden). Frau Staudinger betonte, dass das Gehirn bis ins hohe Alter
sein großes Potential für funktionelle Plastizität behalte, und zeigte, wie das
Zusammenspiel von Biologie, persönlichen Entscheidungen und soziokulturellen
Einflüssen diese Plastizität sowohl positiv wie auch negativ beeinflussen kann.

Der zweite Keynote-Vortrag wurde von Herrn Franz Müntefering gehalten,
der durch sein langjähriges Wirken im Bundestag (1975-92, 1998–2013) und
der Bundesregierung (1989–1999, 2005–2007) einer der führenden Politiker
Deutschlands ist. Seit 2015 ist er Vorsitzender der Bundesarbeitsgemeinschaft
der Seniorenorganisationen (BAGSO). Mit viel Humor hat Herr Müntefering
geschildert, wie er persönlich mit dem Älterwerden umgeht und welche Herausforderungen es für die Gesellschaft bedeutet. „Laufen, Lernen, Lachen", gab
Herr Müntefering den Zuhörern als Rat für ein gesundes und glückliches Altern
auf den Weg. Beide Vorträge sind in diesem Band in editierter Form enthalten.

Am 29. und 30. März fand das Symposium im Hörsaal der Akademie, Karl-
straße 4, Heidelberg, statt. Zusätzlich zur Biologie des Alterns ging es um die
Vielfalt des menschlichen Alterns, historische Aspekte des Alterns, kulturelle
und gesellschaftliche Aspekte und biotechnische Verfahren zur Erhaltung und
Verbesserung der Lebensqualität im Alter. Die meisten Beiträge sind in diesem
Kongressband zusammengefasst.

Eine Besonderheit dieses Symposiums waren die als interdisziplinäre *Round-
Table*-Gespräche gestalteten Sitzungen, in denen alle Teilnehmer umfangreich
Gelegenheit zur Diskussion fanden. Die erste Sitzung drehte sich um das
Thema „Gesellschaftliche und wirtschaftliche Folgen des Alterns", unter der
Gesprächsleitung von Joachim Kaiser und Gisbert zu Putlitz. Mit den „Folgen
des Alterns für das Selbstverständnis des Menschen", moderiert von Frau Stepha-
nie Seltmann, befasste sich die zweite Diskussionsrunde. In dem abschließenden

Rundtischgespräch wurde dann das brisante Thema „Folgen für die Generations-Gerechtigkeit" unter der Leitung von Peter Graf Kielmansegg diskutiert. Was muss getan werden, damit es in unserer Gesellschaft zwischen den verschiedenen Generationen gerecht zugeht? Immer mehr ältere Menschen müssen versorgt werden, sie verbrauchen Ressourcen. Jüngere Menschen müssen immer mehr Lasten auf ihre Schultern laden und immer mehr zur Produktivität der Gemeinschaft beitragen – mit dem Wissen, dass die Versorgung im eigenen Alter ungewiss sein könnte.

Die Zuhörer erlebten eine kontroverse, aber sehr konstruktive Auseinandersetzung unter dem Kreis der Diskutanten in der letzten Diskussionsrunde (Anna Christmann, Birgit Naase und Moritz Oppelt aus der aktiven Politik, und Ute Mager, Manfred Schmidt aus der Akademie) sowie mit den Fragen aus dem Publikum. Das Schlusswort hatte Paul Kirchhof, der eine umfassende und sehr prägnante Zusammenfassung des Symposiums abgegeben hat. Eine seiner prononcierten Folgerungen lautete: „Wissenschaftliches Arbeiten ist der beste Jungbrunnen."

Das Symposium hat die Heidelberger Akademie mit großzügiger Unterstützung der Baden-Württemberg-Stiftung und des Fördervereins der Akademie durchgeführt. Ihnen sei an dieser Stelle nochmals herzlich gedankt. Organisiert wurde das Symposium von einem Team aus Konrad Beyreuther, Anthony D. Ho, Thomas Holstein, Harald zur Hausen, Stefan Maul und Gisbert zu Putlitz.

Die Förderung fächerübergreifender Gespräche sowie die Zusammenführung von Geistes- und Naturwissenschaften unter Einbindung der Öffentlichkeit gehören zu den wichtigsten Aufgaben der Heidelberger Akademie. Mit diesem Symposium war es offensichtlich gut gelungen. „Es war eine der Sternstunden der Akademie", sagte ein prominentes Mitglied der Akademie.

Juli 2020
Anthony D. Ho
Heinz Häfner
Thomas W. Holstein

Die Originalversion des Buchs wurde revidiert. Ein Erratum ist verfügbar unter https://doi.org/10.1007/978-3-658-34859-5_15

Grußwort

Thomas W. Holstein

Sehr geehrte Damen und Herren, zu unserem heutigen Akademie-Symposium begrüße ich Sie alle als Präsident der Heidelberger Akademie der Wissenschaften sehr herzlich. Besonders begrüßen möchte ich Herrn Christoph Dahl, den Leiter der Baden-Württemberg-Stiftung sowie Mitglieder des Fördervereins der Heidelberger Akademie der Wissenschaften und deren Vorstand, vertreten durch den Vorsitzenden Herrn Dr. Arndt Overlack sowie Dr. Peter Heesch, Dr. Manfred Fuchs,Prof. Hermann Hahn und Prof. Paul Kirchhof.

Und ich heiße ganz herzlich alle Sprecherinnen und Sprecher unseres Symposiums willkommen, insbesondere die heutigen *Key-Note Speakers*, Frau Prof. Ursula Staudinger von der Columbia University in New York, wo sie das Alterszentrum gründete – Frau Staudinger ist auch korrespondierendes Mitglied unserer Akademie – sowie Herrn Franz Münterfering, den langjährigen Spitzenpolitiker und Parteivorsitzenden der Sozialdemokratischen Partei Deutschlands (SPD), der seit 2015 Vorsitzender der Bundesarbeitsgemeinschaft der Senioren-Organisationen (BAGSO) ist. Und dann ist es mir ein großes Bedürfnis auch Herrn Prof. Heinz Häfner herzlich willkommen zu heißen. Herr Häfner ist langjähriges Mitglied unserer Akademie: Fachlich hat Herr Häfner maßgeblich die Psychiatriereform in Deutschland in den 60er Jahren voran getrieben – und er war Gründungsdirektor des Zentralinstituts für Seelische Gesundheit in Mannheim.

Prof. Heinz Häfner hat auch in unserer Akademie das Thema Altersforschung vor mehr als 10 Jahren initiiert. ER hat den ersten Impuls gegeben, sich mit dieser Frage zu beschäftigen, ER hat dann dazu drei Symposium organisiert, und ER war der Herausgeber aller drei Bände, die in Buchform zwischen 2006 bis 2011 bei Springer publiziert wurden. Mitherausgeber einzelner Bände waren Frau Prof. Ursula Staudinger sowie Prof. Konrad Beyreuther, Prof. Wolfgang Schlicht und Prof. Peter Graf Kielmansegg, die z.T. auch an diesem Symposium aktiv mitwirken werden.

Es lässt sich deshalb die Frage stellen „Warum veranstaltet die Akademie 2019, gut 10 Jahre später wieder ein Symposium zu diesem Thema?" Zur Beantwortung der Frage ist es lohnend, sich den Inhalt dieser drei Bände in Erinnerung rufen. Viele Fragen die damals gestellt wurden, sind Fragen die den Menschen begleiten, seit er in der Lage war, über seine eigene Existenz zu nachzudenken: Was bedeutet Altern? Wie lässt sich Altern gestalten? Welchen Zugang hatten die verschiedenen Kulturen in der Menschheitsgeschichte zum Alter? Letztlich Fragen, welche die Domäne der Theologie, Philosophie und Sozialwissenschaften sind, den *Humanities*.

Auch in diesem Symposium tauchen diese Fragen auf. Aber wir versuchen sie vor einem Hintergrund zu adressieren, der sich vor 10 Jahren zwar abzeichnete, aber in dieser Form nicht abzusehen war. Ich spreche hier vom Fortschritt der Natur- und Lebenswissenschaften, insbesondere der Biologie und der Medizin. Prof.Harald zur Hausen, der Mitorganisator dieses Symposiums, war es deshalb ein Anliegen, die Fortschritte in den Natur- und Lebenswissenschaften in diesem Symposium in den Vordergrund zu stellen. Die Fortschritte in der Stammzellbiologie sowie in unserem mechanistischen, molekularen Verständnis von Lebensprozessen und Krankheiten sind beachtlich, es ist möglich, den durch den Papilloma-Virus ausgelösten Gebärmutterhalskrebs, eine der häufigsten Krebserkrankungen bei Frauen, mit einem einen Impfstoff prophylaktisch zu behandeln um nur ein Beispiel zu benennen (dafür wurde zur Hausen 2008 mit dem Nobelpreis für Medizin ausgezeichnet). Ganz allgemein wird die Lebenserwartung höher und zugleich stellt sich die Frage, die in der ZEIT auf den Punkt gebracht wurde „Wir werden alt wie nie – was tun?" Und wir erwarten dazu Antworten, vor allem auch von den *Humanities*.

Aber nicht nur der Fortschritt in den Lebenswissenschaften ist von epochaler Bedeutung, auch in der Informatik und dem was uns unter dem Schlagwort „KI", der Künstlichen Intelligenz begegnet, stellt das Selbstverständnis des Menschen auf eine neue, nie gekannte Probe. Und wieder sind die *Humanities* gefordert. „Ist der Mensch ein Fehler" titelt Sarah Spiekermann von der WU in Wien ihren Artikel in der SZ von letzter Woche. Sie greift darin ein Zitat des ehemaligen Chefentwicklers von *Google-Cars* auf, der vom Menschen als „dem letzten Bug im System" spricht. Aber auch in der Medizin hat die KI Einzug gehalten ein und ist an der Entscheidungsfindung in Fragen über Leben und Tod beteiligt. Vor welchem philosophischen und ethischen Hintergrund treffen wir in Zukunft unsere Entscheidungen? Sarah Spiekermann stellt hier die entscheidende Frage: Ist der Mensch ein „suboptimales System wie es häufig in der Tradition von

Hobbes, Locke und anderen formuliert wird? Oder gibt es Raum für ein positives Menschbild? Als Evolutionsbiologe neige ich ganz stark zu letzterer Sicht. Dies sind die Fragen an der Schnittstelle von Natur- und Lebenswissenschaften einerseits und der Geistes- und Sozialwissenschaften andererseits bewegen und weshalb wir dieses Symposium organisiert haben. Maßgeblich war dies die Arbeit von Prof. Anthony Ho, dem ich dafür herzlich danke. Vielen Dank und ich gebe nun mein Wort weiter an Herrn Prof. Häfner.

Prof. Dr. Thomas W. Holstein,
Molekulare Evolution und Genomik,
Centre for Organismal Studies (COS) Universität Heidelberg,
INF 230, 69120 Heidelberg, Deutschland
E-Mail: thomas.holstein@cos.uni-heidelberg.de

Grußwort

Heinz Häfner

Wir eröffnen heute die Tagung der Heidelberger Akademie der Wissenschaften zusammen mit der Landesstiftung Baden-Württemberg und anderen unter dem Titel „Altern: Biologie und Chancen". Das Leitthema Alter und Altern ist nicht neu.

Eigentlich hätte es schon seit Generationen allgemein wahrgenommen und bearbeitet werden sollen, denn seit etwa 1870 steigt die mittlere Lebenserwartung der deutschen Bevölkerung von etwa 40 Jahren jedes Jahr um rund 3 Monate auf heute 80 Jahre im Mittel an, und ein Ende des Anstiegs ist nicht absehbar, auch wenn es kommen muss.

Die drohende demographische Katastrophe blieb jedoch in Öffentlichkeit und Politik lange ziemlich unbemerkt, bis ihr zwei prominente Regierungsmitglieder mit zwei nachhaltigen Entscheidungen begegneten: Der CDU-Bundesminister für Arbeit und Sozialordnung Norbert Blüm führte schon 1995 gegen breiten Widerstand mit Zustimmung des Bundestags die Pflegeversicherung für alle ein, deren Segen für alte hilfsbedürftige Bürger nicht mehr zu übersehen ist. Franz Müntefering, ehemals Landesminister für Arbeit, Gesundheit und Soziales in Nordrhein-Westfalen, zeitweise auch parlamentarischer Geschäftsführer der SPD-Fraktion und Parteivorsitzender der SPD, Bundesminister für Arbeit und Soziales und im Kabinett Merkel auch Vizekanzler, erhöhte das Renteneintrittsalter mit Zustimmung der Mehrheit des Bundestags schrittweise von 65 auf 67 Jahre, abgesehen von abweichenden Regelungen für bestimmte Kategorien von Arbeitnehmern. Wenn die SPD mehr Leute seines Schlags gehabt oder noch hätte, ginge sie heute erhobenen Hauptes auf ein Auferstehungsfest zu.

Der von Franz Müntefering eingeschlagene Weg muss trotz des vor allem vonseiten der Gewerkschaften anhaltenden, unvernünftigen Widerstands weiter begangen werden. Versäumte Einsichten sind nicht dauernd zu verhindern. Wir freuen uns, dass Altvizekanzler Müntefering unter uns weilt und einen Schlüsselvortrag präsentieren wird.

Nun zurück in den Forschungsalltag und in die Probleme der alternden Menschen und der Gesellschaft. Wir hatten mit epidemiologischen Methoden an einer deutschen Bevölkerung bereits 1965 die Vermutung bestätigt, dass die maximale Krankheitslast mit ungleichen Verteilungsmustern in der Altenbevölkerung zu finden ist. Einen richtungsweisenden Einstieg unternahm dann die Weltgesundheitsorganisation mit uns im Zentralinstitut für Seelische Gesundheit 1984 in Mannheim mit einem vom Bundesforschungsministerium geförderten Symposion *„Research on Mental Health in the Elderly"* (Häfner et al. 1986) zum internationalen Stand der Altersforschung. Wir haben die Ergebnisse auch auf Deutsch publiziert (Häfner 1986), um dieses Forschungsfeld auch hierzulande, wo es noch schlummerte, anzustoßen.

Wissenschaftsakademien sind wegen der multidisziplinären, die Trennung von Geistes- und Naturwissenschaften überbrückenden Kompetenz ihrer oft Spitzenforschung betreibenden Mitglieder für eine umfassende Altersforschung optimal geeignet. Die Voraussetzungen dazu sind besonders günstig, wenn es ein Umfeld mehrerer Einrichtungen und Institutionen der Altersforschung gibt. Deshalb haben wir als Heidelberger Akademie der Wissenschaften nach meinem Einstieg das Thema Altersforschung aufgenommen und auf psychische Gesundheit zentralisierte Forschungssymposien unter Erweiterung des Themas auf Alter und Altern in einer Tagungsreihe fortgesetzt.

Wir begannen 1998 mit einer umfassenden Problemanalyse des deutschen Gesundheitswesens unter dem Titel *„Gesundheit – unser höchstes Gut"* (Häfner 1999). Geplant hatte das Symposium der Genetiker und Sekretar der mathematisch-naturwissenschaftlichen Klasse Friedrich Vogel† mit mir. Gefördert wurde es vom Bundesministerium für Bildung, Wissenschaft, Forschung und Technologie und von der Robert Bosch Stiftung. In Zusammenarbeit mit internationalen Alterns-, Lebenslauf-, Gesundheits- und Versorgungsforschern, europaweiten Vergleichsforschern im Auftrag der EU mit der WHO, den gesetzlichen Krankenkassen, den Landkreisen, den Kommunen und dem Landesinnenminister wurde eine umfassende Bestandsaufnahme von Bedürfnissen und Leistungen der Gesundheitsversorgung in der Bundesrepublik erarbeitet.

Die ungelösten Probleme, die diese Tagung sichtbar machte, wurden zur Grundlage dreier weiterer mit der Robert Bosch Stiftung gemeinsam geplanter, systematisch ergänzender Tagungen in den Jahren 2006, 2009 und 2011. Sie wurden jeweils durch ein von ausländischen Experten mit beratendes Kuratorium geleitet. Das erste (Staudinger & Häfner 2008) stand unter gemeinsamer Leitung mit unserer heutigen ersten Keynote-Sprecherin, Frau Prof. Ursula Staudinger, mit der ich schon am ersten großen interdisziplinären Alternsforschungsprojekt Deutschlands, der von ihrem Doktorvater, Prof. Baltes, geleiteten Berliner Altersstudie an der Akademie der Wissenschaften zu Berlin zusammengearbeitet hatte. Frau Staudinger, Professorin für Sociomedical Sciences an der Columbia Mailman School of Public Health und die Gründungsdirektorin des Columbia Aging Center an der Columbia University in New York, ist seit ihrer Rückkehr nach Deutschland Rektorin der TU Dresden. Sie ist außerordentliches Mitglied der Heidelberger Akademie der Wissenschaften.

Die zweite Tagung mit dem Titel „Alter(n) gestalten" (Häfner et al. 2010) war eine der Veranstaltungen zum 100-jährigen Jubiläum der Akademie, die mit den Universitäten Baden-Württembergs durchgeführt wurden. Diese Alternstagung war gemeinsam mit der Universität Stuttgart organisiert und durchgeführt worden. Die Planungskommission hatte ich gemeinsam mit Prof. Konrad Beyreuther und Prof. Wolfgang Schlicht, Prorektor der Universität Stuttgart, geleitet. Beteiligt am Programm waren Medizin, Verkehr, Technik, Psychologie, Stadtplanung und Architektur.

Zum dritten Symposion „Alter und Altern" (Kielmansegg & Häfner 2012), das vom Alterspräsidenten Graf Kielmansegg mitgeleitet wurde, hatten vor allem Geistes-, Kultur- und Sozialwissenschaften beigetragen.

Damit bin ich am Ende meiner Rückschau. Ich blicke nun erwartungsvoll voraus auf unsere Tagung, die eine beachtliche Anzahl von Themen von den Grundlagen des Alterns, von den Stammzellen und komplexen biologischen Alternsprozessen bis zur psychologisch-produktiven Bewältigung des hohen Lebensalters behandeln wird. Wir freuen uns auf den erwarteten Wissenszuwachs.

Prof. Dr. Dr. h.c. mult. Heinz Häfner,
AG Schizophrenieforschung, Zentralinstitut für Seelische Gesundheit,
Medizinische Fakultät Mannheim/Universität Heidelberg,
J5, 68159 Mannheim, Deutschland
Heinz.haefner@zi-mannheim.de

Literatur

Häfner H (1986). Psychische Gesundheit im Alter. Der gegenwärtige Stand der Forschung über Art, Häufigkeit und Ursachen seelischer Krankheiten im Alter und über die Möglichkeiten ihrer Vorbeugung und Behandlung. Gustav Fischer Verlag, Stuttgart, New York.

Häfner H (Hrsg.) (1999). Gesundheit – unser höchstes Gut? Springer, Berlin Heidelberg New York.

Häfner H, Moschel G, Sartorius N (Hrsg.) (1986). Mental health in the elderly. Springer: Berlin, Heidelberg, New York, Tokyo.

Häfner H, Beyreuther K, Schlicht W (Hrsg.) (2010). Altern gestalten. Springer, Berlin Heidelberg New York.

Kielmansegg P, Häfner H (Hrsg.) (2012). Alter und Altern. Springer, Berlin Heidelberg New York.

Staudinger U, Häfner H (Hrsg.) (2008). Was ist Alter(n)? Springer, Berlin Heidelberg New York.

Grußwort

Christoph Dahl

„Im Grunde haben die Menschen nur zwei Wünsche: Alt zu werden und dabei jung zu bleiben," sagte einst der Arzt, Journalist und Schriftsteller Peter Bamm. Damit hat er sicher recht. Rund um das Altern sind ganze Industriezweige entstanden, die mit ihren Produkten ewige Jugend versprechen. Die entscheidende Frage ist jedoch, wie wir unser Alter definieren. Orientieren wir uns voll und ganz nach den Vorgaben des Kalenders? Oder zählt es für uns mehr, wie alt wir uns tatsächlich fühlen?

Im Alter in Höchstform

In der Tat haben sich die traditionellen Parameter für die Unterscheidung zwischen Alt und Jung in vielen Gesellschaften längst verschoben: Wer sich früher in der zweiten Lebenshälfte als alt empfand, sieht sich heute im besten Alter. Und selbst Hochbetagte laufen noch zu Höchstformen auf: 2011 absolvierte der Brite Fauja Singh im Alter von 100 Jahren den Toronto Waterfront Marathon in Kanada, zwei Jahre später erklomm der damals 80-jährige Yuichiro Miura den Mount Everest. Auch wenn das selbstverständlich Ausnahmen sind, sind sie Indikatoren für eine allgemeine Tendenz in Richtung eines langen und aktiven Lebens. In Miuras Heimat Japan etwa leben mittlerweile rund 70.000 Menschen, die 100 Jahre oder älter sind. Auch wenn diese Entwicklungen für den Einzelnen zweifellos erfreulich sind, so birgt sie in allen Industrieländern auch neue gesellschaftliche Herausforderungen. Diese Entwicklung beschäftigt uns auch in Baden-Württemberg.

Höchste Lebenserwartung in Baden-Württemberg

Absolut betrachtet werden die Menschen immer älter, und zwar fast überall auf der Welt. Wenn wir etwa Deutschland in den Blick nehmen, dann ist Baden-Württemberg das Bundesland mit der höchsten Lebenserwartung. Ein Mädchen, das heute in Baden-Württemberg geboren wird, hat statistisch betrachtet fast 84 Jahre vor sich, ein Junge immerhin knapp 80 Jahre. Damit ist die Lebenserwartung bei beiden Geschlechtern seit der Gründung Baden-Württembergs im Jahr 1952 um etwa 15 Jahre gestiegen. Diese Entwicklung beeinflusst auch die Arbeit der Baden-Württemberg Stiftung, die in die Zukunft des Landes Baden-Württemberg investiert: Sie engagiert sich in den Themenbereichen Forschung, Bildung und Soziale Verantwortung. In all diesen Bereichen hat die Stiftung in der Vergangenheit Programme ins Leben gerufen, die etwas mit dem Thema „Altern" zu tun haben.

Vielfältige Programme rund ums Thema „Altern"

Das Magazin der Süddeutschen Zeitung hat im September 2017 hochbetagte Frauen gefragt, was das Geheimnis ihres hohen Alters sei. Ihre Antworten: „Nie Diät, keine Männer, abends Whisky". Die Forschungsprogramme der Baden-Württemberg Stiftung gehen dieser Frage jedoch noch weiter auf den Grund, etwa: Was passiert in unseren Körperzellen, wenn wir altern? Außerdem versuchen unsere Wissenschaftler herauszufinden, bei welchen Molekülen oder Prozessen im Körper man ansetzen könnte, um den Alterungsprozess zu verlangsamen. Darüber hinaus suchen sie nach Möglichkeiten, alterungsbedingte Erkrankungen besser zu therapieren.

Mit dem *Eliteprogramm für Postdocs* unterstützt die Baden-Württemberg Stiftung im Bereich Bildung exzellente Nachwuchswissenschaftlerinnen und -wissenschaftler auf dem Weg zur Professur. Viele Alumni aus diesem Programm leiten mittlerweile große Forschungsprojekte – darunter auch solche, bei denen es um die Entwicklung von Robotern geht, die bei der Pflege älterer Menschen zum Einsatz kommen.

Im Bereich Gesellschaft und Kultur fördert die Stiftung seit 2008 Modellprojekte, die der Prävention und der Früherkennung von Suchtproblemen älterer Menschen dienen. Aktuell läuft in diesem Bereich das *Aktionsprogramm Senioren*. Hier werden konkrete Maßnahmen entwickelt, um die Interessen und Potentiale der über 60-Jährigen zu fördern.

Demografischer Wandel bringt neue Aufgaben

Nach Angaben des Statistischen Landesamtes Baden-Württemberg lebten im Jahr 2012 gut 2,1 Mio. Menschen im Alter von 65 und mehr Jahren in Baden-Württemberg. Somit gehört fast jeder fünfte Mensch im Land zur Altersgruppe der 65-jährigen und Älteren und damit annähernd doppelt so viele wie noch vor knapp 20 Jahren, mit steigender Tendenz. Um sich den Herausforderungen des demographischen Wandels zu stellen, hat der Aufsichtsrat der Baden-Württemberg Stiftung 1,5 Mio. EUR für die Umsetzung des *Aktionsprogramm Senioren* beschlossen. Dieses Programm beinhaltet die Entwicklung konkreter Maßnahmen für die Förderung von Interessen und Potenzialen der Generation 60+ auf kommunaler Ebene sowie die Durchführung des Forschungsprojektes *Pflegerische Versorgung von Morgen: Sicher, flächendeckend, kompetent!?*

Die Veränderung der Altersstruktur führt auch dazu, dass beispielsweise die Zahl suchtkranker beziehungsweise suchtgefährdeter älterer Menschen steigt. Auch in diesem Bereich ist die Baden-Württemberg Stiftung aktiv und setzt sich mit dem Programm *Sucht im Alter* für suchtkranke und suchgefährdete Menschen ein.

In der mittlerweile zweiten Auflage von *Sucht im Alter* werden Modellprojekte angestoßen, die sich mit den Themen Prävention, Früherkennung und Frühintervention bei älteren Menschen über 55 Jahren auseinandersetzen. Im Fokus stehen dabei Suchtproblematiken oder Auffälligkeiten in Bezug auf Alkohol-, Nikotin- und Medikamentenmissbrauch – insbesondere Benzodiazepinabhängigkeit.

Unser Ziel ist es, Menschen im höheren und hohen Lebensalter über die Thematik aufzuklären, Suchtproblematiken oder Auffälligkeiten vorzubeugen beziehungsweise besser zu erkennen. Der Zielgruppe soll ein möglichst niedrigschwelliger Zugang zu fachgerechter Beratung und Behandlung ermöglicht werden. Das Programm möchte darüber hinaus die weitgehende Ausklammerung des Themas in der Öffentlichkeit überwinden.

Persönliche Einblicke in lange Leben

Einige dieser vielen Projekte zum Thema „Altern", die die Stiftung ermöglicht hat, haben wir auch in einem Buch zusammengefasst: *100! Was die Wissenschaft vom Altern weiß*. In den einzelnen Kapiteln kommen die Forscher selbst zu Wort, die die jeweiligen Projekte geleitet haben. Dabei sind die wissenschaftlichen Inhalte so aufbereitet, dass auch Laien das Buch mit Gewinn lesen können. Es geht dabei aber nicht nur um wissenschaftliche Erkenntnisse; wir geben dem

Thema auch ein persönliches Gesicht und lassen diejenigen zu Wort kommen, um die es geht: Fünf Menschen, die das biblische Alter von 100 Jahren bereits überschritten haben, schenken uns Einblicke in ihr langes Leben.

Während das Buch am Entstehen war, sind wir auf viele Fragen zum Thema „Altern" gestoßen, über die es sich zu diskutieren lohnt. Warum sehen wir das Altern meist als etwas Negatives? Gibt es nicht auch positive Aspekte? Etwa steigende Lebenserfahrung und zunehmende Gelassenheit? Und wenn die Medizin uns den nötigen Spielraum geben könnte – wie alt würden wir tatsächlich werden wollen?

Diese Fragen werden uns in Zukunft sicherlich noch weiter beschäftigen. Umso wichtiger ist es daher, sich nicht nur über die wissenschaftlichen Fortschritte in der Biomedizin zu unterhalten, sondern auch über ethische Fragen der Generationengerechtigkeit und Altersdiskriminierung. Der vorliegende Band der „Schriften der Heidelberger Akademie der Wissenschaften" bietet dafür viele Anknüpfungspunkte und eröffnet vielfältige Perspektiven auf ein vielschichtiges Thema.

Christoph Dahl
Baden-Württemberg Stiftung gGmbH
Kriegsbergstraße 42, 70174 Stuttgart, Deutschland

Inhaltsverzeichnis

Highlights des Symposiums "Altern – Biologie und Chancen", 28. Bis 30. März, 2019

Eingang des Gebäudes der Heidelberger Akademie der Wissenschaften

Eröffnungsveranstaltung im Hörsaal 13 der Neuen Universität

Begrüßung durch den Präsidenten der Heidelberger Akademie der Wissenschaften, Herrn Prof. Dr. Thomas Holstein

Begrüßung durch den Initiator der seit 2006 bestehenden Symposium-Reihe „Alter und Altern", Herrn Prof. Dr. Dres. h.c. Heinz Häfner

Frau Prof. Dr. Ursula Staudinger vom Columbia Aging Center in New York; Key-Note-Rednerin

Herr Franz Müntefering, Vorsitzender der Bundesarbeitsgemeinschaft der Seniorenorganisationen (BAGSO) und Mitglied des Bundestags a.D., Key-Note-Redner

Lebhafte Diskussion während der Kaffeepause zwischen Prof. Manfred Schmidt und Prof. Anthony Ho

Herr Prof. Dr. Dres. h.c. Harald zur Hausen, Nobelpreis für Medizin 2008, Key-Note-Redner

Podiumsdiskussionen „Folgen für die Generationsgerechtigkeit" mit Beteiligung von Frau Prof. Dr. Ute Mager, Frau MdL-BW, Anna Christmann, Herrn Prof. Dr. Dres. h.c. Peter Graf Kielmansegg, Frau Staatssekretärin des Bundestags Birgit Naase, Herrn Prof. Dr. Manfred Schmidt und Herrn Moritz Oppelt, Junge Union (von links nach rechts)

Herr Prof. Dr. Dres. h.c. Gisbert zu Putlitz und Joachim Kaiser (Campus TV) leiten die Podiumsdiskussion „Fortschritte der Biomedizin – Folgen für die Gesellschaft"

Herr Prof. Dr. Peter Graf Kielmansegg leitet die Podiumsdiskussion „Generationsgerechtigkeit"

...und Prof. Dr. Dres. h.c. Paul Kirchhof hatte das Schlusswort des Symposiums der Heidelberger Akademie der Wissenschaften

Plastizität menschlichen Alterns: Die Chancen des Zusammenspiels von Biologie, Kultur und Person

Ursula Staudinger

Zum Auftakt: Das Beispiel der ansteigenden durchschnittlichen Lebenserwartung

Wir leben länger als je zuvor in der Geschichte der Menschheit. Die durchschnittliche Lebenserwartung bei Geburt ist seit 1840 um fast 40 Jahre gestiegen. Im Jahr 1840 wurde die höchste durchschnittliche Lebenserwartung bei Geburt in Schweden beobachtet und betrug damals 45 Jahre (Vaupel, 2010). Im Jahr 2017 wurde die weltweit höchste Lebenserwartung (bei Geburt) in Japan beobachtet und betrug 84,1 Jahre. Obwohl die Prävalenz chronischer Krankheiten weiter gestiegen ist (Bellantuono, 2018), was zum großen Teil auf eine bessere Diagnose und Behandlung zurückzuführen ist, die das Leben mit der Krankheit verlängert, wurde gleichzeitig ein Rückgang der Prävalenz von Demenz und funktionaler Gesundheit beobachtet (Crimmins, 2015). Eine kürzlich erstellte Prognose auf der Grundlage der im Rahmen des Projekts „Global Burden of Disease" erhobenen Daten prognostiziert, dass im Jahre 2040 die höchste durchschnittliche Lebenserwartung (bei Geburt) bei 85,9 Jahren liegen wird und in Spanien zu beobachten ein wird (Foreman et al., 2018). Wenn die Investitionen im Bereich der öffentlichen Gesundheit weiterhin hoch bleiben, prognostiziert die Projektion für Spanien im Jahr 2040 sogar eine durchschnittliche Lebenserwartung von 87,4 Jahren. Dieser Anstieg der durchschnittlichen (gesunden) Lebenserwartung ist eine Erfolgsgeschichte der sozio-kulturellen Entwicklung. Die wirtschaftliche Entwicklung, die Verbesserung medizinischen Wissens und Therapie, die

U. Staudinger (✉)
Rektorin, Rektorat TU-Dresden, Dresden, Deutschland
E-mail: rektorin@tu-dresden.de

© Der/die Autor(en) 2022
A. D. Ho et al. (Hrsg.), *Altern: Biologie und Chancen*, Schriften der Mathematisch-naturwissenschaftlichen Klasse 27, https://doi.org/10.1007/978-3-658-34859-5_1

Interventionen im öffentlichen Gesundheitswesen (Hygiene, gesunde Lebensweise), aber auch die Ausweitung des Bildungssystems und die allmähliche
Humanisierung der Arbeitswelt haben sich positiv ausgewirkt auf die Gesundheit und die Wahrscheinlichkeit, bis ins spätere Erwachsenenalter zu überleben.
Zu Beginn dieser positiven Entwicklung war der Zuwachs an Lebenserwartung
zunächst auf den Rückgang der Todesfälle von Müttern und Kindern sowie durch
Infektionskrankheiten und Unfälle zurückzuführen, also die Erhöhung der Überlebenschancen in den ersten 20 bis 30 Jahren des Lebens. Seit dem Zweiten
Weltkrieg ist der kontinuierliche weitere Anstieg der durchschnittlichen Lebenserwartung jedoch in erster Linie auf die Zunahme der Überlebenschancen in der
zweiten Lebenshälfte zurückzuführen (Vaupel, 2010).

Ein längeres Leben ist gleichermaßen ein Geschenk und eine Herausforderung
für den Einzelnen und die Gesellschaft. Höhere durchschnittliche Lebenserwartung bei zum größten Teil besserer Gesundheit sind nicht das Ergebnis der
biologischen Evolution im darwinistischen Sinne, sondern vielmehr das Ergebnis
der kontinuierlichen Wechselwirkungen zwischen biopsychosozialen Einflüssen.
Daraus folgt, dass es auf die gesellschaftlichen und individuellen Anstrengungen ankommt, um diesen positiven Trend aufrechtzuerhalten oder gar weiter
auszubauen (Koh et al., 2019; Skirbekk et al., 2018). Und in der Tat gibt es
mahnende Beispiele, die illustrieren, was passiert wenn diese Anstrengungen
nachlassen oder ganz unterbleiben. Der Anstieg der durchschnittlichen Lebenserwartung in den Vereinigten Staaten hat sich in den letzten 30 Jahren verlangsamt
und ist in den 1990er Jahren sogar hinter andere Industrienationen zurückgefal-
len; nach 2014 begann die durchschnittliche Lebenserwartung in den USA sogar
zu sinken (Woolf & Schoomaker, 2019). Im Jahr 2017 berichtete das Center
für Disease Control (CDC) der USA von einer durchschnittlichen Lebenserwartung bei Geburt von 78,6 (https://www.cdc.gov/nchs/fastats/life-expectancy.htm)
im Vergleich zu 84,1 Jahren in Japan (https://data.worldbank.org/indicator/sp.
dyn.le00.in). Man geht davon aus, dass diese Entwicklung durch vermeidbare
Gründe wie Medikamentenüberdosierungen, Selbstmorde und Erkrankungen des
Organsystems vorangetrieben wurde (Woolf & Schoomaker, 2019).

Es muss auch erwähnt werden, dass nicht alle Gruppen der Gesellschaft in
gleicher Weise von positiven Trends in der Lebenserwartung profitieren. Der
Unterschied in der Lebenserwartung zwischen den Personen im niedrigsten und
im höchsten 1 % der Einkommensverteilung beträgt in den Vereinigten Staaten
bis zu 12,35 Jahre (Chetty et al., 2016). Eine solche Spreizung der durchschnittlichen Lebenserwartung unterstützt erneut das Argument, dass wir die
Mechanismen, die solche Schwankungen bewirken, besser verstehen müssen, um

zukünftige Trends positive zu beeinflussen. Die Alternsforschung muss dementsprechend ihre Bemühungen intensivieren, die Bedingungen und Mechanismen zu entschlüsseln, die die positive Plastizität des Alterns unterstützen.

Ein Paradigmenwechsel in der Alternsforschung durch Fokussierung auf die positive Plastizität menschlichen Alterns

Diese Erfolgsgeschichte des historisch beispiellosen Anstiegs der durchschnittlichen (und funktionell gesunden) Lebenserwartung illustriert eine einzigartige Fähigkeit der menschlichen Spezies, die uns die Evolution mitgegeben hat, nämlich die eigene Entwicklung und das eigene Altern zu beeinflussen, indem wir physische und soziale Umgebungen (einschließlich unserer Verhaltens- und Lebensweisen) schaffen oder verändern, die dann durch die erfolgende Anpassung Effekte auf den Alternsverlauf ausüben. Anthropologen unterscheiden drei Arten von Anpassungsfähigkeit: erstens die adaptive Selektion, wie sie von Darwin beschrieben wird, zweitens die reversible „Akklimatisierung" an Kontextbedingungen und schließlich drittens die dauerhafte Veränderung der Entwicklung des Individuums, die als „Plastizität" bezeichnet wird (Lasker, 1969, S. 1484). Lasker (1969) argumentiert weiter, dass es eine evolutionäre Tendenz geben könnte, die die menschliche Anpassungsfähigkeit von der genetischen Selektion über die genetische Plastizität zur reversiblen Anpassungsfähigkeit verschiebt, wodurch insgesamt eine größere Widerstandsfähigkeit gegenüber kontextuellen Veränderungen erreicht wird, da Anpassungen zwischen Generationen oder sogar innerhalb eines Lebens reversibel werden.

Die Psychologie der Lebensspanne hat die Plastizität, d. h. das Modifikationspotenzial, menschlicher Entwicklung und Alterung als ein konstitutives Merkmal der menschlichen Entwicklung und des Alterns beschrieben. Sie umfasst beides: Laskers ontogenetische Plastizität und die reversible Anpassung. Dieses Modifikationspotential ergibt sich aus der Tatsache, dass menschliche Entwicklung und Alterung weder biologisch noch kontextuell bestimmt sind, sondern vielmehr als ein probabilistischer Prozess betrachtet werden müssen (P. B. Baltes et al., 2006, 1980; Lerner, 1984). Das in Abb. 1 dargestellte Dreiebenenmodell menschlichen Alterns illustriert dieses Konzept der Plastizität. Entwicklung und Altern sind das Ergebnis fortlaufender Interaktionen zwischen Organismus, Kontext und Person, die innerhalb biologisch und kontextuell festgelegter Grenzen das Potenzial für Veränderung schaffen. In Ergänzung zu klassischen Formulierungen der Lebensspannenpsychologie, welche die Interaktion zwischen Biologie und Kontext in

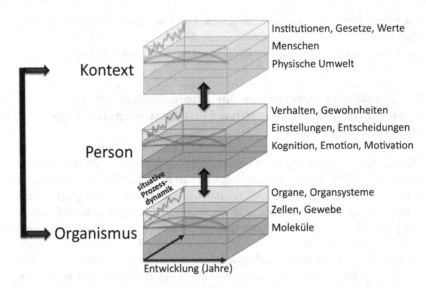

Abb. 1 Menschliches Alterns als dynamisches System mit mehreren Ebenen (aufbauend auf Staudinger, 2015, 2020; Lindenberger et al., 2006)

den Mittelpunkt gestellt haben (z. B. P. B. Baltes et al., 1980), fügen wir hier explizit die Person, als Gestalter der eigenen Entwicklung, als dritten Einfluss hinzu. Die drei Ebenen haben gleiches Gewicht. Abb. 1 macht deutlich, dass jede Ebene wiederum als ein System mit mehreren eigenen Ebenen konzipiert werden muss. Für Organismus und Person spiegeln diese Ausdifferenzierungen eine zunehmende Komplexität wider. Was den Kontext anbelangt, so befassen sich die drei Ebenen mit verschiedenen Arten von Kontexteinflüssen und nicht mit einer Hierarchie zunehmender Komplexität, die von objektiv messbaren Merkmalen der Umwelt (z. B. Luft- oder Wasserqualität, Lärm, Giftstoffe, Bevölkerungsdichte, Zugang zu Grünflächen) bis hin zu sozialen Kontexten in Form von unmittelbaren sozialen Beziehungen wie Familie oder Freunden, aber auch Nachbarn oder Kollegen und Menschen auf der Straße, aber auch Institutionen (z. B. Arbeitsmarkt, Bildungs- und Gesundheitssystem), Gesetzen und politischen Systemen sowie gesellschaftlichen Werten und Normen reicht.

Mehrere Bereiche psychologischer Forschung beschreiben, erklären und prognostizieren das Verhalten einer Person und ihr/e Entwicklung/Altern. Erstens gibt es drei grundlegende Bereiche psychologischer Funktionen, Kognition, Emotion und Motivation und deren Wechselwirkungen. Zweitens sind diese drei

Bereiche Bausteine für Einstellungen und Entscheidungen. Einstellungen sind definiert als „eine relativ dauerhafte Organisation von Überzeugungen [Kognition], Gefühlen [Emotionen] und Verhaltenstendenzen [Motivation] gegenüber sozial bedeutsamen Objekten, Gruppen, Ereignissen oder Symbolen" (Hogg & Vaughan, 1995, S. 150), die Entscheidungen beeinflussen, die dann wiederum das Verhalten (willentlich und nicht willentlich) bestimmen. Wenn Entscheidungen und daraus resultierende Verhaltensweisen viele Male wiederholt werden, bilden sich Gewohnheiten aus, die in der Folge zunehmend von Einstellungen und bewussten Entscheidungen abweichen können.

Die Komplexität der Interaktionen zwischen diesen drei Analyseebenen, d. h. Organismus, Person und Kontext, sowie innerhalb jeder der drei Ebenen, lässt sich am besten mithilfe der Theorie dynamischer Systeme modellieren. Hierbei gilt es zu berücksichtigen, dass Interaktionen auf verschiedenen Ebenen nicht nur zu einem Zeitpunkt, sondern auch im Zeitverlauf stattfinden (Li, 2003). Diese Dynamik umfasst mindestens drei diachrone Rhythmen, d. h. die Mikrogenese (Änderungen von Moment-zu-Moment), die Ontogenese (Entwicklungsperioden im Lebensverlauf) und die Phylogenese (Epochen der menschlichen Geschichte). Um unser Verständnis der Wechselbeziehungen zwischen diesen verschiedenen Rhythmen zu verbessern, bedarf es geeigneter Mess- und Analyseparadigmen, die aus verschiedenen Disziplinen kommen, von der Genomanalyse, Proteomik oder Metabolomik und Techniken zur Verhaltensverfolgung bis hin zur Modellierung dynamischer Systeme und zur Analyse großer Datenmengen (Boker et al., 2009).

Es ist interessant, dass in jüngster Vergangenheit sowohl die gerowissenschaftliche Bewegung (et al., 2014) als auch die molekulare Epidemiologie die Notwendigkeit erkannt haben, nicht-biologische Einflüsse auf die Gesundheit (und das Altern) systematisch zu berücksichtigen, und zu diesem Zweck das Konzept „Exposom" eingeführt haben (Wild, 2012). Auch wenn Biowissenschaften und Epidemiologie unterschiedliche Terminologie und Methoden verwenden und den Schwerpunkt auf Alternspathologie statt auf Entwicklung und Wachstum legen, teilen sie das Ziel, ein umfassenderes Modell menschlichen Alterns zu entwickeln.

Der Begriff der positiven Plastizität

Die Plastizität menschlichen Alterns ist als solche ein neutrales Merkmal, das sowohl positive (erhöhtes Funktionsniveau) als auch negative (vermindertes Niveau) längerfristige Abweichungen von den typischerweise beobachteten Entwicklungsverläufen umfasst (Staudinger et al., 1995). Bei der Bestimmung des Grades der Plastizität müssen längerfristige Abweichungen von Entwick-lungsbahnen (also Entwicklung zweiter Ordnung) von kurzfristig fluktuierenden Abweichungen unterschieden werden, ebenso wie Entwicklung (1. Ordnung) und Fluktuation voneinander getrennt werden. Die Kombination eines Measurement Burst Designs mit einem klassischen Längsschnittdesign (z. B. jährliche Erhebun-gen) und die Verwendung von Wachstumsmodellen erlaubt es den Forschern, die Beziehung zwischen intraindividueller Variabilität und Längsschnittänderung im latenten Raum abzuschätzen und somit zu verlässlichen Änderungsschätzungen zu kommen (z. B. Salthouse & Nesselroade, 2010).

Sobald negative Abweichungen vom typischen Alternsverlauf die Schwelle zur Dysfunktionalität überschreiten, rücken sie in den Fokus der Forschung in der klinischen Psychologie und der Medizin, um sowohl Behandlungen als auch präventive Maßnahmen zu entwickeln. Die Forschung zu negativer Plasti-zität informiert jedoch nicht unbedingt darüber, wie das Potential zu positiver Plasti-zität stimuliert werden kann. Schwächen und Pathologie zu verstehen ist nicht gleichbedeutend mit dem Verständnis, wie man Stärken am besten fördert (Aspin-wall & Staudinger, 2003). In der Beschäftigung mit positiver Plastizität müssen zwei weitere Konzepte voneinander unterschieden werden: Widerstandsfähig-keit (Resilienz) und Wachstum. Der Begriff der Widerstandsfähigkeit bezeichnet eine positive Plastizität, die die Aufrechterhaltung oder Wiederherstellung der Funktionsfähigkeit unter belastenden Umständen (z. B. Arbeitslosigkeit, Krank-heit, Witwenschaft) unterstützt und in jüngster Zeit auch in der medizinischen Forschung Beachtung gefunden hat (Whitson et al., 2016). Wenn jedoch die Ressourcen einer Person eine positive Abweichung vom typischen Entwicklungs-verlauf unterstützen (mit oder ohne Vorhandensein von Stressoren), wird diese Art der positiven Plastizität als Wachstum bezeichnet (Carver, 1998; Staudinger & Greve, 2016; Staudinger et al., 1995).

Die Richtung und der Grad der beobachteten Plastizität hängen von den Vul-nerabilitäten und Ressourcen ab, die den internen (genetischen, psychologischen) und externen (soziokulturellen, physischen) Entwicklungskontext einer Person charakterisieren (P. B. Baltes et al., 1980; Lerner, 1984; Staudinger et al., 1995). Die Konstellationen von Vulnerabilitäten und Ressourcen und ihre Kumulation über die Zeit sind von Mensch zu Mensch verschieden. Hieraus ergibt sich, dass es notwendig ist, Plastizität auch hinsichtlich ihrer Personalisierung zu erforschen. Die Anwendung des Personalisierungsparadigmas im Kontext von positiver Plas-tizität unterstreicht die Notwendigkeit zu untersuchen, welche längsschnittlichen Muster aus biologischen, psychologischen und kontextuellen Ressourcen die Plastizität des Alterns für welche Gruppe von Personen am besten erschlies-sen. Im Gegensatz zum Begriff der personalisierten (oder Präzisions-)Medizin

(Hodson, 2016) der die genetischen Unterschiede zwischen Individuen in den Vordergrund stellt, zielt personalisierte Plastizität darauf ab, biologische, psychologische, soziokulturelle und physische Merkmale der Umwelt sowie deren Wechselwirkungen bei der Personalisierung zu berücksichtigen. Sicherlich wurden interindividuelle Unterschiede im Altern und in den Risiken und Ressourcen, die das Altern beeinflussen, unter dem Etikett „differentielles Altern" auch schon früher berücksichtigt. Der Mehrwert des Begriffs „personalisierte Plastizität" besteht darin, dass er die Veränderbarkeit des Alterns in den Mittelpunkt rückt und auf die Tatsache hinweist, dass die Unterstützung positiver Plastizität des Alterns nicht unbedingt der „Eine-Größe-für-Alle" Regel folgt.

Positive Plastizität umfasst manifeste und latente Komponenten. Die manifeste Komponente hängt von den internen und externen Ressourcen ab, die einer Person zu einem gegebenen Zeitpunkt zur Verfügung stehen. Sie wird durch nachhaltige intraindividuelle Unterschiede im Funktionsniveau im Verlauf der Zeit angezeigt oder durch interindividuelle Unterschiede von Alternsverläufen angenähert. Darüber hinaus erlaubt die Beobachtung von Unterschieden in Alternsverläufen zwischen Ländern und Geburtskohorten, das Ausmaß der Plastizität in Abhängigkeit von soziokulturellen, ökologischen und historischen Unterschieden abzuschätzen. Latente Komponenten positiver Plastizität bezeichnen hingegen Veränderungen in Alternsverläufen, die vom Erwerb neuer Ressourcen oder der Stärkung verfügbarer Ressourcen abhängen. Auch wenn das Ausmaß der im Prinzip möglichen positiven Plastizität über den Lebensverlauf hinweg abnimmt, bleibt sie während des gesamten Lebens erhalten, es sei denn, schwere pathologische Prozesse greifen ein. So ist beispielsweise im Falle der Alzheimer-Demenz die Fähigkeit, von kognitivem Training zu profitieren, stark eingeschränkt (M. M. Baltes et al., 1995), aber nicht vollständig verloren (Bahar-Fuchs et al., 2019).

Vor diesem Hintergrund sollte die Alternsforschung ihre Anstrengungen intensivieren, die Bedingungen identifizieren und zu untersuchen, unter denen mehr positive Plastizität des Alterns erschlossen werden kann. Es gilt die Konstellationen soziokultureller und physischer Kontextmerkmale, Verhaltensmuster und biologischer Voraussetzungen, die dazu beitragen, das Altern für möglichst viele Individuen zu optimieren, zu erforschen. Der oben beschriebene historische Anstieg der durchschnittlichen und der (funktionell) gesunden Lebenserwartung sind zwei Belege dafür, dass menschliches Altern in der Tat durch positive Plastizität gekennzeichnet ist. Im Folgenden werden weitere empirische Belege für diese positive Plastizität vorgestellt und zwar in den Bereichen des kognitiven Alterns und des Alterns der Persönlichkeit.

Positive Plastizität des kognitiven Alterns: Potential und Grenzen

Kognitives Altern. Es ist bekannt, dass die fluide Intelligenz (Horn & Cattell, 1967) oder die kognitive Mechanik (P. B. Baltes et al., 2006), mit der man die biologischen Grundlagen der Kognition, wie die Anzahl der Neuronen, der synaptischen Verbindungen und der metabolischen Gehirnfunktion bezeichnet, mit zunehmendem Alter abnimmt, was man auf der Verhaltensebene anhand der nachlassenden Geschwindigkeit der Informationsverarbeitung, der exekutiven Funktion, des logischen Denkens oder des Gedächtnisses feststellen kann. Anhand von Querschnitts- und Längsschnittuntersuchungen ist bekannt, dass der kognitive Abbauprozess schon ab etwa Alter 25 beginnt (Salthouse, 2004). Positivere Verläufe, die aus Längsschnittstudien abgeleitet wurden, sind auf Übungseffekte aufgrund wiederholter Testung sowie auf die zunehmende positive Selektivität der Stichproben von Längsschnittstudien über die Zeit hinweg zurückzuführen (Singer et al., 2003).

Kognitives Altern ist mit Veränderungen in der Struktur und der Funktion des Gehirns verbunden. Es konnten Zusammenhänge mit einem allgemeinen Volumenverlust an weißer und grauer Gehirnsubstanz sowie mit Veränderungen in der Neuromodulation und in neuronalen Netzwerken nachgewiesen werden (Kalpouzos et al., 2012; Raz et al., 2005). Das Ausmaß des Rückgangs variiert je nach Hirnregion. Es gibt zahlreiche Hinweise darauf, dass bessere Leistungen der Exekutivfunktionen mit einem größeren Volumen an grauer Substanz im präfrontalen Kortex verbunden sind, dass die Schrumpfung des Hippocampus Altersunterschiede im episodischen Gedächtnis vermittelt und dass höhere Verarbeitungsgeschwindigkeit mit mehr grauer Substanz in der frontalen, parietalen und okzipitalen Region verbunden ist (Salthouse, 2011).

Das Paradigma der positiven Plastizität fragt nun, ob und unter welchen Umständen und in welchem Ausmaß dieser Verlauf des altersbedingten Rückgangs der kognitiven Mechanik modifizierbar ist. Veränderungen können im Prinzip an drei Bestimmungsgrößen eines zeitlichen Verlaufs festgemacht werden: dem Mittelwert der Leistungen über die Zeit, dem Scheitelpunkt der Kurve und der Steilheit des Rückgangs. Drei Forschungsmethoden bei der Untersuchung möglicher Veränderungen dieser Bestimmungsgrößen eine wichtige Rolle: i) Vergleiche von Geburtskohorten; ii) Vergleiche von Ländern in verschiedenen Phasen ihrer soziokulturellen Entwicklung; iii) experimentelle und quasi-experimentelle Evidenz. Das Paradigma der positiven Plastizität des Alterns reicht also über die Komfortzone der Psychologie hinaus, die sich traditionell auf das Individuum konzentriert, und schließt auch eine Makro-Perspektive ein, die Länder als Untersuchungseinheit in den Blick nimmt, wie es üblicherweise von der Demographie, Wirtschaft oder Soziologie getan wird.

Kohortenverbesserungen kognitiven Alterns/kognitiver Leistung. Zunächst betrachten wir Belege für die Verbesserung der durchschnittlichen kognitiven Leistungsfähigkeit im Vergleich von Geburtskohorten. Die bahnbrechende Seattle Längsstudie (z. B. Schaie, 1996) zeigte, dass sich über einen Zeitraum von 50 Jahren (Geburtsjahrgänge 1890–1940) das Niveau der kognitiven Leistungsfähigkeit in einer Reihe von kognitiven Tests um 1,5 Standardabweichungen verbesserte. Dies ist ein beeindruckender Hinweis auf die positive Plastizität kognitiver Leistung, die auch als Flynn-Effekt bezeichnet wird. Als Grund für diese Kohortenverbesserung wird die soziokulturelle und ökonomische Entwicklung von Gesellschaften genannt, wie sie sich beispielsweise in einem verbesserten Gesundheitssystem und proteinreicherer Ernährung in den frühen Lebensjahren, Verbesserungen im Bildungssystem, modernen Erziehungsstilen, aber auch der Zunahme digitaler Medien, komplexerer Arbeitsplätze und mehr Freizeit, die kognitiv anspruchsvollen Beschäftigungen gewidmet wird, widerspiegelt (Flynn, 1987; Trahan et al., 2014). Es gab in jüngster Vergangenheit einige Hinweise darauf, dass der Flynn-Effekt zum Stillstand gekommen sein könnte. Solche Ergebnisse müssen jedoch mit Vorsicht interpretiert werden, da sich die Referenzpopulationen, die zur Bewertung des Effekts herangezogen werden, im Laufe der gesellschaftlichen Entwicklung verändert haben (z. B. durch die Einstellung der Wehrpflicht oder die Zunahme von Migrantenpopulationen mit geringeren Sprachkenntnissen; Skirbekk et al., 2013).

Ursprünglich bezeichnete der Flynn-Effekt die Verbesserung des kognitiven Leistungsniveaus im frühen Erwachsenenalter, aber in jüngerer Zeit wurde festgestellt, dass sich diese Verbesserungen auch im mittleren und späteren Erwachsenenalter feststellen lassen (Gerstorf et al., 2015; Skirbekk et al., 2013). Es gibt Grund zu der Annahme, dass diese Verbesserungen der kognitiven Leistungen von Kohorte zu Kohorte in der zweiten Lebenshälfte noch anhalten oder gar ausgeweitet werden auch wenn die positive kognitive Plastizität im frühen Erwachsenenalter bereits „ausgereizt" ist. Der Grund ist, dass die mit der Lebensverlängerung verbundenen soziokulturellen Veränderungen erst am Anfang stehen und in den nächsten Jahrzehnten noch ausgebaut werden und so weiterhin positive kognitive Plastizität in der zweiten Lebenshälfte aktivieren werden. Um das Ausmaß der gesellschaftlichen Auswirkungen solcher kognitiver Leistungszuwächse von Kohorte zu Kohorte zu veranschaulichen, ist es aufschlussreich, sie auf die Bevölkerungsebene zu projizieren. So wird beispielsweise das Vereinigte

Königreich im Jahr 2040 im Durchschnitt ein höheres kognitives Leistungsniveau aufweisen als heute, obwohl es dann kalendarisch älter sein wird (Skirbekk et al., 2013). Mit anderen Worten: Die soziokulturellen Strukturen (z. B. Bildung, Gesundheit, Arbeitsmarkt), die mit einem erhöhten durchschnittlichen kognitiven Leistungsniveau der Bevölkerung verbunden sind, gleichen den altersbedingten kognitiven Rückgang nicht nur aus, sondern überkompensieren ihn sogar.

Länderunterschiede in kognitiven Leistungen im Alter. Zweitens gibt es Belege aus Studien, die kognitive Leistungen in der zweiten Lebenshälfte in verschiedenen Ländern miteinander vergleichen. Solche Studien liefern zwar nur eine grobe querschnittliche Annäherung der Alterungsverläufe und können daher nur als ein erster Schritt betrachtet werden, doch ist dies ein Anfang, um die gewaltige Aufgabe der Untersuchung soziokultureller Einflüsse auf das kognitive Altern in Angriff zu nehmen.

Sozioökonomische Länderunterschiede. Dank großer Anstrengungen zur Harmonisierung großangelegter Bevölkerungsumfragen auf der ganzen Welt ist es nun möglich, kognitive Leistungsniveaus und manchmal sogar kognitive Alternsverläufe in vielen Ländern der Welt miteinander zu vergleichen. Zu solchen vergleichbaren Untersuchungen älterer Erwachsener gehören zum Beispiel die English Longitudinal Study of Aging (ELSA), die Health and Retirement Study (HRS), die Studie der Weltgesundheitsorganisation (WHO) über das globale Altern und die Gesundheit von Erwachsenen (SAGE) und der Survey of Health, Aging and Retirement in Europe (SHARE). Zusammen decken diese Studien 45,5 % der Weltbevölkerung über 50 Jahre ab. In allen Ländern wurden für den Altersbereich von 50 bis 85 Jahren statistisch signifikante negative Altersunterschiede beim episodischen Gedächtnis (d. h. der Erinnerung an Worte einer Liste, die man gerade gehört hat) festgestellt. Aber es gab auch enorme Unterschiede zwischen den Ländern: Ältere Erwachsene in den Vereinigten Staaten sowie in den nord- und mitteleuropäischen Ländern hatten die höchsten kognitiven Leistungen, während Personen gleichen Alters in Südeuropa, China, Indien und Mexiko schlechter abschnitten. Die durchschnittliche Gedächtnisleistung der 70-Jährigen in den Vereinigten Staaten war höher als die durchschnittliche Leistung der 50-Jährigen in Indien oder China. Solche Unterschiede machen das Ausmaß der länderspezifischen Spreizung deutlich. Dasselbe kalendarische Alter ist in Ländern, die sich in unterschiedlichen gesellschaftlichen Entwicklungsphasen befinden, mit unterschiedlichen kognitiven Leistungsniveaus assoziiert (Skirbekk et al., 2012). Die Autoren vermuten, dass die Ausweitung des Bildungssystems, die Zunahme kognitiv stimulierender Berufe sowie das allgemeine Niveau der Informationsexposition im Alltag zu den Treibern dieser Länderunterschiede gehören. Und in der Tat gibt es Studien, die zeigen, dass Bildung, vermittelt über die mit Lernen verbundene kognitive Stimulation, mit einer erhöhten neokortikalen synaptischen Dichte verbunden ist.

Kulturelle Unterschiede: Das Beispiel von Geschlechterrollen. Über soziostrukturelle Länderunterschiede hinaus gibt es auch erste Hinweise auf die Bedeutung kultureller Einflüsse wie etwa die sozialer Normen auf den Alterungsverlauf der Kognition. Insbesondere wurde festgestellt, dass sich die gesellschaftliche Norm der Gleichberechtigung von Männern und Frauen im Vergleich zur traditionellen Geschlechterrolle positiv auf kognitive Leistungen im späteren Leben auswirkt. Dies gilt insbesondere für Frauen, aber in geringerem Maße auch für Männer. Es hat sich gezeigt, dass Geschlechtsunterschiede in der Kognition im Zusammenhang mit dem lebenslangen Zusammenspiel von biopsychosozialen Einflüssen zu sehen sind. Die sozial-kognitive Theorie der Entwicklung der Geschlechtsidentität legt nahe, dass Geschlechtsrollen dabei eine wichtige vermittelnde Rolle spielen. Um solche Überlegungen zu testen, bezog eine ländervergleichende Analyse von Geschlechtsunterschieden kognitiver Leistungen in der zweiten Lebenshälfte Stichproben aus 27 Ländern ab 50 Jahren (N = 226.661) ein. Das Ergebnis zeigte in der Tat, dass ältere Frauen in solchen Ländern bessere kognitive Leistungen hatten, die sich durch gleichberechtigte Geschlechterrollen auszeichnen (Bonsang et al., 2017). Dieses Ergebnis war robust sowohl gegenüber Kohortenunterschieden als auch gegenüber Annahmen umgekehrter Kausalität. Teilweise wurden diese Länderunterschiede durch die Bildungs- und Erwerbsbeteiligung von Frauen vermittelt. Dies ist ein erster Hinweis darauf, dass auch soziale Normen als wichtiger, „unsichtbarer" Teil des soziokulturellen Kontextes helfen können, positive Plastizität zu erschließen oder zu behindern.

Einfluss der physischen Umwelt auf kognitives Altern. Die meisten Erkenntnisse in diesem Forschungsbereich haben sich bisher auf den Nachweis negativer Plastizität konzentriert. Beispielsweise haben Längsschnittstudien Zusammenhänge zwischen beschleunigtem kognitivem Altersabbau und kumulativen Effekten von Luftverschmutzung (Power et al., 2016) oder von Bleiexposition im Wohnbereich (Shih et al., 2007) gefunden. Wohnungen mit Sonnenmangel, häufig ein Merkmal von billigeren Wohnungen, können zu Vitamin-D-Mangel führen, der wiederum mit kognitiven Beeinträchtigungen in Verbindung steht (Llewellyn et al., 2010). Außerdem ist Umgebungslärm als Einflussgröße zu berücksichtigen, der mit erhöhtem Stressniveau verbunden ist, was nachweislich negative Auswirkungen auf Lernen und Gedächtnis hat durch Neurodegeneration und Umstrukturierung im Hippocampus (McEwen & Gianaros, 2011). Ganz im Sinne des Paradigmas der positiven Plastizität fanden Studien kürzlich heraus, dass Naturerfahrungen

eine Ressource für kognitive Funktionen darstellen, die hauptsächlich durch verbesserte Aufmerksamkeit und Stressreduktion vermittelt werden (Bratman et al.,
2012).

Grenzen der kognitiven Plastizität. Obwohl das kognitive Leistungsniveau im
Alter in den meisten Ländern gestiegen ist, zeigen jüngste Studien eine Verlangsamung der Kohortenzugewinne oder sogar einen Rückgang kognitiver Leistungen
beim Vergleich von sukzessiven Kohorten in wirtschaftlich weiterentwickelten
Ländern. Daher verdienen die Trends und Determinanten von Kohortenzugewinnen in der kognitiven Funktionsfähigkeit älterer Menschen und die Frage, ob
sich diese Kohortenzugewinne in den meisten fortgeschrittenen Ländern tatsächlich abflachen, eine eingehendere Untersuchung. Auf der Grundlage von Daten
aus dem Survey of Health, Ageing and Retirement in Europe (SHARE), die von
Personen im Alter zwischen 50 und 84 Jahren, aus zehn europäischen Ländern
zwischen 2004 und 2013 (N = 92.739), erhoben wurden, wurde festgestellt, dass
sich die Gedächtnisleistung (Erinnern von Wortlisten) in allen Ländern zwischen
2004 und 2013 signifikant verbessert hat (Hessel et al., 2018) (zur Replikation
siehe Ahrenfeldt et al., 2018). Allerdings waren die Kohortengewinne in Ländern mit anfänglich höherem Leistungsniveau deutlich geringer. Diese Ergebnisse
waren robust, wenn für Retesteffekte und die Regression zum Mittelwert kontrolliert wurde. Auch waren keine Deckeneffekte in den Daten vorhanden. Es konnte
gezeigt werde, dass Veränderungen der sozio-demographischen und gesundheitlichen Bedingungen, wie etwa die Abnahme von Herz-Kreislauf-Erkrankungen, die
Zunahme der Arbeitsmarktbeteiligung (bei Männern), der körperlichen Aktivität
und des Bildungsniveaus, mit größeren säkularen Kohortenzugewinnen verbunden
waren. Diese Ergebnisse lassen sich unterschiedlich interpretieren: In ökonomisch
weiter entwickelten Ländern könnte man sich i) tatsächlich den biologischen
Grenzen der kognitiven Plastizität annähern, und deshalb werden die Kohortenzugewinne geringer, oder ii) die gesellschaftlichen Strukturen zur Ausgestaltung
der zweiten Lebenshälfte, die helfen die positive Plastizität kognitiven Alterns
zu aktivieren, sind noch nicht genügend ausgebaut oder iii) es könnte auch eine
Kombination aus diesen beiden Erklärungen sein (Hessel et al., 2018).

Kognitive Stimulation

Schließlich gibt es eine Vielzahl von Studien mit experimentellen oder quasi-
experimentellen Designs, die ermutigende Hinweise darauf liefern, dass kognitive
Stimulation und/oder die Steigerung der körperlichen Fitness die kognitive Leistungsfähigkeit bis ins hohe Alter verbessern (Leshner et al., 2017; Lindenberger,

2014; Simons et al., 2016). In diesem Zusammenhang werden unterschiedliche Formen der kognitiven Stimulation untersucht: i) Lernen von Strategien zur besseren Lösung kognitiver Aufgaben (d. h. [Gehirn-]Training), ii) wiederholte Bearbeitung und dadurch Übung kognitiver Aufgaben (mit und ohne Feedback; d. h. Übung), und iii) kognitive Stimulation in Alltagssituationen (Arbeit oder Freizeit). Der folgende Überblick über diese umfangreiche und noch weiterwachsende Literatur ist nicht umfassend, sondern hat das primäre Ziel die positive Plastizität des kognitiven Alterns weiter zu veranschaulichen. Der Überblick ist in drei Abschnitte gegliedert: Kognitives Training oder Übung, gesteigerte körperliche Fitness, kognitive Stimulation im Alltag.

Kognitives Training oder Übung. Seit den 1970er Jahren haben Studien zum kognitiven Training gezeigt, dass ältere Erwachsene ihre kognitive Leistung sowohl durch das Üben einer bestimmten Aufgabe (z. B. Gedächtnis, logisches Denken) als auch durch das Lernen von Strategien zur besseren Lösung der jeweiligen kognitiven Aufgabe verbessern können (P. B. Baltes & Willis, 1982). Zehn Jahre nach einem Training hatten sich solche Leistungsverbesserungen zwar wieder etwas zurückgebildet, aber sie waren nicht vollständig verschwunden, und sie konnten mit Hilfe von kurzen Auffrischungstrainings leicht wiederhergestellt werden (Willis & Nesselroade, 1990). Dies ist als Hinweis in Richtung auf eine Abschwächung des kognitiven Abbaus zu interpretieren. Die Trainingsliteratur zeigt jedoch auch, dass die Übertragbarkeit von Leistungsverbesserungen von trainierten auf untrainierte Aufgaben begrenzt ist. Das betrifft sowohl neue Aufgaben, die dieselbe kognitive Fähigkeit nutzen, als auch solche, die andere, aber verwandte kognitive Fähigkeiten erfordern (Noack et al., 2014). Eine multizentrische, klinische Studie bestätigte diesen stark eingeschränkten Trainingstransfer auf andere, nicht trainierte kognitive Aufgaben. Bei der Folgeuntersuchung nach 10 Jahren, zeigte sich jedoch, dass das Training von Verarbeitungsgeschwindigkeit, logischem Schließen und Gedächtnis positive Auswirkungen auf die selbstberichteten instrumentellen Aktivitäten des täglichen Lebens (IADL) hatte, nicht aber auf Tests des alltäglichen Problemlösens (Rebok et al., 2014). Trainingsstudien, die sich auf kognitive Kontrollprozesse konzentrieren, haben gezeigt, dass strukturierte und gehäufte Erfahrungen mit Aufgaben, die die exekutive Koordination von Fertigkeiten erfordern, wie beispielsweise komplexe Videospiele, Paradigmen des Aufgabenwechsels oder geteilte Aufmerksamkeitsaufgaben, zwar sofortige Verbesserungen bei intermediären Transferaufgaben zeigen, aber wiederum keinen weitreichenden Transfer im Vergleich zu aktiven Kontrollgruppen (Melby-Lervg et al., 2016).

Die vermittelnden Mechanismen, die solchen Trainingsgewinnen zugrunde liegen, sind noch nicht vollständig aufgeklärt. Teilweise scheinen sie kompensatorischer Natur zu sein, das heißt, dass Teilnehmer eine Strategie lernen, die ihnen hilft, eine bessere kognitive Leistung zu erreichen. So haben gehirnfunktionale, bildgebende Studien zum Beispiel gezeigt, dass die positiven Effekte des klassischen Gedächtnistrainings bei älteren Erwachsenen, die die Methode der Orte zur Verbesserung der Gedächtnisleistung verwenden (z. B. P. B. Baltes & Kliegl, 1992), hauptsächlich auf Veränderungen im visuellen Kortex beruhen, die auf die mnemotechnische Strategie ‚Methode der Orte' zurückgeführt werden können, die es erfordert, das zu erinnernde Wort an einem Ort zu visualisieren. Die Leistungsverbesserung steht bei älteren (im Vergleich zu jüngeren) Teilnehmern aber nicht im Zusammenhang mit Veränderungen in Hirnarealen, von denen bekannt ist, dass sie altersbedingt abnehmen, wie z. B. dem präfrontalen Kortex (Nyberg et al., 2003).

Gesteigerte körperliche Fitness. Seit den späten 1990er Jahren hat eine reiche und noch immer wachsende Anzahl von Studien einen moderat positiven Einfluss verbesserter aerober körperlicher Fitness auf die kognitiven Leistungen älterer Erwachsener (und Säugetiere im Allgemeinen), insbesondere auf Prozesse der exekutiven Kontrolle, gezeigt (Kramer & Colcombe, 2018). Studien, die die verhaltensbezogenen und neurophysiologischen Auswirkungen in Abhängigkeit von Art und Dauer des körperlichen Trainings untersuchen, sind jedoch immer noch selten. Eine 12-monatige Längsschnittstudie hat die Auswirkungen von Ausdauertraining, Koordinationstraining und von Entspannungstraining (als Kontrollgruppe) auf die kognitiven Funktionen (exekutive Kontrolle und Wahrnehmungsgeschwindigkeit) bei älteren Erwachsenen miteinander verglichen. Mit Hilfe von Ergo Spirometrie wurde die Veränderung oder Verbesserung der körperlichen Fitness überprüft. Die Ergebnisse zeigten, dass nach 6 Monaten Ausdauertraining (3×45 min pro Woche) die Wahrnehmungsgeschwindigkeit im Vergleich zur Kontrollgruppe zunimmt. Alle Trainingssitzungen fanden in Gruppen statt. Die gehirnphysiologische Bildgebung zeigte, dass verbesserte kognitive Funktion mit verringerter Aktivierung präfrontaler Hirnareale verbunden war. Dies sind Areale, die mit der Kontrolle kognitiver Prozesse in Verbindung gebracht werden und altersbedingt abnehmen (Voelcker-Rehage et al., 2011). Studien, die körperliches Fitnesstraining mit dem Training kognitiver Kontrollprozesse kombinieren, haben ergeben, dass die Kombination beider Trainingsarten noch wirksamer ist als jede der beiden allein (Hötting & Röder, 2013).

Auch wenn groß angelegte, gut kontrollierte prospektive Kohortenstudien, die den Einfluss der aeroben Fitness auf das kognitive Altern replizieren, noch fehlen,

ist es sehr vielversprechend, dass sowohl Tier- als auch Humanstudien vorliegen, die Hinweise auf die biologischen Mechanismen liefern, die so scheint
es den positiven Auswirkungen der aeroben Fitness auf die kognitive Leistung zugrunde liegen (Mandolesi et al., 2018). Diese Erkenntnisse helfen bei
der Beantwortung der entscheidenden Frage, ob aerobe Fitness kognitive Leistung während der gesamten Lebensspanne, insbesondere aber im späteren Leben,
durch eine Modifizierung der biologischen Mechanismen, die dem kognitiven
Abbau zugrunde liegen, oder durch eine bessere Kompensation neurodegenerati-
ver Prozesse erleichtert (Hötting & Röder, 2013). Es hat sich gezeigt, dass durch
die Verbesserung der aeroben Fitness die folgenden biologischen Mechanismen
ausgelöst werden: Neurogenese, Synaptogenese, Angiogenese, Gliogenese im
Neokortex und Hippokampus; Modulation im Neurotransmissionssystem (Sero-
tonin, Noradrenalin, Acetylcholin); erhöhte neurotrophe Faktoren (BDNF, IGF-1)
(Mandolesi et al., 2018). Darüber hinaus spielen auch Muskel- und Knochen-
funktionen eine wichtige Rolle bei dieser Vermittlung (Obri et al., 2018).
Diese Erkenntnisse stimmen mit der Annahme überein, dass aerobes Training
tatsächlich die biologischen Strukturen und Mechanismen verändert, die der
altersgebundenen Neurodegeneration zugrunde liegen.

Personalisierte kognitive Plastizität. Genetische Veranlagungen beeinflussen
die kognitive Leistung, insbesondere bei älteren Erwachsenen. In diesem Zusammenhang ist das Catechol-O-Methyltransferase-Gen (COMT: Methionin- (met)
und Valin- (val) Allele) ein Kandidatengen, das mit exekutiven Funktionen assoziiert ist (Goldberg & Weinberger, 2004). Met-Allel-Träger zeigen eine etwa 40 %
geringere präfrontale enzymatische Aktivität als Val-Allel-Träger (Chen et al.,
2004), was mit geringerem Dopamin (DA)-Abbau im präfrontalen Kortex verbunden ist, der effizientere kortikale Verarbeitung unterstützt (Witte & Flel, 2012).
Dementsprechend haben Met/Met-Allel-Träger Vorteile bei Aufgaben der exekutiven Funktion. Vor diesem HIntergrund konnte gezeigt werden, dass körperliches
Ausdauertraining bei älteren Erwachsenen den größten Nutzen für die vulnera-
blere Gruppe der COMT val/val- und val/met-Allel-Träger hat (Pieramico et al.,
2012; Voelcker-Rehage et al., 2015). Solche Ergebnisse unterstreichen, dass über
den allgemeinen Effekt einer bestimmten plastizitätsaktivierenden Intervention
hinaus der Grad der Effizienz einer bestimmten Intervention zwischen Untergruppen älterer Menschen variieren kann. Genetische Veranlagungen sind jedoch
nur eine Art der Personalisierung. Idealerweise sollten längsschnittliche Muster aus sozioökonomischen Umständen, Merkmalen der Persönlichkeit und/oder
Umweltexpositionen sowie deren kumulative Wechselwirkungen, berücksichtigt
werden um zwischen Gruppen von Individuen zu unterscheiden und mögliche Moderationseffekte einer bestimmten Intervention zu testen. Dies erfordert

komplexe statistische Techniken, die es erlauben, längsschnittliche, multivariate Moderationseffekte zu testen.

Kognitive Stimulation „im wahren Leben": Arbeit und Freizeit als Beispiele. „Im wahren Leben" bezeichnet Studien, die kognitive Stimulation durch alltägliche Aktivitäten wie das Erlernen einer neuen Sprache, das Spielen eines Musikinstruments oder während der Arbeit untersuchen (z. B. Hultsch et al., 1999; Park et al., 2014; Schooler et al., 1999). Umfangreiche Forschung hat die Hypothese der kognitiven Stimulation im Sinne des „Use it or Lose it" (Hultsch et al., 1999) untersucht (siehe auch Denney, 1984), d. h. die Idee, dass kognitive Alterungsprozesse durch die Ausübung von alltäglichen Aktivitäten am Arbeitsplatz oder in der Freizeit abgepuffert werden können. Im Gegensatz dazu wird angenommen, dass das Fehlen eines solchen Engagements zu schnellerem und stärkerem kognitivem Abbau führt. In den letzten fünfzig Jahren hat die Forschung zur Hypothese der kognitiven Stimulation vielversprechende Ergebnisse gezeigt. Ältere Personen, die über einen längeren Zeitraum kognitiv stimulierende Freizeitaktivitäten ausüben und/oder in kognitiv anregenden Arbeitsumgebungen tätig sind, zeigen im Alter ein höheres Niveau kognitiver Funktionen und geringeren kognitiven Leistungsabbau. Es gibt korrelative Studien (z. B. Wilson et al., 2003), Längsschnittuntersuchungen (z. B. Bosma et al., 2002; Schooler et al., 1999) und auch experimentelle Arbeiten (Park et al., 2014; Stine-Morrow et al., 2008), die diese Annahme unterstützen. In Ergänzung zur ‚Use it or lose it'-Hypothese zeigten experimentelle Studien, dass es insbesondere das Erlernen neuer Fähigkeiten und die Verarbeitung neuer Informationen zu sein scheinen, die den kognitiven Rückgang abfedern und die neuronale Effizienz in präfrontalen Bereichen des Gehirns erhöhen, die bekanntermaßen altersbedingter Neurodegeneration unterliegen (McDonough et al., 2015; Oltmanns et al., 2017). In diesem Sinne mag es sogar noch passender sein, von einem ‚Challenge it or Lose it' zu sprechen als von einem einfachen ‚Use it or Lose it'.

Insbesondere der unterstützende Effekt kognitiver Stimulation während der Arbeit fand viel empirische Unterstützung, da bevölkerungsbezogene Längsschnittstudien verfügbar geworden sind, die es erlauben, die Wirkung kognitiver Stimulation auf kognitive Alternsverläufe zu untersuchen und gleichzeitig umfangreiche weitere Informationen über die Teilnehmer bereitstellen. So ist es möglich, komplexe statistische Kontrollen zu realisieren, um die Wahrscheinlichkeit zu minimieren, dass die Puffereffekte lediglich das Ergebnis von ursprünglich vorhandenen Unterschieden in der kognitiven Funktionsfähigkeit sind, die über die Zeit hinweg erhalten bleiben (Salthouse, 2007). In diesem Sinne konnte gezeigt werden, dass kognitiv stimulierende Berufe den altersbedingten Rückgang der kognitiven Funktionsfähigkeit im mittleren und späteren Erwachsenenalter abmildern können. Berufe mit höherer beruflicher Komplexität, insbesondere im Bereich des Umgangs mit Daten und mit Personen, sind mit höherer kognitiver Leistung und abgemilderten kognitivem Abbau sowie einem geringeren Risiko an Demenz/Alzheimer-Krankheit zu erkranken verbunden (Andel et al., 2005; Fisher et al., 2014).

So bahnbrechend die Untersuchungen zur beruflichen Komplexität auch sind, sie lassen die Frage unbeantwortet, welche spezifischen kognitiven Mechanismen dieser positiven Plastizität des kognitiven Alterns zugrunde liegen oder was mit Mitarbeitern geschieht, deren berufliche Tätigkeit durch geringe Komplexität gekennzeichnet ist. Daher könnte es nützlich sein, Berufsmerkmale zu identifizieren, die die kognitive Stimulation am Arbeitsplatz widerspiegeln, die jedoch enger mit spezifischen kognitiven Prozessen verknüpft sind und auch Arbeitnehmern mit weniger komplexen Tätigkeiten zugutekommen können. In diesem Zusammenhang wurde der Effekt der Verarbeitung neuer Informationen während der Arbeit, die auch auf niedrigeren Ebenen der Arbeitskomplexität stattfinden kann, untersucht. In einer Fall-Kontroll-Studie wurde bestätigt, dass die Veränderung der Arbeitsaufgaben bei gleichzeitig eher geringer Komplexität der Arbeitsaufgaben über ein Zeitfenster von 17 Jahren signifikante positive Auswirkungen auf das Volumen der grauen Gehirnsubstanz und die kognitive Funktion von Industriearbeitern mittleren Alters hatte. Insbesondere war eine höhere Anzahl an Veränderungen der Arbeitsaufgaben mit einer schnelleren Verarbeitungsgeschwindigkeit und einem besseren Arbeitsgedächtniss sowie mit einem größeren Volumen der grauer Gehirnsubstanz in den Hirnregionen verbunden, die mit Lernen verbunden sind und üblicherweise einen ausgeprägten altersbedingten Rückgang aufweisen. Daher kann die Einführung wiederkehrender Neuerungen am Arbeitsplatz als eine Intervention zur Aktivierung positiver Plastizität dienen, die dazu beiträgt, nachteilige langfristige Auswirkungen geringerer Komplexität der Arbeitsaufgaben abzufedern (Oltmanns et al., 2017). In einer Folgestudie wurde der Puffereffekt der Neuheitsverarbeitung am Arbeitsplatz bestätigt mit Hilfe von Längsschnittdaten von 4255 Teilnehmern der Health and Retirement Study (50 Jahre und älter), die 14 Jahre kognitiver Veränderungen abdeckten (Staudinger et al., 2020). Diese Replikation ist ermutigend, da sie auch eine andere Operationalisierung der Neuheitsverarbeitung am Arbeitsplatz verwendete. Diese Replikationsstudie nutzte das O*Net, eine Datenplattform, die laufend aktualisierte Informationen über die Arbeitsmerkmale von mehr als 1000 Berufen enthält.

Positive Plastizität des Alterns der Persönlichkeit

Altern der Persönlichkeit. Die Forschung zur positiven Plastizität des Alterns von Persönlichkeitsmerkmalen steckt noch in den Kinderschuhen, verglichen mit der Forschung über die positive Plastizität der kognitiven Funktionen. Es scheint weniger Grund zu geben, sie zu untersuchen, da im Bereich der Persönlichkeitsfunktionen nur wenige altersbedingte Trends mit dysfunktionalen Konsequenzen für das Alltagsleben beobachtet wurden. Eher das Gegenteil ist der Fall. Längsschnittstudien haben gezeigt, dass das mittlere Niveau der emotionalen Stabilität, der Gewissenhaftigkeit und der Verträglichkeit im Laufe des Erwachsenenlebens zunimmt (für eine Meta-Analyse siehe Roberts et al., 2006). Dieses positive Veränderungsmuster wurde für den größten Teil des Erwachsenenalters gefunden. Nur im hohen Alter (>80 Jahre) treten dann einige Dysfunktionalitäten zu Tage. Die wenigen Längsschnittstudien, die auch diese letzte Lebensphase abdecken, zeigten meist einen umgekehrten Trend, da Gewissenhaftigkeit, Verträglichkeit und emotionale Stabilität abnahmen (Mõttus et al., 2012). Es gibt jedoch auch einige Studien, die auf Stabilität oder eine Zunahme der Gewissenhaftigkeit, Verträglichkeit und emotionalen Stabilität sogar noch gegen Ende des Lebens hindeuten (Lucas & Donnellan, 2011). Solche Unterschiede sind wohl im Zusammenhang mit Stichprobenverzerrungen zu sehen. Das positive Veränderungsmuster für Gewissenhaftigkeit, Verträglichkeit und emotionale Stabilität im größten Teil des Erwachsenenalters wurde in der Literatur auch immer wieder als Reifung (z. B. Roberts & Wood, 2006) oder vielleicht besser als Reifung hin zur Anpassung (Staudinger & Kunzmann, 2005) bezeichnet.

Im Bereich der Persönlichkeitsalterung gibt es nur einen Trend, der als dysfunktional angesehen werden kann, und zwar den Rückgang der ‚Offenheit für neue Erfahrungen'. Die Offenheit nimmt von der frühen Adoleszenz bis zum Alter von 20 Jahren etwas zu, bleibt dann stabil und nimmt anschließend ab der Lebensmitte um eine Standardabweichung ab (Roberts et al., 2006). Mit zunehmendem Alter werden Erwachsene im Durchschnitt weniger verhaltensflexibel und zeigen eine abnehmende Motivation, nach neuen und vielfältigen Erfahrungen und Ideen zu suchen. Gleichzeitig zeigen Längsschnittstudien, dass Offenheit den üblicherweise beobachteten altersgebundenen kognitiven Rückgang abzuschwächen scheint (Luchetti et al., 2015). Der plastizitätsaktivierende Effekt der Offenheit auf das kognitive Altern scheint durch Engagement vermittelt zu werden (Hogan et al., 2012).

Positive Plastizität der Offenheit für neue Erfahrungen. Da Offenheit ein entscheidendes Merkmal ist, das sowohl das Lernen als auch den Kontakt mit einer sich ständig verändernden Welt unterstützt, könnte es nützlich sein, die

Annahme zu testen, dass der Grad der Offenheit, der bei Erwachsenen ab Alter 50 beobachtet wird, positive Plastizität aufweist. Es gibt inzwischen einige experimentelle Nachweise, dass die positive Plastizität der Offenheit für neue Erfahrungen durch die Teilnahme an einer kognitiven Trainingsstudie aktiviert wurde (Jackson et al., 2012). Ebenso wurde festgestellt, dass ehrenamtliches Engagement im späteren Leben in Kombination mit einem 9-tägigen Kompetenztraining einen signifikanten Anstieg der Offenheit über 15 Monate hinweg in Höhe von etwa einer Standardabweichung erzielt hat. Dieser Zuwachs war festzustellen im Vergleich mit einer Kontrollgruppe von ehrenamtlich Tätigen, die auf der Warteliste für das Kompetenztraining standen, und blieb signifikant, wenn man für die kognitiven Veränderungen in diesem Zeitraum kontrollierte (Mühlig-Versen et al., 2012). Das Trainingsprogramm vermittelte den Freiwilligen Kompetenzen, die für die Freiwilligenarbeit relevant sind und die sie dabei unterstützen sollen, ihre eigenen persönlichen Freiwilligenprojekte in ihrer Nachbarschaft oder Gemeinde zu initiieren (z. B. praktische Organisations- und Managementfähigkeiten, persönliche Kompetenzen zur Bewältigung von Herausforderungen).

Dieser Effekt positiver Plastizität konzentrierte sich auf Teilnehmer mit einem über dem Median liegenden Grad an internen Kontrollüberzeugungen, also Personen, die sich als Verursacher der wichtigen Ereignisse in ihrem Leben wahrnehmen. Daher kann er als ein weiterer Hinweis auf personalisierte Plastizität gewertet werden. Über einen Zeitraum von 15 Monaten hat die Offenheit deutlich zugenommen (statt wie sonst beobachtet abgenommen), insbesondere bei älteren Personen, die glauben, ihr Leben beeinflussen zu können, und die gleichzeitig neuen Aufgaben und aufgabenspezifischem Training ausgesetzt sind. Dieser Interaktionseffekt steht im Einklang mit den Erkenntnissen, dass Erwachsene mit höheren internen Kontrollüberzeugungen besser von den Möglichkeiten profitieren können, weil sie aktiver sind, kontextbezogene Stressfaktoren besser abfedern können und mehr Lernmotivation zeigen (Lachman et al., 2011).

Soziokulturelle Ländermerkmale und positive Plastizität von Offenheit für neue Erfahrungen. Vom mittleren bis zum späteren Erwachsenenalter gehen die Erwerbsquote und die Teilnahme am lebenslangen Lernen in den meisten entwickelten Volkswirtschaften immer noch zurück, obwohl die Beschäftigung im späteren Erwachsenenalter im Vergleich zu den 1980er Jahren zugenommen hat (Staudinger et al., 2016). Dies ist besonders problematisch, da der Bedarf an kulturell-institutioneller Unterstützung, wie etwa durch berufliche Aktivitäten und Weiterbildung steigt, wenn das biologische Potenzial mit dem Alter abnimmt (P. B. Baltes et al., 2006). Eine kürzlich durchgeführte Studie prüfte die Annahme, dass die soziostrukturellen und soziokulturellen Ressourcen, die mit dem aktiven

Engagement im späteren Leben zusammenhängen, die nationalen Unterschiede in den Alter ± Offenheitsverbänden nach dem 50. Lebensjahr erklären (Reitz et al., in Vorbereitung). Daten aus dem European Social Survey (29 Nationen, N = 25.152) ergaben insgesamt einen negativen Zusammenhang zwischen Alter und Offenheit, die jedoch erwartungsgemäß von Land zu Land stark und systematisch variierte. Länder mit mehr Möglichkeiten für Erwachsene im Alter von 50 Jahren und älter, an der Arbeitswelt, an Freiwilligen- und Weiterbildungsprogrammen teilzunehmen, wiesen einen weniger negativen Zusammenhang zwischen Alter und Offenheit oder gar keine Assoziation mit dem Alter auf. Es scheint, dass Gesellschaften, die das Engagement von Personen in der zweiten Lebenshälfte befördern, dazu beitragen, dass das Niveau der Offenheit aufrechterhalten bleibt und damit wiederum zu ihrer Lernfähigkeit und -bereitschaft beitragen. Neben strukturellen Einflüssen stellte sich heraus, dass auch das Ausmaß in dem ein negatives Altersstereotyp vorhanden war, mit ausgeprägteren negativen Altersunterschieden bei der Offenheit im späteren Erwachsenenalter in Verbindung stand. Man vermutet, dass negative Altersstereotype ihre Wirkung über den Mechanismus der selbsterfüllenden Prophezeiungen entfalten. In vielen Ländern besteht Konsens darin, dass ältere Erwachsene kaum noch in der Lage sind, alltägliche Aufgaben zu erledigen und zu lernen (North & Fiske, 2015). Die Verinnerlichung solch negativer Wahrnehmungen des Alters (Levy, 2009) trägt dann auch zu der typischerweise beobachteten Abnahme der Offenheit im Erwachsenenalter bei.

Weitere Beispiele für die positive Plastizität der Persönlichkeitsentwicklung im Alter

Quasi-experimentelle Studien zeigen, dass soziale Rollen eine wichtige Rolle bei der Persönlichkeitsanpassung im Erwachsenenalter spielen können (z. B. Heirat, Berufsförderung, chronische Krankheiten; Hutteman et al., 2014). In diesem Sinne sagt die Stabilität einer Ehe den Anstieg der Gewissenhaftigkeit bei Frauen im mittleren Alter vorher, während eine Scheidung einen Rückgang dieser Eigenschaft voraussagt (Roberts & Bogg, 2004). Oder ein Vergleich der Entwicklungsmuster von beförderten mit entlassenen Personen (Costa et al., 2000) zeigte, dass der Verlust des Arbeitsplatzes mit einer Abnahme der emotionalen Stabilität und der Gewissenhaftigkeit verbunden ist. In einer prospektiven Studie wurde der Ausbruch chronischer Krankheiten mit einer Abnahme der emotionalen Stabilität und der Gewissenhaftigkeit in Verbindung gebracht (Jokela et al., 2014). Es gibt also viele Hinweise darauf, dass kritische Lebensereignisse das Potenzial haben, Persönlichkeitsveränderungen auszulösen (Bleidorn et al., 2018).

Positive Plastizität menschlichen Alterns: Schlussfolgerungen und Herausforderungen

Zusammenfassend lässt sich sagen, dass es Beweise gibt (auch wenn sie noch nicht die ganze in Abb. 1 dargestellte Komplexität widerspiegeln), die den Grundsatz der positiven Plastizität des kognitiven Alterns unterstützen, und zumindest einige, die die positive Plastizität des Alterns der Persönlichkeit unterstützen. Da inzwischen harmonisierte länder- und kohortenvergleichende Längsschnittdatensätze verfügbar sind, ist es möglich geworden, auch die Grenzen der positiven Plastizität zu untersuchen. Und erste Hinweise haben gezeigt, dass sich die positiven Trends in bestimmten Ländern und für bestimmte Kohorten abzuflachen scheinen. Dieser Trend kann mehrfach interpretiert werden, von der Annäherung an die biologischen Grenzen bis hin zu einem unterentwickelten soziokulturellen Unterstützungsgefüge. Zukünftige Studien werden entscheiden, welche Interpretation oder welche Kombination am ehesten der Realität entspricht. Sowohl für die Persönlichkeit als auch für die Kognition scheint es, dass die Auseinandersetzung mit Neuem und mit Herausforderungen (z. B. Arbeitsaufgaben, körperliche Fitness, kritische Lebensereignisse) wichtige Auslöser für die Entfaltung von positiver Plastizität sind. Die Einsicht in die vermittelnden Mechanismen ist für die positive Plastizität des kognitiven Alterns (d. h. Kompensation, Reaktivierung) schon etwas fortgeschritten, steckt aber für die positive Plastizität des Alterns der Persönlichkeit noch in den Kinderschuhen. Es wurden auch erste – wenn auch unidimensionale – Belege gesammelt, die die Nützlichkeit des Konzepts der personalisierten Plastizität unterstreichen. Die empirische Umsetzung des Konzepts der personalisierten Plastizität ist allerdings keine leichte Aufgabe, da sie große repräsentative Datensätze erfordert, die die statistische Aussagekraft zur Erkennung von Moderationseffekten sowie fundierte theoretische Ansätze zur Ableitung von Moderationshypothesen liefern.

Kognition und Persönlichkeit wurden als Beispielsfälle ausgewählt, um die positive Plastizität des Alterns zu veranschaulichen. Es gibt jedoch auch Forschungsarbeiten, die positive Plastizität in anderen Bereichen des menschlichen Erlebens und Verhaltens untersuchen und gezeigt haben. Im Bereich der Selbstregulation gibt es beispielsweise Hinweise auf die positive Plastizität interner Kontrollüberzeugungen (d. h. Erwartungen an die persönliche Beherrschung und Umweltkontingente; Lachman et al., 2011), die sich als hoch funktional erwiesen haben und üblicherweise mit dem Alter abnehmen. Weitere Forschungsbereiche zur positiven Plastizität des Alterns sollen hier nur erwähnt werden. Dies sind beispielsweise die emotionale Funktionsfähigkeit, sozialen Beziehungen und soziale Unterstützung oder das Bewältigungsverhalten (Leipold & Greve, 2009).

Damit das Paradigma der positiven Plastizität sich weiterentwickeln kann, sind bevölkerungsbezogene kohorten- und länderbezogene Langzeit-Längsschnittdaten erforderlich, die neben Biomarkern auch ein reichhaltiges Set von Verhaltens- messungen, soziodemographischen (Ethnizität, Rasse, Geschlecht, SES) sowie soziokulturellen (z. B. Normen, Werte) Informationen und objektiv Informationen zur physischen Umwelt einer Person, wie z. B. das Niveau der Luftverschmut- zung oder der Bleiexposition. Es sind solche mehrstufigen Längsschnittdaten in Kombination mit kreativen experimentellen Ansätzen unter Verwendung von Untergruppen, die es uns ermöglichen, ein tieferes Verständnis dafür zu gewinnen, wie die positive Plastizität des menschlichen Alterns am besten und effizien- testen für möglichst viele Menschen genutzt werden kann. Auf der Grundlage solcher Erkenntnisse werden sehr spezifische und daher hoffentlich effektive Erkenntnisse zur Verfügung stehen, die in die Sozialpolitik, die in die Prakti- ken der Personalentwicklung und Entscheidungen über den Lebensstil einfließen können. Das Paradigma der positiven Plastizität des Alterns unterstreicht die Notwendigkeit einer kontinuierlichen Überwachung von Alternsverläufen, um historische Trends zu erkennen, wobei die ethischen Fragen bezüglich des Schutzes der Privatsphäre angesprochen und gelöst werden müssen. Breite inter- disziplinäre Zusammenarbeit auf Augenhöhe ist für den Erkenntnisfortschritt von entscheidender Bedeutung. Die (Lebensspannen-)Psychologie braucht Allianzen mit den Lebens-, Neuro- und Medizinwissenschaften sowie mit der Soziologie, Wirtschaftswissenschaft, Sozialgeschichte und Demographie des Lebenslaufs.

Warum hat es bisher nicht mehr Fortschritt gegeben? Sicherlich war und ist ein Hindernis die Verfügbarkeit von Längsschnittdatensätzen, die die Komplexi- tät des Mehrebenenmodells (s. Abb. 1) abbilden, aber dies ist nicht das einzige Hindernis, das es zu überwinden gilt. Das Paradigma der positiven Plastizität hat hohe Ziele und birgt darüber hinaus eine Reihe von Herausforderungen, die angegangen werden müssen, damit substanzielle Fortschritte erzielt werden können (vgl. Staudinger, 2015): i) Universitätscurricula müssen ein Gleichge- wicht zwischen disziplinärer Tiefe und interdisziplinärer Breite finden. Eine Grundlage für die interdisziplinäre Breite muss während des Promotionsstudi- ums geschaffen werden, und die Stärkung der interdisziplinären Fähigkeiten muss zu einem Standardbestandteil der Postdoc-Phase werden. ii) Es ist entscheidend, die Messinstrumente über die verschiedenen Ebenen (Organismus, Person, Kon- text) hinweg zu verfeinern, einschließlich valider, zuverlässiger und skalierbarer Biomarker, indirekter Verhaltensmaße, beispielsweise (aber nicht nur) auf der Basis von Big Data, sowie genauere und allgemein verfügbare Messungen von Umweltbelastungen (Luftqualität, Lärm usw.) mit hoher geografischer Auflösung

oder die umfassendere Messung soziokultureller Merkmale. Da solche Messinstrumente idealerweise weltweit verfügbar sein sollten, ist die Herausforderung
immens und erfordert eine bisher in den Verhaltens- und Sozialwissenschaften
noch nicht dagewesene Investitionen in die Forschungsinfrastruktur. Die Dimension solcher Investitionen ist jedoch vergleichbar mit den Investitionen, die in die
globale Forschungsinfrastruktur im Bereich der Physik seit Jahren getätigt werden (z. B. Conseil Européenne pour la Recherche Nuclaire, CERN). Das Streben
nach der Implementierung einer solchen Dateninfrastruktur ist für den Fortschritt
in der Wissenschaft des Alterns und des Paradigmas der positiven Plastizität uner-
lässlich. iii) Statistische Methoden müssen weiterentwickelt und neu geschaffen
werden, um verschiedene Arten von Daten zu berücksichtigen, die Kausali-
tätsbestimmung auf der Grundlage von Beobachtungsdaten zu verbessern und
die typologische Verlaufsanalyse weiter zu verfeinern, um multivariate Ansätze
sowie die Prüfung multivariater longitudinaler Moderationseffekte zu erlauben.
iv) Es werden wirkungsvolle interdisziplinäre Publikationsograne benötigt, um
Forschungsergebnisse, die auf der längsschnittlichen Interaktion zwischen Organismus, Person und soziokultureller sowie physischer Umwelt basieren, zu
berücksichtigen. v) Schließlich ist auch die Weiterentwicklung einer Umsetzungs-
wissenschaft erforderlich, die sich darauf konzentriert, wie die (personalisierten)
Beweise für positive Plastizität genutzt werden können. Ähnlich wie in der Medizin und den Biowissenschaften (Handley et al., 2016) ist es nun an der Zeit,
dass auch die Verhaltens- und Sozialwissenschaften die Umsetzung gut reprodu-
zierter Evidenz zu einer eigenen Wissenschaft machen und eine systematische
Analyse kritischer Barrieren und Vermittler anstreben. Diese Art der Umset-
zungswissenschaft ist wahrscheinlich komplexer als diejenige, die sich in den
Gesundheitswissenschaften entwickelt, da die Ziele der Umsetzung nicht nur auf
das Gesundheitssystem ausgerichtet sind, sondern alle Aspekte der Gesellschaft
wie das Bildungssystem, den Arbeitsmarkt oder die Stadtplanung umfassen.
Dennoch können aus der gesundheitsbezogenen Implementierungswissenschaft
Lehren gezogen werden.

Die vor uns liegenden Aufgaben scheinen überwältigend, doch lassen Sie
mich mit einem optimistischen Ausblick schließen: Auch wenn wir noch am
Anfang stehen zu wissen, wie wir die einzigartige positive Plastizität des Alterns
erschließen können, ist der Weg für den Fortschritt geebnet und es sind in den
letzten Jahren sehr vielversprechende Bausteine verfügbar geworden, die uns die
nächsten Schritte ermöglichen werden.

Literatur

Ahrenfeldt, L. J., Lindahl-Jacobsen, R., Rizzi, S., Thinggaard, M., Christensen, K., & Vaupel, J. W. (2018). Comparison of cognitive and physical functioning of Europeans in 2004–05 and 2013. *International Journal of Epidemiology, 47*(5), 1518–1528. https://doi.org/10.1093/ije/dyy094

Andel, R., Crowe, M., Pedersen, N. L., Mortimer, J., Crimmins, E., Johansson, B., & Gatz, M. (2005). Complexity of work and risk of Alzheimer's Disease: A population-based study of Swedish twins. *The Journals of Gerontology Series B: Psychological Sciences and Social Sciences, 60*(5), P251–P258. https://doi.org/10.1093/geronb/60.5.P251

Aspinwall, L. G., & Staudinger, U. M. (2003). A psychology of human strengths: Some central issues of an emerging field. In L- G. Aspinwall & U. M. Staudinger (Hrsg.), *A psychology of human strengths* (S. 9–22). American Psychological Association.

Bahar-Fuchs, A., Martyr, A., Goh, A. M., Sabates, J., & Clare, L. (2019). Cognitive training for people with mild to moderate dementia. *Cochrane Database Systemtic Reviews, 3*, Art.No. CD013069. https://doi.org/10.1002/14651858.CD013069.pub2

Baltes, M. M., Kühl, K.-P., Gutzmann, H., & Sowarka, D. (1995). Potential of cognitive plasticity as a diagnostic instrument: A cross-validation and extension. *Psychology and Aging, 10*(2), 167–172.

Baltes, P. B., & Kliegl, R. (1992). Further testing of limits of cognitive plasticity: Negative age differences in a mnemonic skill are robust. *Developmental Psychology, 28*, 121–125.

Baltes, P. B., & Willis, S. L. (1982). Plasticity and enhancement of intellectual functioning in old age: Penn State's Adult Development and Enrichment Project (ADEPT). In F. I. M. Craik & S. E. Trehub (Hrsg.), *Aging and cognitive processes* (S. 353–389). Plenum.

Baltes, P. B., Lindenberger, U., & Staudinger, U. M. (2006). Lifespan theory in developemental psychology. In R. M. Lerner (Hrsg.), *Handbook of child psychology* (Bd. 1, S. 569–664). Wiley.

Baltes, P. B., Reese, H. W., & Lipsitt, L. P. (1980). Life-span developmental psychology. *Annual Review of Psychology, 31*, 65–110.

Bellantuono, I. (2018). Find drugs that delay many diseases of old age. *Nature, 554*, 293–295. https://doi.org/10.1038/d41586-018-01668-0

Bleidorn, W., Hopwood, C. J., & Lucas, R. E. (2018). Life events and personality trait change. *Journal of Personality, 86*(1), 83–96. https://doi.org/10.1111/jopy.12286

Boker, S. M., Molenaar, P. C. M., & Nesselroade, J. R. (2009). Issues in intraindividual variability: Individual differences in equilibria and dynamics over multiple time scales. *Psychology and Aging, 24*(4), 858–862. https://doi.org/10.1037/a0017912

Bonsang, E., Skirbekk, V., & Staudinger, U. M. (2017). As you sow, so shall you reap: Gender norms and late-life cognition. *Psychological Science, 28*(9), 1201–1213. https://doi.org/10.1177/0956797617708634

Bosma, H., van Boxtel, M. P. J., Ponds, R. W. H. M., Jelicic, M., Houx, P., Metsemakers, J., & Jolles, J. (2002). Engaged lifestyle and cognitive function in middle and old-aged, non-demented persons: A reciprocal association? *Zeitschrift für Gerontologie und Geriatrie, 35*(6), 575–581. https://doi.org/10.1007/s00391-002-0080-y

Bratman, G. N., Hamilton, J. P., & Daily, G. C. (2012). The impacts of nature experience on human cognitive function and mental health. *Annals of the New York Academy of Sciences, 1249*(1), 118–136. https://doi.org/10.1111/j.1749-6632.2011.06400.x

Carver, C. S. (1998). Resilience and thriving: Issues, models, and linkages. *Journal of Social Issues, 54*(2), 245–266. https://doi.org/10.1111/0022-4537.641998064

Chen, J., Lipska, B. K., Halim, N., Ma, Q. D., Matsumoto, M., Melhem, S., Kolachana, B. S., Hyde, T. M., Herman, M. M., Apud, J., Egan, M. F., Kleinman, J. E., & Weinberger, D. R. (2004). Functional analysis of genetic variation in catechol-O-methyltransferase (COMT): Effects on mRNA, protein, and enzyme activity in postmortem human brain. *American Journal of Human Genetics, 75*(5), 807–821. https://doi.org/10.1086/425589

Chetty, R., Stepner, M., Abraham, S., Lin, S., Scuderi, B., Turner, N., & Cutler, D. (2016). The association between income and life expectancy in the United States, 2001–2014. *JAMA, 315*(16), 1750–1766. https://doi.org/10.1001/jama.2016.4226

Costa, P.-T., Herbst, J. H., McCrae, R. R., & Siegler, I. C. (2000). Personality at midlife: Stability, intrinsic maturation, and response to life events. *Assessment, 7*, 365–378.

Crimmins, E. M. (2015). Lifespan and healthspan: Past, present, and promise. *The Gerontologist, 55*(6), 901–911. https://doi.org/10.1093/geront/gnv130

Denney, N. W. (1984). A model of cognitive development across the life span. *Developmental Review, 4*, 171–191.

Fisher, G. G., Stachowski, A., Infurna, F. J., Faul, J. D., Grosch, J., & Tetrick, L. E. (2014). Mental work demands, retirement, and longitudinal trajectories of cognitive functioning. *Journal of Occupational Health Psychology, 19*, 231.

Flynn, J. R. (1987). Massive IQ gains in 14 nations: What IQ tests really measure. *Psychological Bulletin, 101*, 171–191.

Foreman, K. J., Marquez, N., Dolgert, A., Fukutaki, K., Fullman, N., McGaughey, M., & Murray, C. J. L. (2018). Forecasting life expectancy, years of life lost, and all-cause and cause-specific mortality for 250 causes of death: Reference and alternative scenarios for 195 countries and territories. *The Lancet, 392*(10159), 2052–2090. https://doi.org/10.1016/S0140-6736(18)31694-5

Gerstorf, D., Hülür, G., Drewelies, J., Eibich, P., Duezel, S., Demuth, I., & Lindenberger, U. (2015). Secular changes in late-life cognition and well-being: Towards a long bright future with a short brisk ending? *Psychology and Aging, 30*(2), 301–310. https://doi.org/10.1037/pag0000016

Goldberg, T. E., & Weinberger, D. R. (2004). Genes and the parsing of cognitive processes. *Trends in Cognitive Sciences, 8*(7), 325–335. https://doi.org/10.1016/j.tics.2004.05.011

Handley, M. A., Gorukanti, A., & Cattamanchi, A. (2016). Strategies for implementing implementation science: A methodological overview. *Emergency Medicine Journal, 33*(9), 660. https://doi.org/10.1136/emermed-2015-205461

Hessel, P., Kinge, J. M., Skirbekk, V., & Staudinger, U. M. (2018). Trends and determinants of the Flynn effect in cognitive functioning among older individuals in 10 European countries. *Journal of Epidemiology and Community Health,* 1–7. https://doi.org/10.1136/jech-2017-209979

Hodson, R. (2016). Precision medicine. *Nature, 537,* S49. https://doi.org/10.1038/537S49a

Hogan, M. J., Staff, R. T., Bunting, B. P., Deary, I. J., & Whalley, L. J. (2012). Openness to experience and activity engagement facilitate the maintenance of verbal ability in older adults. *Psychology and Aging, 27*(4), 849–854. https://doi.org/10.1037/a0029066

Hogg, M. A., & Vaughan, G. M. (1995). *Social psychology: An introduction.* Prentice Hall.

Horn, J. L., & Cattell, R. B. (1967). Age differences in fluid and crystallized intelligence. *Acta Psychologica, 26,* 107–129.

Hötting, K., & Röder, B. (2013). Beneficial effects of physical exercise on neuroplasticity and cognition. *Neuroscience & Biobehavioral Reviews, 37*(9, Part B), 2243–2257. https://doi.org/10.1016/j.neubiorev.2013.04.005

Hultsch, D. F., Hertzog, C., Small, B. J., & Dixon, R. A. (1999). Use it or lose it: Engaged lifestyle as a buffer of cognitive decline in aging? *Psychology and Aging, 14*(2), 245–263. https://doi.org/10.1037/0882-7974.14.2.245

Hutteman, R., Hennecke, M., Orth, U., Reitz, A. K., & Specht, J. (2014). Developmental tasks as a framework to study personality development in adulthood and old age. *European Journal of Personality, 28*(3), 267–278. https://doi.org/10.1002/per.1959

Jackson, J. J., Hill, P. L., Payne, B. R., Roberts, B. W., & Stine-Morrow, E. A. L. (2012). Can an old dog learn (and want to experience) new tricks? Cognitive training increases openness to experience in older adults. *Psychology and Aging, 27*(2), 286–292. https://doi.org/10.1037/a0025918

Jokela, M., Hakulinen, C., Singh-Manoux, A., & Kivimäki, M. (2014). Personality change associated with chronic diseases: Pooled analysis of four prospective cohort studies. *Psychological Medicine, 44*(12), 2629–2640. https://doi.org/10.1017/S003329171400257

Kalpouzos, G., Persson, J., & Nyberg, L. (2012). Local brain atrophy accounts for functional activity differences in normal aging. *Neurobiology of Aging, 33*(3), 623.e621–623.e613. https://doi.org/10.1016/j.neurobiolaging.2011.02.021

Kennedy, B. K., Berger, S. L., Brunet, A., Campisi, J., Cuervo, A. M., Epel, E. S., Franceschi, C., Lithgow, G. J., Morimoto, R. I., Pessin, J. E., Rando, T. A., Richardson, A., Schadt, E. E., Wyss-Coray, T., & Sierra, F. (2014). Geroscience: Linking aging to chronic disease. *Cell, 159*(4), 709–713. https://doi.org/10.1016/j.cell.2014.10.039

Koh, H. K., Parekh, A. K., & Park, J. J. (2019). Confronting the rise and fall of US life expectancy. *JAMA, 322*(20), 1963–1965. https://doi.org/10.1001/jama.2019.17303

Kramer, A. F., & Colcombe, S. (2018). Fitness effects on the cognitive function of older adults: A meta-analytic study—Revisited. *Perspectives on Psychological Science, 13*(2), 213–217. https://doi.org/10.1177/1745691617707316

Lachman, M. E., Neupert, S. D., & Agrigoroaei, S. (2011). The relevance of control beliefs for health and aging. In K. Schaie & S. Willis (Hrsg.), *Handbook of the Psychology of Aging* (7. Aufl., S. 175–190). Academic Press.

Lasker, G. W. (1969). Human biological adaptability. *Science, 166*(3912), 1480–1486. http://www.jstor.org/stable/1727401

Leipold, B., & Greve, W. (2009). Resilience. A conceptual bridge between coping and development. *European Psychologist, 14,* 40–50. https://doi.org/10.1027/1016-9040.14.1.40

Lerner, R. M. (1984). *On the nature of human plasticity.* Cambridge University Press.

Leshner, A. I., Landis, S., Stroud, C., & Downey, A. (Hrsg.). (2017). *Preventing cognitive decline and dementia. A way forward.* National Academy of Sciences.

Levy, B. (2009). Stereotype Embodiment: A psychosocial approach to aging. *Current Directions in Psychological Science, 18*(6), 332–336.

Li, S.-C. (2003). Biocultural orchestration of developmental plasticity across levels: The interplay of biology and culture in shaping the mind and behavior across the life span. *Psychological Bulletin, 129*(2), 171–194. https://doi.org/10.1037/0033-2909.129.2.171

Lindenberger, U. (2014). Human cognitive aging: Corriger la fortune? *Science, 346*(6209), 572. https://doi.org/10.1126/science.1254403

Lindenberger, U., Li, S.-C., & Bäckman, L. (2006). Delineating brain–behavior mappings across the lifespan: Substantive and methodological advances in developmental neuroscience. *Neuroscience & Biobehavioral Reviews, 30*(6), 713–717. https://doi.org/10.1016/j.neubiorev.2006.06.006

Llewellyn, D. J., Lang, I. A., Langa, K. M., Muniz-Terrera, G., Phillips, C. L., Cherubini, A., & Melzer, D. (2010). Vitamin D and risk of cognitive decline in elderly persons. *JAMA Internal Medicine, 170*(13), 1135–1141. https://doi.org/10.1001/archinternmed.2010.173

Lucas, R. E., & Donnellan, M. B. (2011). Personality development across the life span: Longitudinal analyses with a national sample from Germany. *Journal of Personality and Social Psychology, 101*(4), 847–861. https://doi.org/10.1037/a0024298

Luchetti, M., Terracciano, A., Stephan, Y., & Sutin, A. R. (2015). Personality and cognitive decline in older adults: Data from a longitudinal sample and meta-analysis. *The Journals of Gerontology: Series B, 71*(4), 591–601. https://doi.org/10.1093/geronb/gbu184

Mandolesi, L., Polverino, A., Montuori, S., Foti, F., Ferraioli, G., Sorrentino, P., & Sorrentino, G. (2018). Effects of physical exercise on cognitive functioning and wellbeing: Biological and psychological benefits. *Frontiers in Psychology, 9,* 509–509. https://doi.org/10.3389/fpsyg.2018.00509

McDonough, I. M., Haber, S., Bischof, G. N., & Park, D. C. (2015). The Synapse Project: Engagement in mentally challenging activities enhances neural efficiency. *Restorative Neurology and Neuroscience, 33*(6), 865–882. https://doi.org/10.3233/RNN-150533

McEwen, B. S., & Gianaros, P. J. (2011). Stress- and allostasis-induced brain plasticity. *Annual Review of Medicine, 62,* 431–445. https://doi.org/10.1146/annurev-med-052209-100430

Melby-Lervåg, M., Redick, T. S., & Hulme, C. (2016). Working memory training does not improve performance on measures of intelligence or other measures of „far transfer": Evidence from a meta-analytic review. *Perspectives on Psychological Science, 11*(4), 512–534. https://doi.org/10.1177/1745691616635612

Mõttus, R., Johnson, W., & Deary, I. J. (2012). Personality traits in old age: Measurement and rank-order stability and some mean-level change. *Psychology and Aging, 27*(1), 243–249. https://doi.org/10.1037/a0023690

Mühlig-Versen, A., Bowen, C. E., & Staudinger, U. M. (2012). Personality plasticity in later adulthood: Contextual and personal resources are needed to increase openness to new experiences. *Psychology and Aging, 27*(4), 855–866. https://doi.org/10.1037/a0029357

Noack, H., Lövdén, M., & Schmiedek, F. (2014). On the validity and generality of transfer effects in cognitive training research. *Psychological Research Psychologische Forschung, 78*(6), 773–789. https://doi.org/10.1007/s00426-014-0564-6

North, M. S., & Fiske, S. T. (2015). Modern attitudes toward older adults in the aging world: A cross-cultural meta-analysis. *Psychological Bulletin, 141*(5), 993–1021. https://doi.org/10.1037/a0039469

Nyberg, L., Sandblom, J., Jones, S., Neely, A., Petersson, K., & Ingvar, M. (2003). Neural correlates of training-related memory improvement in adulthood and aging. *Proceedings of the National Academy of Sciences USA, 100*(23), 13728–13733.

Obri, A., Khrimian, L., Karsenty, G., & Oury, F. (2018). Osteocalcin in the brain: From embryonic development to age-related decline in cognition. *Nature Reviews. Endocrinology, 14*(3), 174–182. https://doi.org/10.1038/nrendo.2017.181

Oltmanns, J., Godde, B., Winneke, A., Richter, G., Niemann, C., Voelcker-Rehage, C., & Staudinger, U. M. (2017). Don't lose your brain at work – The role of recurrent novelty at work in cognitive and brain aging. *Frontiers in Psychology, 8*(117), 1–16. https://doi.org/10.3389/fpsyg.2017.00117

Park, D. C., Lodi-Smith, J., Drew, L., Haber, S., Hebrank, A., Bischof, G. N., & Aamodt, W. (2014). The impact of sustained engagement on cognitive function in older adults: The Synapse Project. *Psychological Science, 25*(1), 103–112. https://doi.org/10.1177/095679 7613499592

Pieramico, V., Esposito, R., Sensi, F., Cilli, F., Mantini, D., Mattei, P. A., & Sensi, S. L. (2012). Combination training in aging individuals modifies functional connectivity and cognition, and Is potentially affected by dopamine-related genes. *PLoS ONE, 7*(8), e43901. https://doi.org/10.1371/journal.pone.0043901

Power, M. C., Adar, S. D., Yanosky, J. D., & Weuve, J. (2016). Exposure to air pollution as a potential contributor to cognitive function, cognitive decline, brain imaging, and dementia: A systematic review of epidemiologic research. *Neurotoxicology, 56*, 235–253. https://doi.org/10.1016/j.neuro.2016.06.004

Raz, N., Lindenberger, U., Rodrigue, K. M., Kennedy, K. M., Head, D., Williamson, A., & Acker, J. D. (2005). Regional brain changes in aging healthy adults: General trends, individual differences and modifiers. *Cerebral Cortex, 15*(11), 1676–1689. https://doi.org/10.1093/cercor/bhi044

Rebok, G. W., Ball, K., Guey, L. T., Jones, R. N., Kim, H.-Y., King, J. W., Group, A. S. (2014). Ten-year effects of the advanced cognitive training for independent and vital elderly cognitive training trial on cognition and everyday functioning in older adults. *Journal of the American Geriatrics Society, 62*(1), 16–24. https://doi.org/10.1111/jgs.12607

Reitz, A., Shrout, P., Weiss, D., & Staudinger, U. M. (in Vorbereitung). *Is openness decline after midlife inevitable? A cross-national study and its replication*. Columbia University.

Roberts, B. W., & Bogg, T. (2004). A longitudinal study of the relationships between conscientiousness and the social-environmental factors and substance-use behaviors that influence health. *Journal of Personality, 72*(2), 325–354. https://doi.org/10.1111/j.0022-3506.2004. 00264.x

Roberts, B. W., Walton, K. E., & Viechtbauer, W. (2006). Patterns of mean-level change in personality traits across the life course: A meta-analysis of longitudinal studies. *Psychological Bulletin, 132*(1), 1–25. https://doi.org/10.1037/0033-2909.132.1.1

Roberts, B. W., & Wood, D. (2006). Personality development in the context of the neo-socioanalytic model of personality. *Handbook of personality development* (S. 11–39). Lawrence Erlbaum Associates Publishers.

Salthouse, T. A. (2004). What and when of cognitive aging. *Current Directions in Psychological Science, 13*(4), 140–144. https://doi.org/10.1111/j.0963-7214.2004.00293.x

Salthouse, T. A. (2007). Reply to Schooler: Consistent is not conclusive. *Perspectives on Psychological Science, 2*(1), 30–32. https://doi.org/10.1111/j.1745-6916.2007.00027.x

Salthouse, T. A. (2011). Neuroanatomical substrates of age-related cognitive decline. *Psychological Bulletin, 137*(5), 753–784. https://doi.org/10.1037/a0023262

Salthouse, T. A., & Nesselroade, J. R. (2010). Dealing with short-term fluctuation in longitudinal research. *The Journals of Gerontology: Series B, 65B*(6), 698–705. https://doi.org/10.1093/geronb/gbq060

Schaie, K. W. (1996). *Adult intellectual development: The Seattle longitudinal study.* Cambridge University Press.

Schooler, C., Mulatu, M. S., & Oates, G. (1999). The continuing effects of substantively complex work on the intellectual functioning of older workers. *Psychology and Aging, 14*(3), 483–506. https://doi.org/10.1037/0882-7974.14.3.483

Shih, R. A., Hu, H., Weisskopf, M. G., & Schwartz, B. S. (2007). Cumulative lead dose and cognitive function in adults: A review of studies that measured both blood lead and bone lead. *Environmental Health Perspectives, 115*(3), 483–492. https://doi.org/10.1289/ehp.9786

Simons, D. J., Boot, W. R., Charness, N., Gathercole, S. E., Chabris, C. F., Hambrick, D. Z., & Stine-Morrow, E. A. L. (2016). Do "Brain-Training" programs work? *Psychological Science in the Public Interest, 17*(3), 103–186. https://doi.org/10.1177/152910061666 1983

Singer, T., Verhaeghen, P., Ghisletta, P., Lindenberger, U., & Baltes, P. B. (2003). The fate of cognition in very old age: Six-year longitudinal findings in the Berlin Aging Study (BASE). *Psychology and Aging, 18*(2), 318–331.

Skirbekk, V., Loichinger, E., & Weber, D. (2012). Variation on cognitive functioning as a refined approach to comparing aging across countries. *Proceedings of the National Academy of Sciences of the United States of America, 109*(3), 770–774. https://doi.org/10.1073/pnas.1112173109

Skirbekk, V., Staudinger, U. M., & Cohen, J. E. (2018). How to measure population aging? The answer Is less than obvious: A review. *Gerontology.* doi:https://doi.org/10.1159/000494025

Skirbekk, V., Stonawski, M., Bonsang, E., & Staudinger, U. M. (2013). The Flynn effect and population aging. *Intelligence, 41*(3), 169–177. https://doi.org/10.1016/j.intell.2013.02.001

Staudinger, U. M. (2015). Towards truly interdisciplinary research on human development *Research in Human Development, 12*(3–4). https://doi.org/10.1080/15427609.2015.106 8047

Staudinger, U. M. (2020). The positive plasticity of adult development: Potential for the 21st century. *American Psychologist, 75*(4), 540-553. https://doi.org/10.1037/amp0000612

Staudinger, U. M., Finkelstein, R., Calvo, E., & Sivaramakrishnan, K. (2016). A global view on the effects of work on health in later life. *The Gerontologist, 56*(2), S281–S292.

Staudinger, U. M., & Greve, W. (2016). Resilience and aging. In N. A. Pachana (Hrsg.), *Encyclopedia of Geropsychology* (S. 1–9). Springer.

Staudinger, U. M., & Kunzmann, U. (2005). Positive adult personality development: Adjustment and/or growth? *European Psychologist, 10,* 320–329. https://doi.org/10.1027/1016-9040.10.4.320

Staudinger, U. M., Marsiske, M., & Baltes, P. B. (1995). Resilience and reserve capacity in later adulthood: Potentials and limits of development across the life span. In D. Cicchetti & D. Cohen (Hrsg.), *Developmental Psychopathology* (Bd. 2: Risk, disorder, and adaptation, S. 801–847). Wiley.

Staudinger, U. M., Yu, Y.-L., & Cheng, B. (2020). Novel information processing at work across time is associated with cognitive change in later life: A 14-year longitudinal study. *Psychology and Aging, 35*(6), 793–805. https://doi.org/10.1037/pag0000468

Stine-Morrow, E. A. L., Parisi, J. M., Morrow, D. G., & Park, D. C. (2008). The effects of an engaged lifestyle on cognitive vitality: A field experiment. *Psychology and Aging, 23*(4), 778–786. https://doi.org/10.1037/a0014341

Trahan, L. H., Stuebing, K. K., Fletcher, J. M., & Hiscock, M. (2014). The Flynn effect: A meta-analysis. *Psychological Bulletin, 140*(5), 1332–1360. https://doi.org/10.1037/a0037173

Vaupel, J. W. (2010). Biodemography of human ageing. *Nature, 464,* 536–542.

Voelcker-Rehage, C., Godde, B., & Staudinger, U. M. (2011). Cardiovascular and coordination training differentially improve cognitive performance and neural processing in older adults. *Frontiers in Human Neuroscience, 5*(26), 1–12. https://doi.org/10.3389/fnhum.2011.00026

Voelcker-Rehage, C., Jeltsch, A., Godde, B., Becker, S., & Staudinger, U. M. (2015). COMT gene polymorphisms, cognitive performance and physical fitness in older adults. *Psychology of Sport and Exercise, 20,* 20–28. https://doi.org/10.1016/j.psychsport.2015.04.001

Whitson, H. E., Duan-Porter, W., Schmader, K. E., Morey, M. C., Cohen, H. J., & Colón-Emeric, C. S. (2016). Physical resilience in older adults: Systematic review and development of an emerging construct. *The Journals of Gerontology. Series A, Biological Sciences and Medical sciences, 71*(4), 489–495. doi:https://doi.org/10.1093/gerona/glv202

Wild, C. P. (2012). The exposome: From concept to utility. *International Journal of Epidemiology, 41*(1), 24–32. https://doi.org/10.1093/ije/dyr236

Willis, S. L., & Nesselroade, C. S. (1990). Long-term effects of fluid ability training in old-old age. *Developmental Psychology, 26,* 905–910.

Wilson, R. S., Barnes, L. L., & Bennett, D. A. (2003). Assessment of lifetime participation in cognitively stimulating activities. *Journal of Clinical and Experimental Neuropsychology, 25*(5), 634–642. https://doi.org/10.1076/jcen.25.5.634.14572

Witte, A. V., & Flöel, A. (2012). Effects of COMT polymorphisms on brain function and behavior in health and disease. *Brain Research Bulletin, 88*(5), 418–428. https://doi.org/10.1016/j.brainresbull.2011.11.012

Woolf, S. H., & Schoomaker, H. (2019). Life expectancy and mortality rates in the United States, 1959–2017. *JAMA, 322*(20), 1996–2016. https://doi.org/10.1001/jama.2019.16932

Älterwerden in dieser Zeit

Franz Müntefering

Meine Damen und Herren,

ich begrüße Sie alle ganz herzlich, die Alten, die Älteren und die demnächst Alten – sind alle dabei. Und diese Begrifflichkeit macht vielmehr deutlich, wir haben da noch was zu klären untereinander. Die 17-jährigen Jungs, die wollen unbedingt bei den Senioren Fußball spielen, weil Senioren sind die Vollwertigen. Mit 32 wollen sie alle in die Alte Herren und da spielen. Mit 50 wollen sie alle wieder jung sein und möglichst auch bleiben. Nach der deutschen Sprache wären ja eigentlich die Älteren älter als die Alten, sind sie aber nicht, sondern die Alten sind älter als die Älteren, aber die Alten werden noch älter. Also das ist eine ganz bunte Sache, wo man sich da einordnen will. Ich kompliziere das anhand dieser Worte, um gleich deutlich zu machen, ich gebe nicht so ganz viel da drauf, wie das mit dem Alter dann ist, sondern man muss gucken, wie man klarkommt mit den Jahren, die man hat und was man daraus machen kann.

Ich bin Vorsitzender der BAGSO – Bundesarbeitsgemeinschaft Seniorenorganisationen. Und ich will Ihnen kurz sagen, was wir machen, weil alle wissen, die gibt es, aber was machen die denn jetzt eigentlich. Das weiß man nicht so ganz genau. Wir sind 120 (ungefähr) Mitglieder, keine Einzelmitglieder, sondern alles Organisationen, die Senioren der Kirchen, der Gewerkschaften, der Parteien. Sozialverbände sind dabei, Selbsthilfegruppen sehr unterschiedlicher Art. In diesen Mitgliedern unserer Mitglieder, stecken etwa sieben bis acht Millionen – keiner weiß es so ganz genau – ältere Menschen. Und mir geht es auch deshalb verhältnismäßig gut, weil ich noch nie in meinem Leben Vorsitzender

F. Müntefering (✉)
Bundesarbeitsgemeinschaft der Seniorenorganisationen e.V, Bonn, Deutschland
E-mail: kontakt@bagso.de

© Der/die Autor(en) 2022
A. D. Ho et al. (Hrsg.), *Altern: Biologie und Chancen*, Schriften der Mathematisch-naturwissenschaftlichen Klasse 27,
https://doi.org/10.1007/978-3-658-34859-5_2

33

von so einem großen Verein war, der ohne Werbung jedes Jahr größer wird in
den nächsten 20 Jahren. Das können wir alle schon erkennen. Es wird immer
mehr werden, was da oben ist. Und deshalb ist das eine spannende Aufgabe.

Was ist sozusagen das Hauptmotto der BAGSO, wonach richten wir uns? Wir
stellen uns die Frage, wie wollen wir leben heute und morgen und übermorgen
und was können wir dafür tun. Wir sind nicht Wissenschaftler. Wir sind dankbar,
wenn Wissenschaft uns zeigt, wie die Zusammenhänge sind und wir darauf aufbauen können. Aber richtig bleibt natürlich und wichtig ist, nicht nur zu wissen,
sondern es muss gehandelt werden, was muss man eigentlich machen, wie kann
das eigentlich gehen? Und das ist die Aufgabe, der wir uns versuchen, zu stellen.

Ich habe gewünscht, dass ich sprechen kann über das Älterwerden in dieser
Zeit, weil ich damit zum Ausdruck bringen will, dass man alles Statische beiseiteschieben muss – das wurde ja eben in den Beiträgen und im Vortrag von Frau
Staudinger vor allen Dingen auch deutlich – wir haben einen großen Wandel, den
gab es schon immer, aber so groß und so heftig wie im Moment war der nicht.

In vergangenen Zeiten sind viele Veränderungen aufgezählt. Ich will eine
Veränderung dazuzählen, die ich nicht weiter kommentieren werde wegen des
Älterwerdens. Wir haben seit 74 Jahren an dieser Stelle in Europa Frieden. Das
gab es über Jahrhunderte nicht. Und man darf vor dem Hinweis auf den 26.
Mai vielleicht daran erinnern, was für eine großartige Wahrheit das ist, die ich
da so kurz erwähnte, die natürlich eine große Rolle spielt in vergangenen Zeiten, in vergangenen Generationen. Es waren nicht nur die Seuchen, sondern auch
die Seuchen der Konflikte und des Krieges, die eine große Rolle gespielt haben.
Also was hat sich verändert? Die individuelle Lebenserwartung! wir leben länger
bei relativ guter Gesundheit. Die Altersstrukturen aufgrund der unterschiedlichen
Geburtenzahlen, die wir gehabt haben, um das noch mal ein bisschen zu verdeut-
lichen, 1964 war das Jahr mit der größten Geburtenzahl in Deutschland – Ost
und West etwa gleichzeitig, gleich hoch. 1,4 Mio. insgesamt. Zwischen 1950
und 1964 gab es relativ viele Geburten in Deutschland. Das war Nachholzeit des
Kriegs oder wie auch immer, was hier der Grund war. Jedenfalls, es gab ganz
viele Kinder. Dann ging das runter: 1970, auf 800 000. 700 000. Und wenn
die Fertilitätsrate nicht steigt, die wir heute haben, dann werden wir irgendwann
bei 600 000 bis 630 000 sein. Und diese Baby-Boomer-Jahre, wie wir die nennen, zwischen 1950 und 1964, die wachsen jetzt alle ins Rentenalter. Im Jahre
2030/2032 sind die alle zwischen 65, 67 und 82. Sind in dem Alter, leben aber
noch fröhlich weiter. Ist ja auch gut. Das verändert aber natürlich die Strukturen
und das Sozialsystem erheblich. Hat große Auswirkungen nicht nur bei der Rente,
sondern auch bei den Krankenversicherungen und bei der Pflegeversicherung in
ganz besonderer Weise, aber auch auf die Gesellschaftskonstellation insgesamt,

denn die Geschichte ist damit ja nicht zu Ende. Die Familien haben im Schnitt nicht mehr vier oder fünf Kinder, sondern eins oder zwei. Und die Kinder machen zur Hälfte Abitur – das ist noch anders als bei mir, ich bin ja nur Volksschüler und acht Jahre in die Schule gegangen, weil meine Eltern sagten, der muss nicht studieren, der kann auch so ein guter Katholik werden.

Jedenfalls hat sich da Erhebliches verändert. Die studieren alle und die machen Abitur und die meisten mit Eins. Das will ich aber nicht weiter kommentieren, ich glaube das. Ich glaube das alles. Die Mädchen besser als die Jungs und dann gehen die an die Universität und studieren, weil die ja zielstrebiger sind. Die Jungs sind noch ein Jahr bei Mama, warten mal ab, was so kommt, dann ziehen die auch los, dann treffen die die an den Universitäten wieder und viele kommen nicht nach Hause zurück. Das ist nicht neu in der Geschichte der Menschheit, aber das verändert die Strukturen im Land erheblich. Die Generationen wohnen eben nicht mehr zusammen unter einem Dach.

In diesem berühmten Sauerland, in dem ich großgeworden bin, da waren es immer zwei/drei Generationen, die zusammen in einem Haus waren – es waren mal eine kurze Zeit vier. Und ich sage mal ganz vorsichtig, nur schön war das auch nicht. Es gibt natürlich auch Probleme dann dabei, aber jetzt sind die heute nicht mehr zusammen, die halten noch zusammen, die Familien, bei allem, was wir wissen, was wir erleben, Familien halten zusammen, die telefonieren, die unterstützen sich, die sprechen miteinander und versuchen, sich zu helfen. Nur wenn es hart auf hart kommt, sind sie nicht im selben Haus und auch nicht in derselben Stadt. Was heißt das eigentlich, was bedeutet das eigentlich? Wer hilft eigentlich wem? Und Erwachsenenpaare, Eltern, sind irgendwann alleine, die beiden. Und dann ist einer ganz allein von den beiden. Und das ist eine Veränderung, die es so gesellschaftlich überhaupt nicht gegeben hat vorher. Und dann ist die Frage, was haben die eigentlich noch für soziale Kontakte.

Und natürlich unsere Hochleistungsmedizin, die uns hilft, alt und älter zu werden. Wenn wir in Sachen Prävention genauso gut werden wie bei der Hochleistungsmedizin, wäre das noch schöner alles Wir geben viel Geld aus für großartige Leistungen, Herz transplantieren, Leber, Lunge, alles, Hüfte und Knie – das wird so nebenher gemacht, da reden wir gar nicht mehr lange drüber. Ja, das geht alles, das ist alles neu und darauf sind wir auch stolz, dass wir das alles können. Aber vorbeugen und überlegen, was kann man eigentlich tun, damit Probleme verhindert oder hinausgeschoben werden, das kann man nicht so gut beweisen, wie viel Geld man da verdienen kann an der Stelle. Und deshalb kann man das auch nicht kalkulieren.

Beweisen sie mal, dass einer sich so verhalten hat in seinem Leben, dass er nicht früh einen Herzinfarkt bekommen hat. Wie wollen sie das machen? Oder dass er nicht so früh Rentner wird oder dass er nicht so früh pflegebedürftig wird oder was man auch immer da nimmt. Sehr schwer zu beweisen und der große Impuls da an der Stelle, der fehlt noch ein Stück. Im Übrigen in Sachen Demenz hat uns die Medizin auch noch nicht viel weitergebracht, zumindest nicht die Pharmaindustrie, um es auf den Punkt zu bringen. Da komme ich aber gleich noch mal drauf.

Ich will aber noch eine Veränderung anführen, die ganz besonders wichtig ist. Ich habe es ja eben schon mal anklingen lassen bei den Familien. Das sind die Wanderungen. Die Wanderungen im eigenen Land, aber auch die Wanderungen in Europa und in der Welt. Verändert die Gesellschaft in großer Weise. Die Wanderungen, die innerdeutschen Wanderungen, sind übrigens größer und wirkungsmächtiger als alles, was von außen kommt.

Es sind jedes Jahr etwa eine Million, die die Wohnung wechseln, von einem Stadtteil in einen anderen oder in eine andere Stadt. Wir haben auch keine Statistiken und ich kenne zumindest keine darüber, was die Motive sind. Man kann vermuten, Bildungsarbeit ja und die Liebe, die wird die Leute schon treiben. Aber auch, dass sie irgendwo wohnen wollen, wo es interessant ist und was in ist. Ich weiß es nicht. Daraus entwickelt sich im Augenblick in Deutschland eine Diskussion über mangelnde Wohnungsangebote und über Konsequenzen, die sich für die Menschen ergeben, die auf dem Land bleiben und die da weniger werden und die dann Probleme haben, ihr Leben vernünftig zu organisieren. Daraus entsteht inzwischen eine Kommission gleichwertiger Lebensbedingungen aller Landesteilen. Herr Seehofer, Frau Giffey und Frau Klöckner sind da dran und Mitte des Jahres werden wir erste Vorschläge bekommen, was man denn eigentlich vielleicht tun kann gegen diese Entwicklung. Das ist eine unglaubliche Veränderung, die da stattfindet, auch, was die Werthaltigkeit von Immobilien angeht. Wenn man an einer falschen Stelle wohnt, wirste arm, wenn man an der richtigen Stelle wohnt, wirste reich, ohne dass du irgendwas machst. Meine Eltern haben das Haus im Sauerland, von meinem Vater gebaut, 800 Quadratmeter, schöne Lage, kann man noch viel mit machen. Wenn man das verkauft, kriegst du da 50 bis 60.000 für. Wenn es in Bonn stünde, 500.000, wenn es in Berlin stünde, zwei Millionen. So. Und das ist alles, was so nebenher geschieht, das will ich nur andeuten für die Veränderungen, die in der Gesellschaft insgesamt stattfinden, wenn man sich fragt, was wollen wir eigentlich demnächst und wo zu. Einen Punkt will ich aber ganz besonders unterstreichen, der uns große Sorge macht, und ich will versuchen, so ein paar Arbeitsfelder der BAGSO zu beschreiben, ohne da eine große Systematik daraus zu machen, aber Dinge, die uns doch sehr wichtig sind. Es gibt in diesen ganzen Vorgängen nun eine zunehmende Zahl von Einpersonenhaushalten – ich habe das eben beschrieben. Und die Frage ist, sind die eigentlich allein oder sind die einsam? Wir haben als BAGSO einen Wettbewerb gemacht mit dem Familienministerium Ende letzten Jahres, hoher November, in wenigen Wochen 600, 700 Teilnehmer, Aktivitäten, die sie gemeldet haben und sagen, was man machen kann, was man machen muss. Und in der letzten Woche, vor zehn Tagen etwa haben wir die ausgezeichnet in Berlin und haben uns bedankt dabei denen, aber haben auch natürlich die Überzeugung als BAGSO, wir müssen da noch mehr machen, das wird es noch nicht sein. Es gibt Städte mit 40 % Einpersonenhaushalten, Berlin mit 50 %, 70 % sind Studenten – die kannst du vergessen, die kommen alleine klar, hoffen wir –, die anderen sind Ältere. Und bei den Älteren sind die ganz Alten und die Frage ist, was ist mit denen, die da ganz alleine sind? Ist das eigentlich eine Sache, wo man zugehende Sozialarbeit machen muss und klären, wie kommen die eigentlich klar? Melodie ist, die können ja für sich selbst sorgen. Die müssen ja nicht alleine sein, die müssen nicht einsam sein, aber der Fakt ist, das ist so. Und im Alter einsam sein, ist tödlich. Ist eine Katastrophe. Alleine sein, ab und zu, ist man ganz gerne, das haben wir ja alle, aber es muss da die Tür sein, die du aufmachst und da muss jemand hinter sein, mit dem du reden kannst, nötigenfalls auch streiten. Es muss lebendig sein. Wenn du ganz alleine bist und du morgens wach wirst und weißt, da kommt heute keiner, es besucht dich niemand, du musst auch nirgendwo hingehen, das Essen kommt mittags, Essen auf Rädern steht auf der Treppe, die Kartoffeln sind püriert, kauen musst du auch nicht mehr, ist das Leben nicht so schön an der Stelle. Die Menschen implodieren, die Menschen verzweifeln, da entstehen Depressionen und all die Dinge. Und deshalb sage ich noch mal: Gesellschaft kann nicht einfach Zuschauer sein, das ist so, die sollen mal gucken, wie sie klarkommen, sondern wir müssen überlegen, was kann man eigentlich tun an der Stelle. Und ich glaube, dass man letztlich um diese Idee einer zugehenden Sozialarbeit nicht rumkommt. Wenn das Kinder wären, würden wir auch nicht sagen, da sollen die mal gucken, wie sie klarkommen, sondern wir würden hingehen und würden sagen, ja, muss man mal sehen, wie man da Kontakt kriegt in der nötigen Vorsicht, nicht betüdelnd, aber doch so, dass man sagt, lass uns mal darüber sprechen, was können wir denn jetzt eigentlich tun. Man kann aber auch – und das ist die andere Frage, die wir als BAGSO immer ansetzen – sagen, da ist der Staat zuständig, aber die Gesellschaft auch. Du bist auch zuständig. Du bist auch zuständig. Und das müssen wir den Menschen auch sagen. Das Grundgesetz geht nicht bis 65, sondern solange du deinen Kopf klar hast, bist du zuständig für die Rechte und Pflichten, die da drinstehen. Und du musst auch versuchen, dem gerecht zu werden und musst mithelfen, dass das auch wirklich gelingen kann. Und das fängt früher an als in der Situation, wo du ganz alleine bist. Was macht man eigentlich bis dahin? Wie geht man eigentlich

damit um? Und da komme ich noch mal auf das Beispiel von Frau Staudinger
mit diesen Bewegungssportgruppen. Ich war viel unterwegs im Landessportbund
Nordrhein-Westfalen als Botschafter – so nennt man das ja heute immer –, aber
immer ehrenamtlicher Botschafter – ist auch klar. Bewegt älter werden. Was tun
wir eigentlich dafür? Wir haben in Nordrhein-Westfalen zwei Millionen Sport-
vereinsmitglieder über 40, etwa 600 000 davon sind über 60. Ich habe gesagt,
was machen die denn eigentlich, außer, dass sie Sportschau gucken und Toto
spielen? Und ich sage, dann schreibt die mal an und klärt das mal untereinander.
Die müssen ja nicht passiv Mitglied sein. Macht im Sportverein eine Bewegungssportgruppe für Ältere, 40 plus, 50 plus, 60 plus, 70 plus. So und die über 40,
über 50, die sind irgendwie auch ansprechbar, aber man hat lange nichts gemacht
und hat dann Angst, entweder wackelt der Speck oder man hat Angst vor Zerrun-
gen am Fuß oder vor irgendwelchen Unglücken. Also lässt man das mal lieber
liegen. Ist aber ein schwerer Fehler. Macht eine Bewegungssportgruppe. Sagen
die im Sportverein, ja, das würden wir gerne machen, das ist auch nötig, aber da
haben wir keine Zeit, wir sind im Job, wir haben keine Zeit. Ich sage, da werden
doch 65- oder 70-jährige Frauen oder Männer sein, die das organisieren können.
Ihr macht die Bewegungssportgruppe und die werden ordentlich versichert, wie
das geht bei Ehrenamt, und dann laden die ein, zweimal die Woche zwei Kilometer Walken oder Schwimmen oder Radfahren. Zweimal oder dreimal die Woche,
da sagen die ja, da gehe ich nicht hin, die sehen alle so alt aus. Da guckt man
in den Spiegel und dann sagen die ja, okay, gehe ich doch hin. Dann kommen
die mit der Ausrede, aber die sind alle so komisch. Da sage ich ja, am besten
zugeben, am besten zugeben. Früher gab es wenig Alte, da waren die alle weise,
das haben wir alle geglaubt. Heute wissen wir, weil das so viele Alte sind, das
stimmt überhaupt nicht mit dem weise, wir sind nicht sonderlich weise, sondern
eher sonderlich. Das ist aber nicht schlimm. Und man muss den Leuten sagen, da
kann was dran sein, aber ich sage euch eins, besser mit komischen Leuten spazie-
ren gehen, als alleine in der Bude sitzen und einsam sein. Das ist auf jeden Fall
besser, ganz gleich, wer diese Leute eigentlich sind. Also macht da was. Das tun
auch welche und daraus entsteht natürlich – und das ist vielleicht noch wichtiger
als die ganze Bewegung – der soziale Kontakt. Trotzdem sage ich noch mal zur
Bewegung, ich will noch mal bestätigen, was Frau Staudinger eben gesagt hat,
Bewegen, Bewegen, Bewegen. Die, die sich als Grundlagenforscher um Demenz
kümmern und ab und zu frage ich mal einen, wenn ich sie treffe, ich sage, was
könnt ihr uns denn jetzt eigentlich mal sagen, da sagen die, Bewegen, Bewegen, Bewegen. Das Beste ist Tanzen. Das ist immer die Stelle, wo die Frauen
die Männer anstoßen, habe ich doch schon immer gesagt. Die Männer verweisen
auf Meniskus, man kann nicht mehr so und dann sind sie auch wieder da raus.

Bewegen ist wichtig, Bewegung der Beine ernährt das Gehirn. Bewegung der Beine ernährt das Gehirn. So, das ist Sauerländer Sprache, aber die Leute verstehen alle, da gibt es einen Zusammenhang. Auch eben noch mal mit den Zahlen verdeutlicht. Ja, da gibt es bestimmte Zusammenhänge. Wer sich bewegt, wer schneller geht, denkt auch schneller und wird auch älter. Sich in den Liegestuhl legen, Gesundheitspillen essen und Kreuzworträtsel lösen, ist nicht die Lösung des Problems. Das ist ganz klar. Ich kannte aus Bielefeld eine kleine Genossenschaft. Vor zehn Jahren haben die mir schon erzählt, sie machen jetzt Folgendes: Das sind alles Menschen im Rentenalter und die sind auch allein oder zu zweit und soviel- Wohnungsbeständen. Sie treffen sich in der Woche so drei-/viermal und wer nicht kommen kann in dieser Gruppe – vier, fünf, sechs Personen –, der wird angerufen oder besucht. Als ich das das erste Mal gehört habe, habe ich gesagt, völlig verrückt, sich so was an den Hals zu holen, da kann man sich ja vorstellen, was da los ist. Aber das funktioniert. Die sehen sich, treffen sich, wer nicht kommen kann, das Bier nicht mittrinken oder den Kaffee mittrinken, der wird besucht oder angerufen. Und so entstehen keine Familien, aber es entstehen soziale Cluster, die irgendwo zusammenhängen und -halten und die das aufnehmen, was es früher in der Gesellschaft sozusagen vertikal gegeben hat. Das sind Leute, die sich kennen und die sich aufeinander verlassen. Wenn man sagt, das sind Freundschaften, da sagen die, das ist ein bisschen hochgewertet, aber dieses Ganze auf Praxis angelegt, man kann sich aufeinander verlassen. Wenn du da nicht hinkommst, dann weißt du, die rufen dich an und einer kommt auch und wenn du Hilfe brauchst, dann meldet man sich bei denen und dann funktioniert das alles und dann unterstützt man sich. Finde ich eine ganz tolle Idee. Wir haben als BAGSO eines angefangen – das hat auch diesen Zweck und diesen Hintergrund –, nämlich auf Rädern zum Essen, nicht Essen auf Rädern, sondern auf Rädern zum Essen. Ich war bei der ersten Veranstaltung in Berlin dabei. Die Leute kamen. Es waren so 40 Leute in einem bestimmten Kiez da. Die kannten sich nicht alle, manche kamen auf Fahrrädern, manche mit der Bahn, einige, zwei/drei wurden geholt mit dem Auto, Sanitätsauto, weil die nicht kommen konnten, manche kommen zu Fuß. Und dann haben wir miteinander gegessen. So nach einer halben Stunde meldeten sich zwei Frauen und sagten, treffen wir uns noch mal wieder? Habe ich gesagt ja, sicher. Wenn ihr wollt. Wir waren mitten im Leben, das ging richtig schön, der Koch wurde dazugeholt und man hat sich richtig gut unterhalten über alles das, worum es geht. Und dann: Wann sehen wir uns wieder? Da habe ich gesagt, vier Wochen. Da haben sie gesagt, das dauert zu lange, wir müssen das schneller machen. Da sage ich, dann müsst ihr das machen, das können wir nicht. Und dann hat sich so eine Truppe von sechs, sieben, acht gefunden und haben gesagt, nächste Woche treffen wir uns

wieder weil das Miteinander Essen und Sprechen ist eine Kultur, ist eigentlich
eine Leitkultur, um das Wort mal zu gebrauchen. Und wir sollten darauf achten,
auch wir Älteren, auch bei den Jüngeren, auch bei unseren jungen Familien, lasst
das nicht völlig verkommen. Miteinander am Tisch sitzen, sich angucken. Weil
man wirklich miteinander reden kann. Und weil das miteinander Sprechen keine
Kleinigkeit ist, die man irgendwo beiseiteschieben kann. Da war in einer Familie
der fünfjährige Enkelsohn dabei, der kriegte zum Essen so einen kleinen Bild-
schirm auf den Tisch gestellt. Da habe ich gesagt, was ist das denn? Ja, sagte sie,
der isst nur, wenn er das sehen kann dabei. Ja, Sie lachen. Ich habe auch gelacht,
was sollte man machen, man kann ja keinen Aufstand machen, wenn man auf
Besuch ist. Aber das ist doch Wahnsinn! Es ist doch wirklich Wahnsinn! Was da
stattfindet und wie wir leichtfertig mit sozialen Kontakten umgehen. Die Menschen und wir bei der BAGSO sagen, wir wollen selbstbestimmt älter werden und
alt werden. Das ist ein großes Wort, selbstbestimmt. Selbstbestimmt heißt selbst
bestimmen. Und zu sagen, ich will selbstbestimmt alt werden, Staat mach mal,
ist sozusagen die falsche Adresse. Man muss schon sehen, da gibt es Selbstbestimmung und da gibt es auch noch Mitverantwortung. Aber die Gesellschaft und
der Staat sind auch nicht außen vor und deshalb muss man zu den beiden auch
was sagen und nicht alles nur den Menschen dahinblättern, sondern es geht auch
um die beiden anderen. Die Gesellschaft, das ist in erheblicher Weise die Kommune und die spielt eine sehr, sehr große Rolle, leider bisher im Bewusstsein der
Öffentlichkeit und der Politik eine zu geringe Rolle. Unsere Kommunen müssen
gestärkt werden für diese Herausforderung, um die es da geht. Im Alter wird der
Lebensraum, in dem wir uns bewegen, deutlich kleiner im Vergleich zu vorher.
Bei Kita ist es so, bei Schule ist es so, im Beruf ist es so. Ich bin eben auf der
Strecke von Köln nach Frankfurt gekommen, also du fährst in zwei Stunden von
Dortmund über Köln nach Frankfurt. Eine Stunde fahren viele jeden Tag, wenn
der Job gut ist und gut bezahlt ist und sicher. Wenn die aber 65 und drüber sind,
wird das ein Radius von 2,5, drei Kilometer. Die allermeisten sind dann reduziert
auf einen Kiez, auf einen Stadtteil, auf einen Ort, auf eine kleine Stadt, auf ein
Dorf, wo alles sein muss, was man braucht fürs Leben. Da muss der Arzt sein,
da muss eine Apotheke sein, da muss eine Bank sein, da muss eine Post sein, da
muss öffentlicher Personennahverkehr sein. Wenn man das alles aufzählt, merkt
man schon, das haut nicht alles so hin. Wie geht das eigentlich da an der Stelle
weiter, was können wir eigentlich tun und wie können wir uns dazu verhalten?
Dazu gab es einen siebten Altenbericht, an dem Professor Kruse ja federführend
gearbeitet hat in der vergangenen Legislaturperiode. Und der sagte im Grunde,
dieses ganze Problem werdet ihr nur hinbekommen, das ist nur leistbar, wenn wir
die Kommune in ihrer Rolle erkennen und sie stärken, damit sie dieser Aufgabe

auch gerecht werden kann. Dieser schöne Bericht steht irgendwo im Schrank und wird vorgestellt als ein ganz toller Bericht, den wir haben. Aber was machen wir denn jetzt eigentlich damit? Und ich hoffe, dass die bald wieder anfangen, in Berlin sich noch mal Gedanken dazu zu machen. Woran hakt das da eigentlich? Wir sind Interessenvertreter der BAGSO, der Älteren. Das sagen wir auch so ganz klar, denn Interessen vertreten gehört zur Demokratie. Zur Demokratie gehört nicht das Verschweigen sondern zur Demokratie gehört das zu sagen, aber auch zu wissen, ich kann mich nicht mit allem durchsetzen und das kann auch sein, dass es ganz anderes kommt, dass ich nicht recht behalte oder nur partiell recht behalte. Jedenfalls die Interessen vertreten und das tun wir. Und diese Interessenvertretung bei der Kommune zeigt, jede Kommune in Deutschland hat einen Kinder- und Jugendhilfeausschuss. Weil es durch Einzelgesetze Aufgaben an die Kommunen gibt, die muss sie machen. Sie muss gucken, dass genug Kita-Plätze da sind, genug Schulplätze, dass das mit den Kindern gut läuft, dass, wenn es in Familien nicht läuft, man sich einschaltet und hilft usw. Das gibt es für Alte nicht. Weil es so viele Alte nicht gab. Die Kommunen sind für alle Menschen zuständig, die in ihren Grenzen leben, aber es gibt keine Spezialgesetze dafür. Die Frage, die wir als BAGSO aufwerfen, die ich jetzt nicht beantworten will hier, aber ich will sie Ihnen mitgeben, weil wir wirklich darüber nachdenken müssen: Müssen wir eigentlich sagen, es muss so etwas wie Altenhilfegesetzgebung geben, umfassend oder punktuell, dann haben die Kommunen diese Aufgabe, das zu machen. Die müssen allerdings auch das Geld kriegen, das zu machen. Denn in dieser Problematik versteckt sich noch eine Sache, die wir nicht unterschätzen dürfen, es gibt reiche Kommunen, es gibt arme Kommunen. Das heißt, je nachdem, wo du wohnst, hast du Vorteile oder Nachteile, je nach Finanzlage der Stadt. Und das ist eine tiefgreifende Problematik, die wir haben insgesamt, die sich über das ganze Land verteilt und diese Kommission zur Gleichwertigkeit der Lebensverhältnisse Seehofer, Giffey und Klöckner, die muß an der Stelle dringend arbeiten. Einer der Punkte, die ich persönlich für ganz wichtig halte, ist, dass wir überall im Land SAPV haben, spezialisierte ambulante Palliativversorgung. Das ist eine große Entwicklung, ein großer Schatz, den wir da haben, den wir in den letzten 30 Jahren aufgebaut haben. Die Hospiz- und Palliativbewegung ist die größte und schönste Bewegung, die wir in Deutschland haben. Da sind ganz viele Frauen, auch Männer einige dabei, die helfen den Menschen, die schwer krank sind, die Palliativhilfe brauchen, die im Sterben sind, um gut menschlich behandelt zu werden. Und da hat jeder Mensch einen Anspruch drauf. Das steht im Gesetz. Das Problem ist nur, wenn du keinen Palliativarzt da hast und keine Palliativdienste, dann hat der Kaiser sein Recht verloren, dann hast du zwar theoretisch das Recht, aber das ist alles ganz weit weg. Anders ausgesprochen: In den vielen großen Städten funktioniert das, zumindest in den besseren Stadtteilen – sage ich nur mal ein bisschen einschränkend –, aber an vielen anderen Stellen im Lande klappt das nicht. Und damit kann man nicht einverstanden sein. Dass Menschen da Qualen erleiden müssen oder auch keine Hilfe bekommen, auf die sie eigentlich Anspruch haben, wenn man es denn überall hätte. Wenn man mit den Kommunen spricht und sagt, was ist das, sagen die, wir dürfen da leider nicht einschreiten, wir sind nicht zuständig dafür, wir können das nur anregen, aber, so. Dafür braucht man eine Aufgabe und Geld. Könnte man eigentlich sagen, die Kommunen müssen dafür sorgen, dass es dies da gibt und bitteschön, das sind die Instrumente und das ist auch das Geld, um das anzuschieben und es auch wirklich zu machen. Das sind Dinge, die uns im Kopf sind dabei. Wir haben in Deutschland Hospize, stationäre Hospize, da sind im letzten Jahr so etwa 30 000 Menschen gestorben, in den stationären Hospizen. Sterben ist ein großes Thema für die älter werdenden Menschen, weil das so oft verdrängt wird, aber wir sprechen darüber und das ist auch nötig, dass man das tut und dass man rechtzeitig darüber spricht, damit man weiß, wo man dran ist an der Stelle. Ungefähr 30 000 Menschen sind da gestorben von etwa 930 000, die im Jahr sterben. Das werden aber auch mehr werden, die da sterben. Das kommt durch diese Veränderungen, die wir da oben im Seniorenrentenalter haben, ich sage Ihnen aber beruhigend, wir sterben nicht zweimal, ihr müsst da keine Angst haben. Sind eben mehr Menschen alt und irgendwann wird das Alter erreicht und dann ist man doch so dabei. Also 30 000 sterben in stationären Hospizen. Die Wissenshaft sagt uns aber, 12 bis 15 % der Menschen bräuchten wohl eigentlich eine solche Begleitung. Und das würde heißen, dass das etwa 120 bis 140 000 sind. Ich habe da keine genauen Zahlen. Aber alleine die Vorstellung, dass da vielleicht 70, 80 000 Menschen sind, die nicht die wirkliche Hilfe bekommen, in Pflegeheimen sind oder zu Hause, ist schon ein bisschen beunruhigend. Nun gibt es auch Palliativdienste, die gehen in die Heime, die müssen auch da reingehen. Und es gibt auch welche, die helfen zu Hause. Ich weiß aber nicht genau, wie viele davon erreicht werden. Jedenfalls, wir möchten, dass das überall erreicht wird, das ist ein Anspruch, den die haben, die Menschen, und deshalb muss man sich dafür einsetzen, dass dies auch möglich wird. Und das könnte man am ehesten erreichen, wenn man die Kommunen mit einschaltet und wenn man ihnen die Möglichkeit gibt, auf solche Dinge miteinander zu achten. Aber das gilt auch für andere Dinge. In den Kommunen zum Beispiel eine größere Aktion für barrierefreie Wohnungen und für barrierefreies Wohnumfeld. Das ist keine Kleinigkeit, das ist kein Pippifax irgendwo, sondern ältere Menschen wollen gehen, auch draußen, und die Frage ist, gibt es da Stolperkanten und wie kann man eigentlich helfen, wie ist das eigentlich in den Kommunen eingerichtet in den Fußgängerzonen, einschließlich der nötigen

Zahl benutzbarer öffentlichen Toiletten? Darüber wird auch nicht gesprochen, ist aber ein großes Problem. Zurück zu den Wohnungen. Wir hatten im Jahr 2017 8 800 schwere Stürze in Wohnungen. Davon so etwa 6 800 tödlich, davon etwa 80 % Menschen über 80. Weil im Alter die Geschwindigkeit weniger wird und die Kraft und die Ausdauer. Das kann man alles ertragen. Aber die Koordination ist das entscheidende Problem. Wenn du die Treppe rauf- und runtergehst, doch lieber, wo das Geländer ist? Umdrehen, nicht mehr so einfach. Man fängt ein bisschen an zu taumeln. Wenn du im Zug bist und der Zug fährt in einen Bahnhof, hält man sich fest, die Jungen stehen alle da und wischen da ihr Tablet sauber und so. Und man hat seine Not, dass man stehen bleibt auf den Beinen – das ist so. Und deshalb auch wichtig, dass man Sturzprophylaxe macht, aber dass man vor allen Dingen auch die – ja –, die Hindernisse, die man rausmachen kann, auch raus macht. Und wenn man da straßenweise mit den Genossenschaften und städtischen Wohnungsgesellschaften in die Häuser geht und den Leuten sagt: Leute, macht das rechtzeitig, wartet nicht, bis was passiert ist, könnte das vielleicht eine große Hilfe sein. Wenn doppelt so viel Menschen in der Wohnung umkommen als auf der Straße im Straßenverkehr – so war das nämlich in dem Jahr –, dann ist da irgendwas nicht in Ordnung. Darüber wird geschwiegen, aber muss ja nicht sein. Woran liegt das? Die Tür zum Bad ist zu schmal, der Rollator passt nicht rein, also geht man so, fällt auf die Nase, die Tür geht aber nur nach innen auf und man liegt noch dahinter, Komplikation. Die Badewanne, statt da eine Sitzdusche zu machen, in der man sitzen kann und wo man sich auch vernünftig duschen kann. Oder elektronische Hebeanlage, damit man nicht auf einen Stuhl klettern muss, um die Lampe zu erreichen. Das ist alles nicht so teuer. 7.000, 8.000 €. Das geht gar nicht um den großen Fahrstuhl, den man ab und zu im Fernsehen sieht, der da die Treppe rauffährt, sondern das sind alles recht praktische Dinge. Es gibt auch Förderung dafür, von KfW und von der Pflegeversicherung, da muss man allerdings erst pflegebedürftig sein. Und wenn man die Menschen überzeugt hat, das zu machen, dann sagen welche: Der Teppich, unser Teppich, der bleibt. Der bleibt. Da haben wir so lange für gespart, der ist so dick und das kann egal sein, was da passiert, der Teppich bleibt. Da habe ich gesagt, okay, behaltet den Teppich, aber nagelt den an die Wand. Hört auf, immer darauf rumzurennen und euch da die Nase zu brechen. Also das ist für den Teppich auch gut, das ist überhaupt kein Schaden, ihr könnt den jeden Tag streicheln, denkt mal da drüber nach. Ich erläutere das so, weil das einfach lebenspraktisch ist, wenn man den Menschen bewusst macht, dass sie eine Chance haben, sich selbst auf ihr Alter einzustellen, mitzuhelfen dabei, sich vernünftig zu ernähren, sich zu bewegen und gut durchs Leben zu kommen. Ich fasse das drei L zusammen L L L. Das erste L heißt Laufen – das habe ich eben schon erläutert. Das kann eben auch Schwimmen oder Radfahren sein. Das zweite L heißt Lernen, das kann auch Lehren heißen. Die älter Werdenden sind ein großer Fundus von Wissen und Erfahrung. Dass eine Gesellschaft sehenden Auges sagt, ihr dürft das alles nicht mehr gebrauchen, ist völlig verrückt. Wenn das alles Maschinen wären, die 65 sind, würden alle sagen, die müssen noch ein paar Jahre laufen, die sind noch so gut geölt, putzen wir mal drüber, alles klar, weiter. Aber weil wir nur Menschen sind, nein, ist Schluss an der Stelle. Es gibt auch welche, die können nur bis 60. Ich will das nicht bagatellisieren hier an der Stelle. Aber das ist so. Viele Ältere können aber länger. Ich war bei den Müllmännern in Berlin – sieben/acht Jahre her –, habe gefragt, wie lange könnt ihr? Könnt ihr bis 67? Haben sie gesagt nein, wir können auch nicht bis 63. Wie lange könnt ihr denn? Ah, 52, 55. Habe ich gesagt, Leute, das geht nicht, 30 Jahre arbeiten, 40 Jahre Rentner. Da haben sie gesagt nein, das wollen wir auch nicht. Was wollt ihr denn? Wir brauchen leichtere Arbeitsplätze im Alter. Die, die angemessen sind. Wir wollen nicht, dass wir uns kaputtarbeiten und dann mit 57, 58 am Ende sind. Da habe ich gesagt, dann macht das doch. Da sagen die ja, dann gucken sie sich mal um, das gibt es alles nicht mehr. Und das ist ein wirklich großes Problem, was ich hier nicht mal eben schnell erläutern und klären kann, aber es ist so. Diese Gesellschaft ist dabei, rigoros die einfachen Arbeitsplätze wegzurationalisieren. Als ich Minister war in Berlin, da mussten wir 0,5 oder wie viel Prozent einsparen an Löhnen, an Gehältern, an Personalkosten. So, dann macht mal einen Vorschlag. Und die kamen nun mit Folgendem: Es gab da Leute – fünf oder sechs –, die kamen morgens zwischen 04:00 und 05:00. (Ich hatte die nie gesehen) in das Ministerium, sammelten die Post, sortierten die, legten die auf so Teewagen, fuhren die dann auf den Etagen und verteilten die in die Büros. Der Vorschlag war, die Stellen zu streichen. Also die simpelsten und die am schlechtbezahltesten. Aber wie kommt die Post in die Büros? Ja, die gehen aus den Büros dahin und holen die. Aber, eins und eins ist zwei, das stimmt nicht. Ich sage euch, wenn die mit den höheren Gehältern losgehen aus allen Büros und die Post holen, dann wird das teurer als bisher. Ja, ist doch ganz klar. Aber wenn man sich nicht wehrt dagegen, läuft das alles nach demselben Schema. Und man muss auch wissen, dass diese einfachen Arbeiten so bezahlt werden müssen, dass das ordentlich ist für die Menschen. Also: Anständige Mindestlöhne. Denn wir kommen ohne diese Leute eben nicht aus – das ist so! Wir wissen, wir haben in Deutschland – ganz zweifellos –, wir haben sittenwidrig niedrige und sittenwidrig hohe Löhne. Wenn ich höre, dass Leute von irgendwelchen Unternehmen oder auch bei großen Banken das 600-Fache verdienen wie eine Krankenschwester, das kann nicht wahr sein! Es kann sein, dass einer zehnmal so gut ist wie die, aber nicht 600-mal und das macht mich wirklich wütend. Da muss man doch mal anders rangehen.

Und da muss man auch dafür sorgen, dass man Arbeitsplätze für die Menschen nicht kaputtmacht, wo man weiß, wenn man das kaputtmacht, schickt man die in die Arbeitslosigkeit und die haben keine Chance, da rauszukommen. Und dann fangen wir an, nachzudenken, wie wir soziale Arbeitsplätze schaffen, damit wir sie wieder reinkriegen. Aber es wäre schon vernünftig, wenn wir an der Stelle ein bisschen aufmerksamer werden und dafür sorgen, dass das auf jeden Fall auch funktionieren kann. Also das zweite L war Lernen, das kann auch Lehren sein. Wir machen das als BAGSO auch mit Seniorexperten. Das sind zum Teil Frauen/Männern pädagogisch vorbelastet, die in die Schulen gehen und mit den Kindern sprechen und mit den Lehrern sprechen und die da helfen. Ich war in Berlin in einer Schule vor zwei Jahren schon, drei Jahren, da erklärte mir der Rektor, diese Dame da vorne, das ist der Engel der Schule. Und da sage ich, kommen sie mal her und da haben wir uns freundlich begrüßt und ich fragte, wieso ist sie der Engel der Schule? Ja, die ist die Einzige, die die kyrillische Schrift kann und wir haben ganz viele junge Leute, die aus Russland gekommen sind, Spätaussiedler, und wir brauchen die als Kontakt zwischen der Schule und den Eltern und den Kindern und so. Und das ist ein Problem, das nicht nur die mit kyrillischer Schrift haben, sondern andere auch in Deutschland, an vielen Stellen im Augenblick. Wie sollen die Kinder eigentlich klarkommen, wenn sie zu Hause eine Sprache haben, die sie nicht in der Schule haben? Befähigungsgerechtigkeit für diese Kinder ist wichtig. So und da habe ich sie beglückwünscht, habe gesagt, das ist ja toll, dass sie an der Schule angestellt sind. Da sagt sie, ich bin nicht an der Schule angestellt. Ich sage, wer sind sie denn? Ich bin eine dritte Person. Was ist eine dritte Person? Und dann stellte sich heraus, die haben da gesammelt und da war so eine Stiftung noch und die haben mit dieser Stiftung und der Sammlung diesen Arbeitsplatz für die Frau bezahlt, die in der Schule war. Ich finde das eher peinlich für unser Land! Dass man das auf diese Art und Weise machen muss und dass man nicht kapiert, dass man an der Stelle anders ran muss, weil alle Gerechtigkeit beginnt mit den Kindern und mit der Befähigungsgerechtigkeit für die Kinder. Kinder, die keine Erziehung und die keine Ausbildung und die keine Schule haben mit einer Qualität, die sie auch ins Leben hineinführt, die kommen aus der Schule mit zu wenig. 50 000 jedes Jahr ohne Abschluss. Das ist alles Nachwuchs für Arbeitslosengeld II, was denn eigentlich sonst? Und wenn du in dieser Lage bist, hast du eine Chance vielleicht eins zu eins, nicht viel mehr, dass du jemals in deinem Leben eine Arbeit bekommst, die bezahlt wird so, dass du davon auch leben kannst. Und da beginnt die große Ungerechtigkeit. Die beginnt nicht erst da hinten und da oben, sondern die beginnt da. Und deshalb ist es so wichtig, dass wir Alten, wir Älteren auch das im Blick haben. Wenn wir gut nach vorne kommen wollen, dann muss dieses auch stimmen und da können ältere Menschen helfen. Viele können helfen. Es gibt Patenschaften und alle möglichen Organisationsformen, wo wir auch gerne Rat geben dazu, wenn jemand was sucht. Das dritte L heißt Lachen. Gut, ich will Ihnen dazu ein Beispiel erzählen, weil das ja immer am besten ist. Ich weiß schon, dass man unter wissenschaftlichen Gesichtspunkten skeptisch zuhört. Ich will es Ihnen aber trotzdem erzählen, was ich von einem Landrat erfuhr. Die Menschen wurden immer geehrt mit 85 in seinem Kreis, dann kriegten die einen Blumenstrauß, er fuhr da hin, Journalist mit, da wurde ein Bild gemacht, alles toll. Und dann kam aber sein Büro und sagte, das geht so nicht weiter, es werden so viel 85, sie haben nicht so viel Zeit und das wird auch zu teuer. Wir müssen irgendwas machen. Aber sagt er, dann ein Glücksfall, eine Dame, die älteste Dame des Kreises wurde 106 Jahre alt und da fahre ich hin und dann kommt das in die Zeitung und dann sehen die Leute alle wieder, ich kümmere mich um die Alten da. Er dahin, er hatte eine halbe Stunde Zeit, aber, na ja, also 106 Jahre, das wird ja schon gehen. Er kommt mit Blumenstrauß und und mit Journalisten und die Dame – war sehr gut drauf –, die kannte auch noch alle 106 Jahre und die fing an, zu erzählen, und zwar vorne. Nach einer halben Stunde musste er weg. Und sagte gnädige Frau, also das ist alles sehr interessant, aber entschuldigen Sie, ich komme nächste Woche wieder, ich mache sofort einen Termin, aber ehe ich gehe, sagen sie mir noch eins, wie kommt das, dass sie so gut drauf sind? Sie: „weil ich wirklich keine Sorgen mehr habe. Ich habe jetzt beide Kinder im Altersheim, mir kann nichts mehr passieren". Und ich empfehle sehr, dass wir uns diese drei Dinge nicht kaputtmachen lassen. L L L-Also das Laufen, das sich Bewegen, das Lernen und auch das Lachen. Gut ins Alter zu kommen und da durchzukommen, das hilft dem Staat – da habe ich jetzt wenig drüber gesagt, der darf nicht entlassen werden von den großen sozialen Herausforderungen, in denen wir ja sicher auch stecken –, aber auch von der Gesellschaft. Der Staat muss für Gerechtigkeit sorgen. Die Solidarität, der andere große Wert, der geht nur über die Gesellschaft. Der Staat kann sagen, seid solidarisch, vertragt euch, geht anständig miteinander um – kann er alles machen. Aber, ob das funktioniert, das liegt an uns, an Menschen und wie wir miteinander umgehen und ob man aufeinander achtet oder ob einem das völlig egal ist. Und da sind Kommunen und Vereine und Verbände und Organisationen und Kirchen und Parteien und alles, was es da gibt, ganz wichtig. Und dieser Zusammenhalt, der ist entscheidend dafür, dass man auch in einer Gesellschaft, wo das mit den Familien so ist, wie ich das beschrieben habe, gut leben kann. Ich bedanke mich für Ihre Aufmerksamkeit, freue mich, dass Sie mir freundlich zugehört haben und Sie können sicher sein, wir machen in der BAGSO, was möglich ist, um den Menschen zu sagen, wir können aus dieser Sache was Gutes machen. Wir können aus der Sache was Gutes machen. Aus jedem Alter kann man was Gutes machen, daran wollen wir weiter mitarbeiten. Vielen Dank für Ihr Zuhören!

Vielfalt des menschlichen Alterns

Grenzgänge im hohen Alter – Verletzlichkeit, Sorge, Reife

Andreas Kruse

Einleitung

Das hohe Alter soll nachfolgend im Sinne von Grenzgängen gedeutet werden, was zum einen bedeutet, die zwischen psychologischen Bereichen liegenden Grenzen immer wieder zu überschreiten und in diesem Überschreiten ein hohes Maß an psychologischer Komplexität zu verwirklichen. Zum anderen soll mit den Grenzgängen angedeutet werden, dass es alten Menschen gelingen kann, in der Auseinandersetzung mit Grenzen – und das Erleben zunehmender Verletzlichkeit lässt die Grenzen der eigenen Existenz immer deutlicher in das Zentrum des Bewusstseins treten – zu neuen Erlebens-, Verhaltens- und Lebensqualitäten zu gelangen.

Selbst- und Weltgestaltung als zentrales Thema des hohen Alters

In der vom Florentiner Gelehrten Pico della Mirandola im Jahre 1427 verfassten Schrift „De hominis dignitate" (deutsch: „Über die Würde des Menschen") – in der Philosophiegeschichte als eine der ersten grundlegenden Schriften zur Menschenwürde eingeordnet – wird als ein zentrales Merkmal der Menschenwürde die Fähigkeit des Individuums zur Selbst- und Weltgestaltung genannt. Pico leitet

A. Kruse (✉)
Institut für Gerontologie, Universität Heidelberg, Heidelberg, Deutschland
E-mail: andreas.kruse@gero.uni-heidelberg.de

© Der/die Autor(en) 2022
A. D. Ho et al. (Hrsg.), *Altern: Biologie und Chancen*, Schriften der Mathematisch-naturwissenschaftlichen Klasse 27,
https://doi.org/10.1007/978-3-658-34859-5_3

51

diese Schrift mit folgenden Aussagen ein, die die Fähigkeit zur Selbstgestaltung und Weltgestaltung in das Zentrum rücken (1990, S. 6 f.):

> „Endlich beschloss der höchste Künstler, dass der, dem er nichts Eigenes geben konnte, Anteil habe an allem, was die Einzelnen jeweils für sich gehabt hatten. Also war er zufrieden mit dem Menschen als Geschöpf von unbestimmter Gestalt, stellte ihn in die Mitte der Welt und sprach ihn so an: ‚Wir haben dir keinen festen Wohnsitz gegeben, Adam, kein eigenes Aussehen noch irgendeine besondere Gabe, damit du den Wohnsitz, das Aussehen und die Gaben, die du selbst dir aussiehst, entsprechend deinem Wunsch und Entschluss habest und besitzest. Die Natur der übrigen Geschöpfe ist fest bestimmt und wird innerhalb von uns vorgeschriebener Gesetze begrenzt. Du sollst dir deine ohne jede Einschränkung und Enge, nach deinem Ermessen, dem ich dich anvertraut habe, selber bestimmen. Ich habe dich in die Mitte der Welt gestellt, damit du dich von dort aus bequemer umsehen kannst, was es auf der Welt gibt. Weder haben wir dich himmlisch noch irdisch, weder sterblich noch unsterblich geschaffen, damit du wie dein eigener, in Ehre frei entscheidender, schöpferischer Bildhauer dich selbst zu der Gestalt ausformst, die du bevorzugst."

Jeder Mensch besitzt als Mensch Würde; diese ist nicht an Eigenschaften, nicht an Leistungen gebunden. Sie ist a priori gegeben. Jeder Mensch hat zudem eine Vorstellung von seiner Würde, das heißt, er stellt implizit oder explizit Kriterien auf, die erfüllt sein müssen, damit ihm das eigene Leben als ein würdevolles erscheint. In dem Beitrag von Pico della Mirandola ist ausdrücklich auch die *Verwirklichung von Würde* angesprochen, das heißt, es wird eine Bedingung genannt, unter der die Würde des Menschen „lebendig" wird. Diese Bedingung lautet: die Möglichkeit zur Selbstgestaltung *und* Weltgestaltung.

Die psychologische Betrachtung der *Selbstgestaltungs- und Weltgestaltungspotenziale im hohen Alter* führt mich zu einer Verbindung von vier psychologischen Konstrukten (ausführlich in Kruse, 2017): 1) Introversion mit Introspektion (im Sinne der „vertieften Auseinandersetzung des Menschen mit sich selbst"), 2) Offenheit (im Sinne der „Empfänglichkeit für neue Eindrücke, Erlebnisse und Erkenntnisse, die aus dem Blick auf sich selbst wie auch aus dem Blick auf die umgebende soziale und räumliche Welt erwachsen"), 3) Sorge (im Sinne der „Bereitschaft, sich um andere Menschen, sich um die Welt zu sorgen") und 4) Wissensweitergabe (im Sinne des „Motivs, sich in eine Generationenfolge gestellt zu sehen und durch die Weitergabe von Wissen Kontinuität zu erzeugen und Verantwortung zu übernehmen"). Nachfolgend seine diese vier Konstrukte kurz erläutert. Zwei dieser Konstrukte („Introversion und Introspektion" sowie „Offenheit") interpretiere ich als Merkmale der Selbstgestaltung, zwei Konstrukte („Sorge" sowie „Wissensweitergabe") als Merkmale der Weltgestaltung.

Selbstgestaltung

Introversion mit Introspektion: Dieses Merkmal beschreibt die vertiefte, konzentrierte Auseinandersetzung des Individuums mit dem eigenen Selbst. Der psychologische Terminus der Introversion mit Introspektion erscheint besonders geeignet, wenn es darum geht, die innere (psychische) Situation eines alten Menschen genauer zu betrachten. Im Zentrum dieser Betrachtung steht das Selbst, das in der psychologischen Forschung als Zentrum, als Kern der Persönlichkeit betrachtet wird. Das Selbst integriert alle Erlebnisse, Erfahrungen und Erkenntnisse, die das Individuum im Laufe seines Lebens in der Begegnung mit anderen Menschen, in der Auseinandersetzung mit der Welt, aber auch in der Auseinandersetzung mit sich selbst und seiner Biografie gewinnt. In dem Maße nun, in dem Menschen offen sind für neue Erlebnisse, Erfahrungen und Erkenntnisse, entwickelt sich auch das Selbst weiter: Dieses zeigt sich gerade in der Verarbeitung neuer Erlebnisse, Erfahrungen und Erkenntnisse in seiner ganzen Dynamik, in seiner (schöpferischen) Veränderungskapazität. Das Konstrukt der Introversion mit Introspektion wird hier verwendet, um die besondere Sensibilität alter Menschen für alle Prozesse zu umschreiben, die sich in ihrem Selbst abspielen (Staudinger, 2015). – Neben den Erlebnissen, Erfahrungen und Erkenntnissen, die in der Begegnung mit anderen Menschen und in der Auseinandersetzung mit der Welt gewonnen werden, spielt hier zunächst der Lebensrückblick – der in der Theorie von Erik Homburger Erikson (1998) einen bedeutenden Teil der Ich-Integrität im Alter bildet – eine wichtige Rolle. Dieser Lebensrückblick betrifft in zentraler Weise das Selbst: Inwieweit werden dem Individuum bei dieser „Spurensuche" noch einmal Aspekte seines Selbst bewusst, die dieses aus heutiger Sicht positiv bewertet, inwieweit Aspekte des Selbst, die dieses eher negativ bewertet (Butler, 1963)? Inwieweit gelingt es dem Individuum trotz negativer Bewertungen, „sich selbst Freund zu sein", die eigene Biografie in ihren Höhen und Tiefen als etwas anzunehmen, das in eben dieser Gestalt stimmig, sinnerfüllt, notwendig war, inwieweit kann das Individuum sich selbst, aber auch anderen Menschen im Rückblick vergeben (Ritschl, 2004)? – Zudem stößt die begrenzte Lebenszeit Prozesse der Introversion mit Introspektion an: In der Literatur wird auch von *Memento mori-Effekten* gesprochen (Brandtstädter, 2014), womit Einflüsse der erlebten Nähe zum Tod auf das Selbst gemeint sind. Im Zentrum stehen eine umfassendere Weltsicht und eine damit einhergehende Ausweitung des persönlich bedeutsamen Themenspektrums, weiterhin eine gelassenere Lebenseinstellung, begleitet von einer abnehmenden Intensität von Emotionen wie Ärger, Trauer, Reue und Freude. Zudem treten Spiritualität, Altruismus und Dankbarkeit stärker in das Zentrum des Erlebens (Kruse & Schmitt, 2018).

Schließlich gewinnen *Grenzsituationen* große Bedeutung für Prozesse der Introversion mit Introspektion. Mit Grenzsituationen umschreibt Karl Jaspers (1973) jene Situationen, die wir durch unser eigenes Handeln nicht verändern, sondern allein durch unsere Existenz zur Klarheit bringen können. „Durch unsere Existenz zur Klarheit bringen": Damit spricht Karl Jaspers – interpretieren wir ihn eher psychologisch – Prozesse der inneren, also seelisch-geistigen Auseinandersetzung oder eben der Introversion mit Introspektion an, die darauf zielen, die erlebten Grenzen – so zum Beispiel chronische Erkrankungen, zunehmende Gebrechlichkeit, Verlust nahestehender Menschen, begrenzte Lebenszeit – innerlich zu verarbeiten, sie zu einem Teil des bewusst gestalteten und in seinen Höhen wie Tiefen angenommenen Lebens werden zu lassen (Kruse, 2007). Die Tatsache, dass in und durch Grenzsituationen Prozesse der Introversion mit Introspektion angestoßen werden, deutet darauf hin, dass Grenzsituationen durchaus das Potenzial besitzen, das Individuum – bei aller Belastung und Schwere, die dieses fühlt – mehr und mehr zum Zentrum der eigenen Persönlichkeit, also zum Selbst, zu führen. Damit können auch bewusst herbeigeführte Entscheidungen *für* das Leben – im Sinne des von Viktor Frankl gewählten Buchtitels: *...trotzdem Ja zum Leben sagen* (Frankl, 2009) – begünstigt werden.

Offenheit: Die konzentrierte, vertiefte Auseinandersetzung mit sich selbst wird durch die Offenheit des Individuums für neue Eindrücke, Erlebnisse und Erkenntnisse gefördert. Offenheit wird in der psychologischen Literatur auch mit dem Begriff der „kathektischen Flexibilität" (Peck, 1968) umschrieben, was bedeutet, dass auch *neue* Lebensbereiche emotional und geistig besetzt und damit subjektiv thematisch werden. Mit Blick auf das hohe Alter misst der Psychologe Robert Peck dem Abzug der seelisch-geistigen Energie von körperlichen Prozessen und deren Hinwendung zu psychischen Prozessen große Bedeutung bei; weiterhin dem Abzug der seelisch-geistigen Energie vom eigenen Ich und deren Hinwendung zu dem, was dieses Ich materiell und ideell umgibt: der natürlichen, kulturell und sozial geformten Welt, dem Kosmos, der gesamten Schöpfung (Tornstam, 2005). Dies aber bedeutet, dass das Individuum *empfänglich, offen* für neue Erlebnisse, Erfahrungen und Erkenntnisse ist, dass es den „fließenden Charakter", mithin die Dynamik des Selbst nicht blockiert, sondern dass es sich vielmehr ganz auf diese einlässt und damit auch etwas Neues hervorbringt, „schöpferisch lebt". – Wir verdanken Friedrich Nietzsche (1844–1900) – nämlich seiner 1878 anlässlich des 100. Todestages Voltaires erschienenen Schrift *Menschliches, Allzumenschliches – ein Buch für freie Geister* – ein bemerkenswertes Zitat, das den fließenden Charakter des Selbst, das schöpferische Leben anschaulich umschreibt:

„Wer nur einigermaßen zur Freiheit der Vernunft gekommen ist, kann sich auf Erden nicht anders fühlen denn als Wanderer – wenn auch nicht als Reisender nach einem letzten Ziele: denn dieses gibt es nicht. Wohl aber will er zusehen und die Augen dafür offen haben, was alles in der Welt eigentlich vorgeht; deshalb darf er sein Herz nicht allzu fest an alles einzelne anhängen; es muss in ihm selber etwas Wanderndes sein, das seine Freude an dem Wechsel und der Vergänglichkeit habe." (Nietzsche, 1998, S. 65).

Das Potenzial zur Selbstgestaltung ist nicht ab einem gewissen Alter abgeschlossen, sondern besteht – sofern nicht schwere Krankheiten dieses Potenzial zunichtemachen – bis zum Ende des Lebens: aus diesem Grunde ich auch vom Potenzial zur Selbstgestaltung *im Prozess des Sterbens* ausgehe (sofern die körperliche und psychische Gesundheit dies zulässt), aus diesem Grunde ich die entscheidende Aufgabe der palliativen Versorgung darin erkenne, Symptome soweit zu lindern, dass sich Menschen bewusst auf ihr Sterben einstellen und einlassen können (Kruse, 2007).

Weltgestaltung

Sorge: Sorge beschreibt die erlebte und praktizierte Mitverantwortung für andere Menschen und das damit verbundene Bedürfnis, etwas für andere Menschen zu tun, deren Entwicklung und Lebensqualität zu fördern. Dieser Aspekt von Sorge wird auch mit dem psychologischen Konstrukt der *Generativität* angesprochen, ja, er ist geradezu für dieses Konstrukt konstitutiv (McAdams & de St. Aubin, 1992). Sorge meint zudem nicht nur die von einem Menschen ausgehende, praktizierte Sorge, sondern auch die Sorge, die er *von anderen erfährt*. Dabei ist auch mit Blick auf Sorgebeziehungen im hohen Alter hervorzuheben, wie wichtig ein *Geben und Nehmen* von Hilfe und Unterstützung („Reziprozität") für die Akzeptanz erfahrener Sorge ist. Die fehlende Möglichkeit, die empfangene Sorge zu erwidern, macht es schwer, Sorge anzunehmen. Dieser Aspekt gewinnt besondere Bedeutung in Phasen erhöhter Verletzlichkeit. Gerade in solchen Phasen sind Menschen sensibel dafür, ob sie primär als Hilfeempfangende wahrgenommen und angesprochen werden, oder ob sie auch in ihrer Kompetenz, selbst Hilfe und Unterstützung zu leisten, ernst genommen werden. Zugleich ist im thematischen Kontext von Sorge immer mitzudenken, wie wichtig es ist, dass das Individuum rechtzeitig lernt, Hilfe und Unterstützung, die objektiv nötig ist, bewusst anzunehmen (Baltes, 1996; Kruse, 2005a). – Vor dem Hintergrund dieses Verständnisses von Sorge wird auch deutlich, was mit Sorge *nicht* gemeint ist: das Umsorgt-Werden von anderen Menschen, das Umsorgen anderer Menschen. Nicht selten tendieren wir dazu, Sorge mit Umsorgt-Werden oder Umsorgen gleichzusetzen. Dieses enge Verständnis von Sorge greift zu kurz. Sorge ist sehr viel weiter zu fassen: Sie meint die freundschaftliche Hinwendung zum Menschen, die freundschaftliche Hinwendung zur Welt (Arendt, 1989) – und dies in einer Haltung der Mitverantwortung (für den Mitmenschen wie auch für die Welt) und dem Bedürfnis nach aktiver Mitgestaltung (der Beziehungen, der Welt). Dies übrigens ist auch ein Grund dafür, warum in meinen Überlegungen nicht nur die Selbstgestaltung im Zentrum steht, sondern auch die Weltgestaltung – beide Orientierungspunkte (das Selbst, die Welt) finden hier ausdrücklich Berücksichtigung.

Mit dem Konstrukt der Sorge ist nicht allein das Wohl *einzelner* Menschen angesprochen, für die das Individuum Mitverantwortung übernimmt, sondern auch das Wohl der *Welt*. Damit tritt die „politische" Dimension in das Zentrum meiner Argumentation. Mit dem politischen (und nicht nur psychologischen) Verständnis von Sorge folge ich den politikwissenschaftlichen Beiträgen von Hanna Arendt (1993), die ausdrücklich von der „Liebe zur Welt" *(Amor mundi)* spricht und diese als einen wichtigen Grund für ihre Arbeit an einer politischen Theorie nennt – so lesen wir in einem ihrer Briefe an Karl Jaspers. Die Liebe zur Welt führt nach Hannah Arendt zur „Sorge um die Welt", die den Kern, den „Mittelpunkt der Politik" bildet. Hannah Arendt löst ihre Deutung von „Welt" nie vom „Menschlichen" ab. Wenn sie von „Welt" spricht, so orientiert sie sich grundsätzlich am Menschlichen – nämlich an einem öffentlichen Raum, in dem sich das „Zwischen den Menschen" entfalten kann, in dem sich Menschen in Wort und Tat begegnen, die Gestaltung der Welt als eine *gemeinsam* zu lösende Aufgabe begreifen. Und Hannah Arendt geht noch weiter: Ihr Verständnis von Politik orientiert sich auch an dem Wesen der Freundschaft (Arendt, 1989). Inwiefern? Sie hebt hervor, dass das Schließen von Freundschaften keinem äußeren Zweck geschuldet ist, sondern dass dieses hervorgeht aus der Erfahrung des „Zwischen", in dem sich Menschen im Vertrauen darauf zeigen und aus der Hand geben können, dass sie in ihrer Unverwechselbarkeit erkannt und angenommen werden – dieses Vertrauen ist dabei entscheidend für die Initiative, für den Neubeginn, für die Geburtlichkeit (Natalität) des Menschen.

Wissensweitergabe: Mit der Wissensweitergabe ist auch das Fortwirken des Individuums in nachfolgenden Generationen angesprochen (in der Begrifflichkeit von Hannah Arendt (1960): „symbolische Unsterblichkeit"). Dieses Fortwirken vollzieht sich auch auf dem Wege materieller und ideeller Produkte, die das Individuum erzeugt und mit denen es einen Beitrag zum Fortbestand und zur Fortentwicklung der Welt leistet (Staudinger, 1996). So sehr eine Person in der Erinnerung an das gesprochene Wort und die einmalige Gebärde fortlebt, so sehr

Begegnungen mit dieser in uns emotional und geistig fortwirken, so wichtig ist es auch, die materiellen und ideellen Produkte im Auge zu haben, die sich nicht notwendigerweise unmittelbaren Begegnungen mit nachfolgenden Generationen verdanken, sondern die in Verantwortung vor der Welt und für die Welt entstanden sind. Auch diese Produkte hat Hannah Arendt im Auge, wenn sie von symbolischer Unsterblichkeit spricht (Arendt, 1960). Dabei bindet sie diese symbolische Immortalität an die höchste Form der *Vita activa,* nämlich an das Handeln – also an den Austausch zwischen Menschen in Wort und Tat – sowie an die Verwirklichung „des Politischen" im Menschen. Dies legt folgende Deutung nahe: Es geht hier um Werke, die (auch) aus einer Verantwortung gegenüber der Welt entstanden sind, mit denen bewusst zum Fortbestand und zur Fortentwicklung der Welt beigetragen werden soll (Blumenberg, 1986).

Wenn von „Welt" gesprochen wird, so sind damit die unterschiedlichsten Bereiche des öffentlichen Raums gemeint. Um ein Beispiel zu geben: Wenn jemand in einem Verein wirkt, und dies aus der Überzeugung heraus, mit dem Aufbau und der Weiterentwicklung einer lebendigen Organisation etwas zum Gemeinwohl heute und in Zukunft – auch nach Übergabe seiner Verantwortung an andere Menschen, auch nach seinem Tod – zu leisten, so hat er etwas geschaffen, was zum Fortbestand und zur Fortentwicklung der Welt beitragen soll, und zwar über sein Leben, über seine Generation hinaus. Diese Person lebt in der „Vereinsgeschichte" fort; bei einem Rückblick auf diese Geschichte, bei der Suche nach „Spuren", die einzelne Personen hinterlassen haben, wird auch deren Leistung erkannt und gewürdigt werden. Das Handeln als höchste Form der Vita activa beschränkt sich also nicht allein auf den *unmittelbaren,* konkreten Austausch mit Menschen. Wir treten auch in unseren Gedanken in einen – vielleicht „virtuell" zu nennenden – Austausch mit Menschen, die wir kannten (und die heute nicht mehr leben), die wir kennen (denen wir aber gegenwärtig nicht unmittelbar begegnen können) und die wir noch nicht kennen, ja, niemals kennenlernen werden: Damit ist in besonderer Weise die „geistige" Dimension der Vita activa, des „gemeinsamen" Handelns (als eines Konstituens der Vita activa) und des Politischen (als der Umschreibung von gemeinsam geteilter Verantwortung vor der Welt und für die Welt) angesprochen.

Verletzlichkeit

Allerdings darf gerade mit Blick auf die Verletzlichkeit des alten Menschen nicht übersehen werden, dass sich im Falle körperlicher, möglicherweise auch kognitiver und sozialer Verluste Auswirkungen auf den Grad und die Art der

Offenheit ergeben. Die Fähigkeit, sich auf sich selbst zu besinnen, sich konzentriert dem eigenen Selbst zuzuwenden und damit Entwicklungsprozesse des Selbst anzustoßen, ebenso wie die Fähigkeit und Bereitschaft, sich auf die Welt zu konzentrieren, diese in ihrer anregenden, motivierenden und unterstützenden Qualität wahrzunehmen und zu nutzen, kann in Phasen vermehrten Schmerzerlebens, in Phasen vermehrter funktionaler Beeinträchtigung, in Phasen verstärkter Einsamkeit erkennbar zurückgehen. Dabei ist zu bedenken, dass es sich hier vielfach um *Phasen* des Rückzugs von der Welt, um *Phasen* der subjektiven Entfremdung („ich finde mich nicht mehr", „ich kann mich selbst nicht mehr erkennen", „ich bin mir selbst fremd geworden") handelt, die wieder einer stärkeren Öffnung nach außen und nach innen weichen, wenn körperliche und kognitive Krankheitssymptome kontrolliert und gelindert werden, vor allem, wenn sich Möglichkeiten eines fruchtbaren, anregenden und motivierenden Austauschs mit anderen Menschen ergeben – auch hier zeigt sich die Notwendigkeit einer wahrhaftigen, offenen und mitfühlenden Kommunikation sehr deutlich.

Wie aber ist Verletzlichkeit im hohen Alter zu verstehen, durch welche Merkmale zeichnet sich diese aus?

Vor dem Hintergrund der mittlerweile umfangreichen empirischen Literatur zum hohen Alter ist davon auszugehen, dass sich im Verlauf des neunten Lebensjahrzehnts der Übergang vom höheren („dritten") zum hohen („vierten") Alter allmählich, fließend, *kontinuierlich* vollzieht (Kruse, 2017). Dabei ist das neunte Lebensjahrzehnt nicht als ein Jahrzehnt zu begreifen, in dem körperliche und psychische Erkrankungen notwendigerweise plötzlich, abrupt über das Individuum hereinbrechen. Vielmehr ist im neunten Lebensjahrzehnt eine *graduell* zunehmende Anfälligkeit des Menschen für neue Erkrankungen und funktionelle Einbußen ebenso erkennbar wie die graduelle Zunahme in der Schwere bereits bestehender Erkrankungen und bereits bestehender funktioneller Einbußen (Fried et al., 2001). Damit ist ein wichtiges Merkmal des hohen Alters beschrieben, das auch *im Erleben* der Menschen dominiert: Die allmählich spürbare Zunahme an Krankheitssymptomen, die allmählich spürbaren Einbußen in der körperlichen, zum Teil auch in der kognitiven Leistungsfähigkeit, schließlich die allmählich spürbaren Einschränkungen in alltagsbezogenen Fertigkeiten werden vom Individuum *im Sinne der erhöhten Verletzlichkeit* erlebt und gedeutet (Clegg et al., 2013). Verletzlichkeit heißt dabei nicht Gebrechlichkeit; letztere ist vielmehr Folge ersterer. Verletzlichkeit lässt sich auch nicht mit den medizinischen Begriffen Multimorbidität und Polysymptomatik angemessen umschreiben. Vielmehr meint Verletzlichkeit eine erhöhte Anfälligkeit und Verwundbarkeit, mithin das deutlichere Hervortreten von Schwächen, meint verringerte Potenziale zur Abwehr, Kompensation und Überwindung dieser körperlichen und kognitiven

Schwächen. Die objektiv messbare wie auch die subjektiv erlebte Verletzlichkeit tritt zu *interindividuell unterschiedlichen Zeitpunkten* im neunten Lebensjahrzehnt auf; sie kann sich bei dem einen sogar noch später (also erst im zehnten Lebensjahrzehnt), bei dem anderen sogar noch früher (also schon im achten Lebensjahrzehnt) einstellen. Entscheidend ist, dass im Verlauf des neunten Lebensjahrzehnts bei der Mehrzahl alter Menschen eine derartige erhöhte Verletzlichkeit objektiv nachweisbar ist und subjektiv auch als eine solche empfunden wird.

Mit dem Hinweis auf die *erhöhte* Verletzlichkeit wird angedeutet, dass im hohen Lebensalter ein Merkmal der Conditio humana – nämlich die grundsätzliche Verwundbarkeit – *noch einmal stärker* in das Zentrum tritt, dabei auch in das Zentrum des Erlebens. Mit diesem Hinweis wird die vielfach vorgenommene, strikte Trennung zwischen drittem und viertem Lebensalter relativiert: Es ist nicht so, dass das dritte Lebensalter ganz unter dem Zeichen erhaltener körperlicher, kognitiver und sozioemotionaler Kompetenz, das vierte Lebensalter hingegen ganz unter dem Zeichen verloren gegangener körperlicher, kognitiver und sozioemotionaler Kompetenz [im Sinne eines *modus deficiens*] stünde. Vielmehr finden wir auch im dritten Alter graduelle Verluste und damit allmählich stärker werdende Schwächen, die in summa auf eine erhöhte Verletzlichkeit des Menschen deuten; und im vierten Alter sind vielfach seelische, geistige, sozioemotionale und sozialkommunikative Ressourcen zu beobachten, die das Individuum in die Lage versetzen, ein schöpferisches, persönlich sinnerfülltes und stimmiges Leben zu führen – dies auch in gesundheitlichen Grenzsituationen (Brothers et al., 2016).

Grenzsituationen

Fortsetzen möchte ich mit einer kurzen Reflexion über das Wesen der Grenzsituationen, mich dabei auf die Philosophie Karl Jaspers' beziehend, weil diese Reflexionen schon sehr nahe heranreichen an die für das hohe Alter charakteristische Verbindung von Verletzlichkeit und Reife.

Karl Jaspers beschreibt in seiner Schrift *Philosophie* (1973) Grenzsituationen als Grundsituationen der Existenz, die „mit dem Dasein selbst sind", das heißt, diese Situationen gehören zu unserer Existenz, konstituieren unsere Existenz. Grenzsituationen, wie jene des Leidens, des Verlusts, des Sterbens, haben den Charakter der Endgültigkeit: „Sie sind durch uns nicht zu verändern, sondern nur zur Klarheit zu bringen, ohne sie aus einem anderen erklären und ableiten zu können" (Jaspers, 1973, S. 203). Aufgrund ihrer Endgültigkeit lassen sich Grenzsituationen selbst nicht verändern, sondern vielmehr erfordern sie die Veränderung des Menschen, und zwar im Sinne weiterer Differenzierung seines Erlebens, seiner Erkenntnisse und seines Handelns, durch die er auch zu einer neuen Einstellung zu sich selbst und zu seiner Existenz gelangt: „Auf Grenzsituationen reagieren wir nicht sinnvoll durch Plan und Berechnung, um sie zu überwinden, sondern durch eine ganz andere Aktivität, das Werden der in uns möglichen Existenz; wir werden wir selbst, indem wir in die Grenzsituationen offenen Auges eintreten" (Jaspers, 1973, S. 204).

Das „Eintreten offenen Auges" lässt sich psychologisch im Sinne des reflektierten und verantwortlichen Umgangs interpretieren, also im Sinne der Orientierung des Menschen an Werten, derer er sich bewusst geworden ist – hier findet sich eine Nähe zu dem Begriff der Selbstverantwortung. Die Anforderungen, die Grenzsituationen an den Menschen stellen, sowie die Verwirklichung des Menschen in Grenzsituationen „gehen auf das Ganze der Existenz" (Jaspers, 1973, S. 206). Dabei wird die Verwirklichung in der Grenzsituation auch im Sinne eines „Sprungs" interpretiert, und zwar in der Hinsicht, als das Individuum in der gelingenden Auseinandersetzung mit dieser Situation zu einem vertieften Verständnis seiner selbst gelangt: „Nach dem Sprung ist mein Leben für mich ein anderes als mein Sein, sofern ich nur da bin. Ich sage ‚ich selbst' in einem neuen Sinn" (Jaspers, 1973, S. 207).

Die Aussage, wonach Grenzsituationen Antworten des Menschen geradezu herausfordern, wird durch nachfolgendes Zitat gestützt, in dem die Frage nach der Bedeutung von Grenzsituationen für das Dasein aufgeworfen wird. Jaspers äußert sich in seiner Schrift „Philosophie" zu dieser Frage wie folgt:

> „Als Dasein können wir den Grenzsituationen nur ausweichen, indem wir vor ihnen die Augen schließen. In der Welt wollen wir unser Dasein erhalten, indem wir es erweitern; wir beziehen uns auf es, ohne zu fragen, es meisternd und genießend oder an ihm leidend und ihm erliegend; aber es bleibt am Ende nichts, als uns zu ergeben. Auf Grenzsituationen reagieren wir daher nicht sinnvoll durch Plan und Berechnung, um sie zu überwinden, sondern durch eine ganz andere Aktivität, das Werden der in uns möglichen Existenz; wir werden wir selbst, indem wir in die Grenzsituationen offenen Auges eintreten" (Jaspers, 1973, S. 203 f.).

Der Umgang des Menschen mit Grenzsituationen im Alter – zu nennen sind hier vor allem die erhöhte körperliche Verletzlichkeit, der Verlust nahe stehender Menschen, die Bewusstwerdung eigener Endlichkeit – ist auch in seinem potenziellen Einfluss auf kulturelle Leitbilder gelingenden Lebens zu betrachten: Ältere Menschen können hier bedeutsame Vorbildfunktionen übernehmen – und zwar in der Hinsicht, dass sie nachfolgenden Generationen Einblick in Grenzen des

Lebens sowie in die Fähigkeit des Menschen zum reflektierten Umgang mit diesen Grenzen und zur bewussten Annahme der Abhängigkeit von der Hilfe anderer Menschen geben. Diese Aussage findet sich in der philosophischen Theorie des „Alterns als Werden zu sich selbst" (Rentsch, 2013).

Selbst- und Weltgestaltung im Umgang mit Grenzsituationen

Die Verbindung der unter Selbstgestaltung und Weltgestaltung genannten vier Konstrukte kann auch als psychologischer Hintergrund für die (innere) Verarbeitung und (äußere) Bewältigung von Verletzlichkeit dienen. Das Verständnis dieses Verarbeitungs- und Bewältigungsprozesses darf sich nicht alleine darauf beschränken, Bewältigungstechniken zu identifizieren und differenziert zu beschreiben. Für eine tiefere psychologische Analyse ist es vielmehr notwendig, auf empirischer Basis darzulegen, inwieweit sich spezifische Verarbeitungs- und Bewältigungstechniken oder grundlegende Orientierungen im Umgang mit Verlusten und Konflikten mit psychologischen Qualitäten verschmelzen (Labouvie-Vief et al., 2010), die sich – unter günstigen Entwicklungsbedingungen – im Lebenslauf ausbilden und im Alter eine weitere Akzentuierung erfahren (Brandtstädter, 2014). In diesem Kapitel geht es darum, in die vier genannten psychologischen Konstrukte einzuführen und damit den psychologischen Hintergrund zu skizzieren, vor dem der Umgang mit Verletzlichkeit im Alter betrachtet werden soll.

Dass die vier genannten Konstrukte für das vertiefte Verständnis des Umgangs alter Menschen mit Verletzlichkeit hilfreich sein können, geht aus folgender Beobachtung hervor: Die innere Auseinandersetzung mit körperlichen, zum Teil auch kognitiven, zudem mit sozialen Verlusten und begrenzter Lebenszeit wird durch psychische Kräfte und Orientierungen gefördert, die sich in den vier genannten Konstrukten und deren Verbindung widerspiegeln: Die *vermehrte Konzentration auf sich selbst* und der darin zum Vorschein kommende Versuch, das Selbst auch in seiner kontinuierlichen Veränderung (oder Dynamik) zu erfahren, die *Offenheit für Neues* – sowohl in einem selbst wie auch in der (räumlichen, sozialen und kulturellen) Welt, die einen umgibt, die *erlebte und praktizierte Sorge* um bzw. für andere Menschen und die Welt, schließlich die *Bereitschaft, Wissen weiterzugeben* und damit sowohl zur Kontinuität in der Generationenfolge beizutragen als auch die Entwicklung nachfolgender Generationen zu fördern, bilden in ihrer Integration eine bedeutsame psychologische „Rahmung" des Umgangs mit eigener Verletzlichkeit. Mit diesen vier psychologischen Konstrukten sind

auch seelisch-geistige Bereiche angesprochen, in denen sich alte Menschen weiterentwickeln, in denen sie schöpferische Kräfte zeigen, in denen sie etwas Neues
hervorbringen können.

Zudem machen diese Konstrukte deutlich, dass körperliches Altern einerseits,
seelisch-geistiges Altern andererseits verschiedenartigen Entwicklungsgesetzen
folgen: Das Wesen des Alterns wird nur bei integrierter Betrachtung dieser
verschiedenartigen Entwicklungsgesetze (ergänzt um die soziale und die kulturelle Dimension) wirklich erfahrbar. Allerdings ist auch zu bedenken, dass sich
die körperliche Dimension sowie die seelisch-geistige Dimension gegenseitig
durchdringen: Tief greifende körperliche Veränderungen (zu denen auch Veränderungen des Gehirns zu zählen sind) können sich auf die emotionalen, vor allem
aber auf die geistigen Prozesse auswirken und potenzielle Entwicklungen im
hohen Alter mehr und mehr einengen oder unmöglich machen – man denke hier
nur an neurodegenerative oder vaskuläre Hirnprozesse, die ihrerseits das Lern-,
Gedächtnis- und Denkvermögen erheblich einschränken, wenn nicht sogar weitgehend zerstören. Umgekehrt zeigt sich immer wieder, dass sich kontinuierliche
körperliche Aktivität (Ausdauer, Koordination, Kraft, Beweglichkeit) positiv auf
die emotionale Befindlichkeit wie auch auf die kognitive Kompetenz im Alter
auswirkt – mittlerweile kann als gesichert angesehen werden, dass kontinuierliche körperliche Aktivität *einen* Schutzfaktor mit Blick auf die verschiedenen
Demenzerkrankungen darstellt. Umgekehrt wirken sich emotionale und geistige
Entwicklungsprozesse positiv auf die körperliche Gesundheit, das körperliche
Befinden und die körperliche Restitutionsfähigkeit des Individuums aus – darauf
weisen empirische Befunde aus psychosomatisch-psychotherapeutischen Interventionsstudien hin. Und auch in der Bewältigungs- und Resilienzforschung
lassen sich Belege dafür finden – diese sind für unsere Argumentation besonders
wichtig –, dass die Verwirklichung emotionaler und geistiger Entwicklungspoten-
ziale im hohen Alter dazu beiträgt, dass alte Menschen auch im Falle chronischer
Erkrankung erkennbar mehr für ihre Gesundheit tun, dass sie gesundheitliche
Einschränkungen besser verarbeiten und bewältigen können, dass ihnen das Alter
trotz körperlicher Grenzen als eine Lebensphase erscheint, in der sie immer wieder Phasen des Wohlbefindens, der Stimmigkeit, der Erfüllung und des Glücks
erleben können.

Einen Hinweis auf die gelingende Verarbeitung und Bewältigung von Verletzlichkeit gibt uns die positive, von Dankbarkeit und Hoffnung bestimmte Sicht
auf die eigene Lebenssituation – eine Haltung, die man durchaus in „Konzepte
positiver Entwicklung" einordnen kann, wie diese in der psychologischen Theo-
rienbildung erfolgreich entwickelt wurden (Brandtstädter, 2007). Diese Haltung
legt die Annahme nahe, dass eine konzentrierte, vertiefte Auseinandersetzung mit

dem Selbst stattgefunden hat und noch immer stattfindet, wobei sich diese Auseinandersetzung vor dem Hintergrund der vielfältigen Erlebnisse in der Biografie und in der Gegenwart wie auch der mit der eigenen Endlichkeit assoziierten Gefühle und Gedanken vollzieht *(Introversion mit Introspektion)*. Die in der vertieften Auseinandersetzung mit sich selbst zutage geförderten Erfahrungen und Erkenntnisse – die den Kontext von Lebenswissen und Lebenssinn darstellen – können an die nachfolgenden Generationen weitergegeben werden *(Wissensweitergabe)* und bilden zudem ein bedeutsames Fundament von erlebter und praktizierter, freundschaftlich gemeinter *Sorge*. Entscheidend ist dabei die *Offenheit* des Individuums für Prozesse in seinem Selbst und in seiner räumlichen, sozialen und kulturellen Welt. Damit ist aber auch die Beschaffenheit dieser Welt angesprochen.

Gemeint sind damit vor allem die objektiv gegebenen Möglichkeiten zur Teilhabe, wobei *Teilhabe* – auch in Anlehnung an Hannah Arendts Konzeption des *Handelns* als höchster Form der „Vita activa" (Arendt, 1960) – im Sinne von praktizierter Mitverantwortung zu deuten ist. Es geht nicht nur darum, auf wie viele Kontakte das Individuum blickt. Es geht auch nicht nur darum, dass es sich sozial eingebunden fühlt. So wichtig das Erlebnis des Eingebunden-Seins ist, so bedeutsam ist auch die Erfahrung der Teilhabe. Und diese meint, sich als *aktiver* Teil von Gemeinschaft zu erleben, nicht nur Sorge zu empfangen, sondern auch Sorge praktizieren zu können, nicht nur für sich selbst verantwortlich, sondern auch für andere Menschen mitverantwortlich zu sein. Das heißt aber auch, dass räumliche Umwelten möglichst barrierefrei gestaltet sein müssen (was gerade mit Blick auf die Verletzlichkeit wichtig ist), damit alte Menschen die Möglichkeit haben, sich ohne zu große Mühen an Orte zu begeben, an denen sie sich mit anderen Menschen austauschen können. Das heißt weiterhin, dass Mehrgenerationenangebote gestärkt werden, womit sich alten Menschen die Möglichkeit zur Wissensweitergabe und praktizierten Sorge bietet. Das heißt schließlich – und damit ist vor allem die soziale und kulturelle Umweltgestaltung angesprochen –, dass man alten Menschen offen, vorurteilsfrei, neugierig und damit motivierend begegnet: Denn nur unter dieser Voraussetzung wird die Initiativebereitschaft des Individuums geweckt, wie Hannah Arendt in ihren Aussagen zum *Handeln* als der höchsten Form der Vita activa deutlich macht.

In der inneren Auseinandersetzung des alten Menschen wird uns auch vor Augen geführt, was es bedeutet, *nicht* im lebendigen Austausch mit anderen Menschen zu stehen, oder in den Worten von Hannah Arendt: sich nicht in der Einzigartigkeit seines Seins mitteilen, sich nicht aus der Hand geben, die soziale Umwelt nicht mitgestalten zu können. *Vereinsamung* ist mit einem deutlich erhöhten Depressionsrisiko verbunden. Es sind zwei psychische Prozesse, die uns diesen Zusammenhang besser verstehen lassen. Zum einen entwickelt sich in der Vereinsamung die Überzeugung, nicht mehr Teil von Gemeinschaft zu sein, ja, von anderen Menschen vergessen worden zu sein. Dieses „Aus-der-Welt-Fallen", um hier einen von Else Lasker Schüler (1869–1945) verwendeten Begriff aufzugreifen, bedeutet im Leben und Erleben des Individuums einen tiefen Einschnitt, der nicht selten in depressive Störungen mündet. (Hier sei auch auf die Gefahr der Wahnbildung im Falle von Vereinsamung im hohen Alter hingewiesen.) Zum anderen ist im Falle des fehlenden Austauschs mit anderen Menschen die vertiefte Auseinandersetzung mit sich selbst blockiert – und damit die Verwirklichung schöpferischer Potenziale. Denn: Eine kontinuierlich geführte Auseinandersetzung mit dem eigenen Selbst ist ohne eine tiefe, wahrhaftig geführte Kommunikation nicht möglich. Zudem schränkt der Mangel an Kommunikation die Möglichkeiten zur Wissensweitergabe (zum Beispiel auf dem Wege des Geschichtenerzählens, das – im Verständnis von Hannah Arendt – auch immer bedeutet, „etwas loslassen zu können"), ebenso wie die Möglichkeiten zur Erfahrung einer mit anderen Menschen geteilten Welt und schließlich die Sorge um bzw. für die Welt sowie für andere Menschen erheblich ein.

Mit anderen Worten: Die seelisch-geistige Entwicklung, die seelisch-geistigen Stärken, das schöpferische Leben im Alter ist ohne die *Gestaltung der Welt,* in der alte Menschen leben, gar nicht denkbar. Dabei ist hier nicht allein die Lebenswelt des Individuums angesprochen, sondern auch die *politische Welt* oder der politische Raum. Gemeint ist mit diesem Begriff, dass sich Menschen in ihrer Verschiedenartigkeit, in ihrer Vielfalt zeigen, mithin die Welt aus ganz verschiedenen Perspektiven betrachten können. Gemeint ist mit diesem Begriff weiterhin, dass Menschen Anliegen teilen, dass sie gemeinsam Initiative übernehmen, etwas Neues beginnen, Welt gestalten können. Erst wenn sich Menschen ausdrücklich auch in dieser politischen Dimension angesprochen fühlen, nehmen sie sich als Teil von Welt wahr, für die sie sorgen, die sie mitgestalten wollen und können:

> „Handelnd und sprechend offenbaren die Menschen jeweils, wer sie sind, zeigen aktiv die personale Einzigartigkeit ihres Wesens, treten gleichsam auf die Bühne der Welt, auf der sie vorher so nicht sichtbar waren." (Arendt, 1960, S. 169).

Auch in einen solchen thematischen Kontext sind die psychologischen Konstrukte der Sorge und der Wissensweitergabe einzuordnen.

Empirische Näherung: Thematische Analysen

Die Verbindung dieser Konstrukte erscheint vor dem Hintergrund von empirischen Befunden zu subjektiv erlebten Anliegen (Daseinsthemen) im hohen Alter als angemessen und hilfreich. Zwei Studien des Instituts für Gerontologie der Universität Heidelberg sollen dazu dienen, Einblick in die Daseinsthemen alter Menschen zu geben. In einer ersten Studie, gefördert von der Generali-Stiftung, galt unser Interesse der Bedeutung der *Sorge für andere Menschen und um andere Menschen* im Erleben alter Menschen (N = 400; Altersbereich: 85 bis 100 Jahre); zudem stellten wir die Frage, inwieweit Institutionen (Verbände, Vereine, Kirchen, Bildungseinrichtungen und Bürgerzentren) das Sorgemotiv alter Menschen erkennen, angemessen würdigen und geeignete Gelegenheitsstrukturen für die Verwirklichung dieses Sorgemotivs schaffen (ausführlich in Kruse, 2017; Kruse & Schmitt, 2015). In einer zweiten, gerade abgeschlossenen, von der Bundeszentrale für gesundheitliche Aufklärung geförderten Studie galt unser Interesse der Bedeutung der *Selbstgestaltung und Weltgestaltung* im Erleben alter Menschen (N = 400; Altersbereich: 75 bis 95 Jahre); zudem gingen wir der Frage nach, in welche thematischen Kontexte Medien Altern und Alter stellen (Medienanalyse in zwölf europäischen Ländern), wie Journalistinnen und Journalisten (N = 160) die mediale Darstellung von Altern und Alter bewerten, wie Experten auf dem Gebiet der medizinischen, pflegerischen und psychotherapeutischen Versorgung sowie auf dem Gebiet der Bildung und der Sozialen Arbeit [N = 200] die Versorgungs- und Bildungsangebote für alte Menschen bewerten (N = 200) und in welcher Hinsicht ältere und alte Menschen (N = 200) von der Nutzung kultureller und sozialer Angebote in Bürgerzentren (Mehr-Generationen-Zentren, Begegnungsstätten und Seniorenzentren) unterschiedlichen Bürgerzentren profitieren (ausführlich in Kruse et al., 2020).

Bevor auf Ergebnisse der beiden Studien eingegangen wird, sei in Kürze dargestellt, was in diesen unter „thematischer Analyse" verstanden wurde. Den Ausgangspunkt bildeten folgende Fragen: Welches sind die „dominanten Anliegen und Lebensthemen" alter Menschen? Was beschäftigt Frauen und Männer besonders stark? Inwieweit sind diese Anliegen und Lebensthemen emotional eher positiv oder negativ besetzt? Inwieweit drückt sich in den Anliegen und Lebensthemen eine „Bindung an das Leben" aus, inwieweit konkretisieren sie sich in diesen spezifische Perspektiven auf Vergangenheit, Gegenwart und Zukunft? Lassen diese Anliegen und Themen besondere Potenziale und Verletzlichkeiten erkennen, wie diese von älteren und alten Menschen selbst wahrgenommen werden? Lassen sich in verschiedenen Lebensaltern unterschiedliche

Akzentsetzungen mit Blick auf die dominanten Themen und Anliegen erkennen? Inwieweit spiegeln sich Lebenswelten in dominanten Anliegen und Themen wider? Lassen sich zwischen den Lebenswelten Unterschiede in dominanten Anliegen und Themen erkennen?

Mit dem Konstrukt des dominanten Anliegens bzw. des Lebens- oder Daseinsthemas nimmt die Studie Bezug auf Theorien von *Hans Thomae* und *Ursula Lehr* („daseinsthematische Analyse des Individuums in seiner Welt"), von *Daniel Levinson* („Analyse von Lebensstrukturen") sowie von *Ursula Staudinger* („Analyse des persönlichen Investments in einzelne Lebensbereiche"). Mit der Frage, inwieweit sich in den dominanten Anliegen und Lebensthemen eine spezifische Bindung an das Leben widerspiegelt, werden Beziehungen zur Theorie von *Powell Lawton* („Bewertung des Lebens" [valuation of life]) aufzuzeigen versucht.

Daseinsthemen

Hans Thomae geht in seiner Persönlichkeitstheorie (1966) von der Differenzierung des „Ich" in drei dynamische Kerngebiete aus: das „impulsive Ich", das er als „Sphäre der festgelegten Triebe" umschreibt, das „prospektive Ich", das sich – als hochorganisierte Form – durch seine „vordenkende, das Verhalten auf weite Sicht hinlenkende Funktion" auszeichnet, und schließlich das „propulsive Ich", das er als „plastisch bleibenden Antriebsfonds" begreift, dessen wesentlichste Kennzeichen „Nichtfestgelegtheit, Formbarkeit, Nichtvorhersagbarkeit" sind. Das propulsive Ich charakterisiert er dabei mit folgenden Worten: „Es gibt letzten Endes das Gefühl der Initiative und Freiheit, das Empfinden, dass selbst der größte Verlust und die äußerste Begrenzung unseres Daseins uns nicht alles nehmen können, sondern letztlich nur eine neue Seite der eigenen Entwicklungsmöglichkeiten offenbaren." (1966, S. 124).

Mit der Differenzierung des Ich in diese drei Kerngebiete leistet Hans Thomae eine strukturelle Analyse der Persönlichkeit. Neben die strukturelle tritt eine thematische Analyse (Thomae, 1996). Diese konzentriert sich auf die Frage, *welche Themen (man könnte auch sagen: Anliegen) das Erleben des Individuums in einer gegebenen Situation bestimmen.* Dabei ist zwischen aktuellen, temporären und chronifizierten Themen zu unterscheiden. Während die aktuelle Strukturierung Themen beschreibt, die ganz durch die gegebene Situation bestimmt sind – wie zum Beispiel die Freude an einem inspirierenden Gespräch, zum Beispiel über ein gerade betrachtetes Kunstwerk –, ist mit temporärer Strukturierung das Vorherrschen eines Themas über einen längeren Zeitraum gemeint – so zum Beispiel die intensive Beschäftigung mit dem Verlust eines nahestehenden Menschen oder die Anregung, die von einer neuen, als erfüllend erlebten beruflichen Tätigkeit ausgeht.

Mit „chronischer thematischer Strukturierung" sind schließlich die über größere Abschnitte des Lebenslaufes (manchmal sogar über den gesamten Lebenslauf) bestimmenden Themen eines Menschen angesprochen – und eben mit Blick auf diese verwendet Hans Thomae den Begriff des *Daseinsthemas* (oder Lebensthemas). Als Beispiel ist hier die intensive Ausübung einer Tätigkeit zu nennen, die immer und immer wieder als erfüllend und identitätsstiftend erlebt wird (Kruse, 2005b).

Lebensstrukturen

Daniel Levinson (1986) führt in seiner Konzeption von Entwicklung das Konzept der Lebensstruktur ein, mit dem er das zu einem spezifischen Zeitpunkt der individuellen Entwicklung bestimmende, innere Lebensmuster umschreibt. Als zentrale Komponenten dieses Lebensmusters wertet er dabei die persönlich bedeutsamen Beziehungen des Individuums zu den verschiedenen Anderen in der externalen Welt. Die verschiedenen Anderen können Menschen sein, eine Gruppe, eine Institution, eine Kultur, ein bestimmter Ort. Von bedeutsamen Beziehungen ist – der Theorie Levinsons zufolge – dann auszugehen, wenn das Selbst in hohem Maße in diese Beziehung eingebunden ist, in diese investiert, aber durch diese zugleich wertvolle Anstöße und Anregungen erhält. In diesem Prozess der Entwicklung, Erhaltung und Erweiterung bedeutsamer Beziehungen entwickelt und differenziert sich das Selbst. Aus diesem Grund ist gerade der Beziehung zu den verschiedenen Anderen große Bedeutung für das Verständnis der psychischen Entwicklung beizumessen.

Lebenserfahrung und Lebenssinn des Menschen

In ihrer theoretisch-konzeptionellen Arbeit mit dem Titel *Lebenserfahrung, Lebenssinn und Weisheit* (2005) hebt die Psychologin Ursula Staudinger hervor, dass unter Lebenserfahrung vielfach nur das Sammeln von Erfahrungen verstanden werde. Dieses Verständnis von Lebenserfahrung sei allerdings einer tieferen Analyse des Lebenswissens abträglich; vielmehr komme es hier auf die *bewusst reflektierten* Lebenserfahrungen an, aus denen erst Lebensverständnis und Lebenseinsicht resultierten. In ganz ähnlicher Richtung argumentieren

Ursula Lehr (2011) und Leopold Rosenmayr (2011), wenn sie hervorheben, dass Erfahrungen allein keine Grundlage für die kreative Bewältigung von Anforderungen, so auch von Anforderungen des Lebens, bildeten, sondern dass die Verarbeitungstiefe dieser Erfahrungen entscheidend für Kreativität sei.

Lebenserfahrung in diesem Sinne wird von Ursula Staudinger mit „Lebenserfahren-Sein" gleichgesetzt, wobei dies auch im Sinne des „Etwas-Besonderes-Sein" zu verstehen sei. Etwas-Besonderes-Sein ist nicht in der Hinsicht zu interpretieren, dass sich jemand über andere erhebt. Es meint vielmehr, dass sich das Individuum als von anderen verschieden, als unwiederholbar begreift. „In jede zur Lebenserfahrung verarbeitete Erinnerung fließen Erwartungen, Werte, Ziele oder Sinndimensionen – also in gewisser Weise die Zukunft – als organisierende Größen ein." (Staudinger, 2005. S. 741).

In engem Bezug zu Lebenserfahrungen steht der Lebenssinn eines Menschen. Denn der Lebenssinn gründet zum einen auf der Ordnung des bisherigen Lebens zu einem integrierten Ganzen *(Vergangenheitsperspektive),* zum anderen auf der erfolgreichen Verfolgung von Lebenszielen *(Zukunftsperspektive),* wobei die Definition von Lebenszielen auch auf Erkenntnissen gründet, die aus einzelnen Ereignissen und Geschehnissen in der Vergangenheit abgeleitet wurden. „Lebenssinn ist nicht etwas einmal ‚Gefundenes', das wir dann besitzen, sondern Lebenssinn ist dynamisch. Lebenssinn muss in der Auseinandersetzung mit den jeweils gegebenen Lebensumständen immer wieder neu gefunden, besser gesagt, neu konstruiert werden." (Staudinger, 2005, S. 752 f.)

Lebensbewertung

Das von M. Powell Lawton et al. (1999) entwickelte und empirisch vielfach überprüfte theoretische Konzept der „Lebensbewertung" (valuation of life) ist für ein tieferes Verständnis der seelisch-geistigen Situation kranker Menschen bedeutsam. Lebensbewertung definieren Lawton et al. als das Ausmaß, in dem eine Person an ihr Leben (present life) gebunden ist – und dies nicht allein aufgrund der Erfahrung von Freude oder fehlender Belastung, sondern auch und vor allem aufgrund von Plänen und Zielen, Hoffnungen, Sinn-Erleben, Kompetenz im Umgang mit gegenwärtigen Anforderungen, Zukunftsbezogenheit und Fortbestehen (im Leben anderer Menschen). Nach M. Powell Lawton et al. ist die Lebensbewertung als ein Komplex aus Bewertungen, Emotionen und Projektionen in die Zukunft zu verstehen. Lebensbewertung definiert Lawton als „the extent to which the person is attached to his or her present life, for reasons related to a sense not only of enjoyment and the absence of distress, but also hope, futurity, purpose, meaningfulness, persistence, and self-efficacy." (Lawton et al., 1999, S. 407). Nachdem die Nützlichkeit dieses Konzepts mit Blick auf die Vorhersage der individuellen Bindung an das Leben wie auch der Vorhersage der subjektiven Beurteilung einer durch Einschränkungen und Verluste gekennzeichneten Situation in einer empirischen Studie mit über 600 gesunden und chronisch kranken älteren Menschen bestätigt werden konnte, ist durch zukünftige Studien zu klären, wie kulturelle, soziale, gesundheitliche und psychologische Faktoren zur Entstehung einer positiven oder negativen Lebensbewertung beitragen.

Generali-Studie ‚Hohes Alter': „Sorge" im Erleben alter Menschen

An dieser Interviewstudie haben N = 400 Personen, 66 % Frauen, 34 % Männer, teilgenommen, die über Verbände und Vereine, Kirchen, Bildungseinrichtungen, stationäre und ambulante Pflegedienste und niedergelassene Ärzte gewonnen wurden (Generali Stiftung & Institut für Gerontologie der Universität Heidelberg, 2014; Kruse & Schmitt, 2015). Ausschlusskriterien bildeten kognitive Symptome, die auf das Vorliegen einer Demenz schließen ließen, sowie psychische Symptome, die auf eine klinisch manifeste depressive Störung deuteten. 65 % der Teilnehmer waren zwischen 85 und 89 Jahren, 27 % zwischen 90 und 94 Jahren, 8 % zwischen 95 und 98 Jahren alt. 30 % waren verheiratet, 58 % verwitwet, 7 % ledig, 5 % geschieden. 27 % hatten Abitur, 48 % einen Mittelschulabschluss, 17 % einen Volksschulabschluss, 8 % keinen Abschluss. 74 % lebten in einem Privathaushalt, 26 % in einem Wohnstift, Altenheim oder Pflegeheim. 21 % waren pflegebedürftig nach SGB XI. – Es wurden ausschließlich *Interviews* durchgeführt. Diese dauerten zwischen 90 und 150 min und fanden in der Wohnung der Teilnehmer statt. Zunächst wurde die Zielsetzung der Studie – zu einer differenzierten Einschätzung des Erlebens hochbetagter Menschen zu gelangen – beschrieben und auf Fragen der Interviewpartner zur Studie eingegangen. Die Teilnehmer wurden dann darum gebeten, die subjektiv wichtigsten Stationen ihrer Biografie zu schildern; danach sollten sie möglichst differenziert auf Erwartungen, Hoffnungen sowie Befürchtungen im Hinblick auf ihre persönliche Zukunft eingehen. In einem weiteren Schritt standen die aktuellen Erlebnisse, Erfahrungen und Gedanken im Vordergrund: Die Teilnehmer sollten schildern, was sie aktuell besonders beschäftigt. Hier wurden Nachfragen gestellt, um weitere Ausführungen zu diesen Erlebnissen, Erfahrungen und Gedanken anzustoßen. Nach Abschluss dieses Interviewteils wurde gefragt, ob und in welcher Weise sich die Teilnehmer um andere Menschen kümmern bzw. sich mit der

Lebenssituation anderer Menschen beschäftigen. Die ersten 60 Interviews wurden jeweils von zwei *unabhängig* voneinander arbeitenden Wissenschaftlern ausgewertet. In einer ersten Stufe wurde dabei für jedes von 30 Interviews ein eigenes Kategoriensystem erstellt, wobei die Auswerter die von ihnen erstellten Kategoriensysteme miteinander verglichen und zur Übereinstimmung brachten. In einer zweiten Stufe wurden diese 30 Kategoriensysteme nebeneinander gestellt und von den beiden Auswertern zu einem allgemeinen, übergreifenden Kategoriensystem weiterentwickelt. In einer dritten Stufe wurden weitere 30 Interviews auf der Grundlage dieses übergreifenden Kategoriensystems ausgewertet, wobei auch hier die Auswerter unabhängig voneinander arbeiteten. Der Vergleich dieser 30 Interviewauswertungen diente dazu, die Interrater-Reliabilität abzuschätzen und ggf. notwendige Modifikationen des Kategoriensystems vorzunehmen, mit dem schließlich die weiteren 340 Interviews ausgewertet wurden.

Daseinsthemen

Nachfolgend sind die 27 von uns identifizierten Daseinsthemen aufgeführt; in Klammern ist der *prozentuale Anteil* jener Personen aus der Stichprobe (N = 400 Personen) angeführt, bei denen das jeweilige Daseinsthema ermittelt werden konnte.

1. Freude und Erfüllung in einer emotional tieferen Begegnung mit anderen Menschen (76)
2. Intensive Beschäftigung mit der Lebenssituation und Entwicklung nahestehender Menschen – vor allem in der eigenen Familie und in nachfolgenden Generationen (72)
3. Freude und Erfüllung im Engagement für andere Menschen (61)
4. Bedürfnis, auch weiterhin gebraucht zu werden und geachtet zu sein – vor allem von nachfolgenden Generationen (60)
5. Sorge vor dem Verlust der Autonomie (im Sinne von Selbstverantwortung und Selbstständigkeit) (59)
6. Bemühen um die Erhaltung von (relativer) Gesundheit und (relativer) Selbstständigkeit (55)
7. Überzeugung, Lebenswissen und Lebenserfahrungen gewonnen zu haben, das Angehörigen nachfolgender Generationen eine Bereicherung oder Hilfe bedeuten kann (44)

8. Intensivere Auseinandersetzung mit sich selbst, differenziertere Wahrnehmung des eigenen Selbst, vermehrte Beschäftigung mit der eigenen Entwicklung, Rückbindung von Interessen und Tätigkeiten an frühe Phasen des Lebens (41)
9. Phasen von Einsamkeit (39)
10. Fehlende oder deutlich reduzierte Kontrolle über den Körper und spezifische Körperfunktionen, Sorge vor immer neuen körperlichen Symptomen (36)
11. Fragen der Wohnungsgestaltung (Erhaltung von Selbstständigkeit, Teilhabe, Wohlbefinden) (34)
12. Phasen der Niedergedrücktheit (31)
13. Chronische oder passagere Schmerzzustände und Bemühen, diese zu kontrollieren (30)
14. Intensive Beschäftigung mit der Endlichkeit des eigenen Lebens (30)
15. Intensive Beschäftigung mit einem Leben nach dem Tod; diese Beschäftigung ist dabei auch eingebettet in religiöse oder spirituelle Kontexte (28)
16. Sorge vor fehlender finanzieller Sicherung (24)
17. Unerfüllt gebliebenes Bedürfnis nach Engagement für andere Menschen (23)
18. Fehlende Achtung, Zustimmung und Aufmerksamkeit durch Familienangehörige – vor allem nachfolgender Generationen (23)
19. Selbstzweifel mit Blick auf die Attraktivität der eigenen Person für andere Menschen (20)
20. Innere Beschäftigung mit Fragen der Art und Weise des Sterbens wie auch des Sterbeortes (19)
21. Probleme bei der finanziellen Sicherung des Lebensunterhalts (18)
22. Subjektiv erlebte kognitive Einbußen, die vorübergehend die Sorge auslösen können, an einer Demenz erkrankt zu sein (17)
23. Beschäftigung mit dem Leben und dem Schicksal persönlich bedeutsamer Gruppen und Orte (zum Beispiel des Geburts- und Heimatortes) (15)
24. Fehlende Achtung und Aufmerksamkeit von Mitmenschen, Leben in Distanz zu anderen, auch Konflikte und Unverständnis, anderen nicht näherkommen (13)
25. Unerfüllt gebliebenes Bedürfnis nach verständnisvoller und tiefsinniger Kommunikation mit nachfolgenden Generationen (12)
26. Intensive Zuwendung zur Menschheit und Schöpfung (11)
27. Intensive Auseinandersetzung mit dem Leben eines Verstorbenen, der bedeutsam für das eigene Leben gewesen und es auch heute noch ist (10)

Es fällt auf, dass sich in den ersten vier Daseinsthemen wie auch im siebten Daseinsthema die *erlebte Bezogenheit* des Individuums widerspiegelt, wobei sich diese im zweiten wie auch im vierten Thema als *Sorge für und Sorge um andere Menschen,* im siebten Daseinsthema als *Wissensweitergabe* ausdrückt. Im zweiten, vierten und siebten Daseinsthema sind Sorge bzw. Wissensweitergabe vor allem mit dem Wunsch assoziiert, die Lebenssituation nachfolgender Generationen fördern zu können: Ausdruck von *Generativität.* Im vierten Daseinsthema wird ein weiteres wichtiges Motiv des inneren und äußeren Engagements für andere Menschen – vor allem nachfolgender Generationen – sichtbar: in diesem Engagement vermittelt sich dem Individuum die Erfahrung, *eine Aufgabe zu haben, von anderen Menschen gebraucht zu werden.* Das zweite Daseinsthema spricht für die Notwendigkeit, zwischen der Sorge für und der Sorge um andere Menschen zu differenzieren: denn die intensive Beschäftigung bildet Ausdruck der Sorge um andere Menschen. Erst mit dem fünften Daseinsthema wird der Themenbereich der *Erhaltung von Autonomie* betreten. Die Tatsache, dass dieser Themenbereich in der Rangreihe für die Gesamtstichprobe erst deutlich später aufscheint als jener der Bezogenheit (mit seinen Teilaspekten Sorge und Wissensweitergabe), weist auf die Notwendigkeit hin, bei der Betrachtung von Lebensqualität und Wohlbefinden nicht allein und nicht einmal primär die Autonomie in das Zentrum zu rücken, sondern auch und sogar primär das Erleben von Bezogenheit. Man kann dies auch wie folgt ausdrücken: die persönliche Würde verwirklicht sich – aus der Sicht des Individuums – vor allem in den Beziehungen zu anderen Menschen, zudem auch in der praktizierten und erlebten Mitverantwortung für andere Menschen. In der Terminologie des englischen Theologen und Schriftstellers John Donne ausgedrückt: „No man is an island, entire for itself. Every man is a piece of the continent, a part of the main" (2008, S. 78). Im achten, vierzehnten und fünfzehnten Daseinsthema tritt die *Introversion mit Introspektion* in das Zentrum: vor allem im achten Daseinsthema werden die intensive Auseinandersetzung mit der eigenen Person und ihrer Biografie sowie die differenzierte Sicht auf das eigene Selbst thematisch; diese beiden Aspekte bilden entscheidende Ausdrucksformen des Konstrukts „Introversion mit Introspektion". Im vierzehnten und fünfzehnten Daseinsthema wird die Introversion und Introspektion um den Aspekt der *Transzendenz* erweitert: die intensive Beschäftigung mit der eigenen Endlichkeit (siehe vierzehntes Daseinsthema), vor allem aber die Frage, inwieweit eine (gewandelte) Existenzform auch nach Abschluss der irdischen Existenz vorstellbar ist, kann als Ausdrucksform eines Transzendenz-Themas gedeutet werden. – Die aufgeführten Daseinsthemen spiegeln auch erlebte Grenzen und Einschränkungen in der Gegenwart bzw. Befürchtungen mit Blick auf die Zukunft wider. Auch wenn die positiv konnotierten Beziehungen zu anderen Menschen innerhalb der Sequenz der ermittelten Daseinsthemen dominieren, so sind doch auch Befürchtungen erkennbar, von anderen Menschen *nicht* geachtet, nicht differenziert wahrgenommen, nicht wirklich ernstgenommen zu werden. Phasen von Einsamkeit werden immerhin von fast 40 % der Studienteilnehmer und -teilnehmerinnen berichtet. Auch Phasen der Niedergeschlagenheit sowie Folgen funktioneller Einbußen und chronischer Schmerzzustände bilden bedeutende Daseinsthemen. – Die gesamte Sequenz der ermittelten Themen weist auf eine *hohe Komplexität* des Erlebens, Verhaltens und Handelns alter Menschen hin. In aller Regel geben die Interviews nicht Zeugnis von nur positiv oder aber nur negativ konnotierten Themen; vielmehr konnten wir bei den meisten Studienteilnehmern und -teilnehmerinnen sehr unterschiedliche, auch emotional unterschiedlich besetzte Themen erkennen. Doch wurde zugleich deutlich, und dies zeigt die angeführte Sequenz der Themen sehr klar auf, dass die sich bietenden Möglichkeiten der Reziprozität von Sorge – im Sinne empfangener und gegebener Sorge – einen Themenkomplex bildet, der (auch)m im hohen Alter besonderes Gewicht besitzt. Daraus erwächst – wie bereits hervorgehoben wurde – für Gesellschaft und Kultur die Aufgabe, Gelegenheitsstrukturen zu schaffen, die alten Menschen die Möglichkeit bieten, dieses Sorgemotiv umzusetzen. Wir haben in dieser Studie N = 3000 kulturelle und soziale Institutionen angeschrieben und um eine ausführliche Darstellung der von ihnen unterbreiteten Angebote für alte Menschen gebeten; zugleich haben wir die Frage gestellt, inwieweit alte Menschen auch gezielt in ihrem Motiv, etwas für andere Menschen zu tun und sich für andere Menschen zu engagieren, angesprochen werden. Von den N = 3000 angeschriebenen Institutionen haben N = 850 ausführlich und differenziert geantwortet. Der Tenor der Antworten lautete wie folgt: Menschen im neunten und zehnten Lebensjahrzehnt würden nicht gezielt als jene angesprochen, die etwas für andere Menschen (außerhalb der eigenen Familie) tun, die sich für andere Menschen (außerhalb der Familien) engagieren sollten. Denn es werde davon ausgegangen, dass im neunten und zehnten Lebensjahrzehnt das Motiv der Mitverantwortung und des Engagements für andere Menschen (außerhalb der Familie) immer weiter zurückgehe und irgendwann gar nicht mehr gegeben sei. Die hier berichteten empirischen Befunde scheinen eine andere Sprache zu sprechen (Kruse & Schmitt, 2016).

Sorgeformen

Ergänzend zu der Frage, was einen derzeit besonders beschäftige, wurde die Frage gestellt, auf welche Art und Weise man sich um andere Menschen kümmere bzw. sich innerlich mit anderen Menschen beschäftige. Es wurden in der Auswertung 20 „Sorgeformen" ermittelt, die nachfolgend aufgeführt sind (in Klammern ist der prozentuale Anteil der Teilnehmerinnen und Teilnehmer angegeben, bei denen sich die jeweilige Sorgeform identifizieren ließ):

1. Intensive Beschäftigung mit dem Lebensweg nachfolgender Generationen der Familie (85)
2. Unterstützende, anteilnehmende Gespräche mit nachfolgenden Generationen der Familie (78)
3. Intensive Beschäftigung mit dem Schicksal nachfolgender Generationen (72)
4. Unterstützung von Nachbarn im Alltag (68)
5. Unterstützung von Familienangehörigen im Alltag (65)
6. Unterstützung junger Menschen in ihren schulischen Bildungsaktivitäten (58)
7. Gezielte Wissensweitergabe an junge Menschen (berufliches Wissen, Lebens-wissen) (54)
8. Finanzielle Unterstützung nachfolgender Generationen der Familie (49)
9. Beschäftigung mit der Zukunft des Staates und der Gesellschaft (48)
10. Freizeitbegleitung junger Menschen (41)
11. Besuch bei kranken oder pflegebedürftigen Menschen (38)
12. Existentielle Gespräche vor allem mit jungen Familienangehörigen (33)
13. Zurückstellung eigener Bedürfnisse, um Familienangehörige nicht zu stark zu belasten (29)
14. Unregelmäßig getätigte Spenden; regelmäßige Spenden an Vereine oder Organisationen (27)
15. Anderen Menschen in der Lebensführung und Belastungsbewältigung Vorbild sein (24)
16. Kirchliches Engagement (Freiwilligentätigkeit in kirchlichen Organisationen) (23)
17. Beschäftigung mit der Zukunft des Glaubens und der Kirchen (19)
18. Politisches Engagement (Freiwilligentätigkeit in Kommunen oder in Parteien) (17)
19. Gebete für andere Menschen (16)
20. Besuchsdienste in Kliniken und Heimen (12)

Der Überblick über die verschiedenen Sorgeformen zeigt, dass zwischen prakti-scher Unterstützung, die anderen Menschen gegeben wird, und innerer Anteil-nahme zu differenzieren ist. Die Bedeutung letzterer hatte sich in der hohen Besetzung des ersten und des dritten Daseinsthemas gezeigt, in denen die Beschäftigung mit der Lebenssituation eines anderen Menschen zum Ausdruck kommt. Zugleich zeigen die Befunde, dass alte Menschen ein bemerkenswertes instrumentelles Engagement unter Beweis stellen, wie sich dieses in konkreter, praktischer Unterstützung anderer Menschen, auch der Angehörigen junger Generationen, verwirklicht (Kruse & Schmitt, 2015).

Älterwerden in Balance: Gestaltungsmöglichkeiten und -grenzen

Die im Oktober 2019 abgeschlossene Studie „Älterwerden in Balance" setzt sich aus acht Studienteilen (A-H) zusammen (Kruse et al., 2020). Im Studienteil A standen Interviews und der Einsatz psychometrischer Instrumente in einer Gruppe von N = 400 Frauen und Männern zwischen 75 und 95 Jahren im Zentrum. Im Vergleich zur 75-jährigen und älteren Bevölkerung in Deutschland sind in der Stichprobe a) Männer, b) Personen mit einem Pflegegrad von 2 und höher sowie c) Heimbewohner und Heimbewohnerinnen deutlich überrepräsentiert. Dies erklärt sich daraus, dass in der Stichprobe *unterschiedliche Lebenswelten* in ausreichender Anzahl abgebildet werden sollten, um auf diese Weise Kontraste zwischen Lebenswelten bilden und auf der Grundlage des Vergleichs der Lebenswelten *differenzierende* Aussagen über Gesundheitsförderung und Prävention treffen zu können. Vor dem Hintergrund der im Vergleich zu vorliegenden Survey-Untersuchungen *kleinen Stichprobengröße* wurde eine derartige Strategie als eine Voraussetzung für differenzierte Analysen zur Bedeutung objektiver Lebensbedingungen angesehen.

In den halbstrukturierten *Interviews* (das sich um 30 Leitfragen zentrierte) sollten auch die dominanten Anliegen und Daseinsthemen der Studienteilnehmerinnen und -teilnehmer erfasst werden: Was beschäftigt Frauen und Männer der Altersgruppe 75 bis 95 Jahre? Von welchen Freuden, Sorgen und Belastungen ist ihr aktuelles Leben bestimmt? Wie bewerten sie ihre aktuelle Lebenssituation und wie blicken sie in die Zukunft? Welche Hoffnungen und Befürchtungen werden beim Blick in die Zukunft genannt? Das Interview wurde in aller Regel von zwei Personen geführt; einem Interviewer/einer Interviewerin sowie einem Interviewassistenten/einer Interviewassistentin. Zu Beginn des Interviews wurde der Interviewpartner/die Interviewpartnerin noch einmal über das Ziel der Studie aufgeklärt: Es gehe in dieser darum, Informationen über die Lebens- und Alltagsgestaltung im Alter zu erhalten, über das gesundheitliche Befinden alter Menschen, über den Umgang mit Anforderungen, Herausforderungen und Belastungen, schließlich über das, was alte Menschen für ihre körperliche und seelische Gesundheit tun, wie zufrieden sie mit ihrer gesundheitlichen Versorgung seien.

„Daseinsthemen" wurden auch in dieser Studie im Sinne von wiederkehren-
den Anliegen und Themen, die in den Interviews spontan geäußert und erläutert
wurden, operationalisiert. Die Themen wurden auf einer 3-stufigen Skala mit
den Skalenpunkten: 1 = eher geringe, 2 = mittlere, 3 = eher hohe Ausprägung
eingestuft. Grundlage für die Skalierung bildeten drei Merkmale: a) Häufigkeit,
mit der Ereignisse und Entwicklungen spontan in ihrem Bezug zum entsprechenden Daseinsthema im Interview *spontan* angeführt wurden; b) Differenziertheit
der Schilderung des Daseinsthemas im Interviews (vor allem Anreicherung mit
biografischem Material); c) emotionale Intensität, mit der das Daseinsthema
geschildert wurde (im Sinne einer *inneren Beteiligung*). Da N = 358 Interviews von zwei Personen geführt wurden, wurde die Einstufung der einzelnen
Daseinsthemen nach Abschluss des Interviews von beiden Interviewern gemeinsam vorgenommen; im Falle eines Interviews nur mit einer Person (in N =
42 Fällen) wurde das Interview einer anderen Person aus der Arbeitsgruppe
mit der Bitte vorgestellt, die vorgenommene Skalierung der Daseinsthemen zu
prüfen. (Das Kategoriensystem der Daseinsthemen wurde in einer Pilotstudie
mit N = 30 Personen erstellt.) Nachfolgend sind die Mittelwerte (M) und
Standardabweichungen (S) für alle Daseinsthemen angegeben:

Daseinsthema		M	SD
1	Freude an der Natur	2.3	.54
2	Hohes Alter als besondere Herausforderung der Psyche	2.2	.56
3	Freude am Zusammensein mit anderen Menschen	2.2	.60
4	Erfahrung, von anderen Menschen gebraucht werden	2.2	.72
5	Anderen Menschen etwas geben können	2.2	.72
6	Wachsende Bedeutung des Lebensrückblicks	2.1	.70
7	Eine Aufgabe im Leben haben	2.1	.68
8	Zufriedenstellende/gute (physische/mentale) Gesundheit	2.1	.63
9	Möglichkeiten selbstverantwortlicher Lebensgestaltung/erfüllter Alltag	2.1	.59
10	Belastendes Schmerzerleben[1]	2.0	.84
11	Freude an der Musik/Kunst/Literatur	2.0	.73

[1] Es wurden im Falle einer mittelgradigen oder stärkeren Ausprägung dieses Daseinsthemas
zusätzlich exploriert: Häufigkeit und Intensität des Schmerzes, berichtete Schmerzursache(n),

Daseinsthema		M	SD
12	Glaubens- und Transzendenzerfahrungen	2.0	.70
13	Sorge vor wachsender Einsamkeit	2.0	.62
14	Erfahrung eigener seelisch-geistiger Reifung	1.9	.71
15	Seelisch-geistige Gewinne/seelisch-geistiges Wachstum	1.9	.70
16	Stärkeres Angewiesensein auf Hilfeleistungen durch andere Menschen und Institutionen	1.9	.60
17	Sorge vor ausgeprägten sensorischen Einbußen	1.9	.59
18	Großes Interesse anderer Menschen am hohen Alter	1.9	.60
19	Sorge vor kognitiven Verlusten und abnehmender Orientierung	1.8	.59
20	Phasen von schmerzlich empfundener Einsamkeit	1.8	.61
21	Leben in der eigenen Wohnung	1.7	.71
22	Stärkeres Angewiesensein auf Beziehungen zu anderen Menschen	1.7	.69
23	Sorge vor Aufgabe der eigenen Wohnung	1.7	.66
24	Erfahrung der Abwertung, Meidung, Geringschätzung durch andere Menschen	1.4	.56

Zunächst lässt sich auch in dieser Stichprobe die große Bedeutung der *Bezogenheit* – und dabei auch im Sinne der Sorge für andere und um andere Menschen – für das Erleben alter Menschen beobachten: im dritten, vierten und fünften Daseinsthema spiegelt sich die Bezogenheit wider; im vierten und fünften Daseinsthema zugleich die Sorge um bzw. für andere Menschen. Auch das siebte Daseinsthema – eine Aufgabe im Leben haben – spricht für die Sorge um bzw. für andere Menschen (wenn auch nicht ausschließlich), denn in den meisten Interviews wurde die Förderung der Lebenssituation anderer Menschen – dabei ausdrücklich auch junger Menschen – als wichtige Aufgabe im Leben genannt. Dabei konnte diese Förderung auch eher „symbolischer" Natur sein: entscheidend war das Motiv erlebter bzw. praktizierter Mitverantwortung *(„Weltgestaltung")*. Zur Aufgabe im Leben konnte weiterhin die Aufrechterhaltung

---

subjektiv attribuierte Fähigkeit, den Schmerz „kontrollieren" zu können (Anzahl der Personen mit diesem zusätzlichen Erhebungsteil: N = 260).

von Selbstständigkeit und Gesundheit wie auch von Teilhabe und persönlichen Interessen gehören, was zeigt, wie verschiedenartig und umfassend der Aufgabencharakter des Lebens subjektiv gedeutet wird: mit diesem Thema ist somit die *Integration von Selbst- und Weltgestaltung* angesprochen. – Es finden sich fünf Daseinsthemen (sechstes, elftes, zwölftes, vierzehntes und fünfzehntes Thema), in denen sich eine vermehrte Auseinandersetzung mit dem eigenen Selbst (auch in seiner biografischen Dimension) im Zentrum steht *("Selbstgestaltung")*. Vor allem die Erfahrung seelisch-geistiger Reifung im Alternsprozess, die erlebten seelisch-geistigen Gewinne sowie die wachsende Bedeutung des Lebensrückblicks sprechen für diese Auseinandersetzung. Aber auch Glaubens- und Transzendenzerfahrungen weisen auf diese hin.

Die „Freude an der Natur" weist den höchsten Mittelwert auf; dies zeigt, wie wichtig der Zugang zur Natur auch im Alter ist, wie sehr das Eingebundensein in die Natur das Lebensgefühl vieler Menschen im Alter bestimmt.

Eine ähnlich große Bedeutung wie das Thema „Freude an der Natur" hat in der Gesamtgruppe das „Hohes Alter als besondere Herausforderung für die Psyche". Was ist mit diesem Thema gemeint? Zum einen die Erfahrung erhöhter Verletzlichkeit, die in Themen wie „Belastendes Schmerzerleben", „Sorge vor ausgeprägten sensorischen Einbußen", „Sorge vor kognitiven Verlusten und abnehmender Orientierung", „Vermehrtes Angewiesensein auf Hilfen durch andere Menschen und Institutionen" und „Sorge vor Aufgabe der eigenen Wohnung" (aufgrund von funktionellen Einbußen, müsste hinzugefügt werden) deutlich zum Ausdruck kommt. Zum anderen die schmerzliche Erfahrung von (unfreiwilliger) Einsamkeit und die Sorge vor wachsender Einsamkeit, die sich in entsprechenden Daseinsthemen widerspiegeln. Doch diese beiden Erfahrungen genügen nicht, um aus der Sicht alter Menschen von „besonderen Herausforderungen des hohen Alters für die Psyche" zu sprechen. Denn würden sich alte Menschen alleine auf diese beiden Erfahrungen konzentrieren, so müsste ihnen das hohe Alter als eine „Belastung" erscheinen. Mit „Herausforderung" wird assoziiert, dass das hohe Alter im eigenen Erleben *sowohl* mit Möglichkeiten eines sinnerfüllten Lebens *als auch* mit Verlusten, Einschränkungen und Grenzen verbunden wird. Die Möglichkeiten eines sinnerfüllten Lebens zu nutzen, erfordert aus Sicht vieler alter Menschen, Verluste, Einschränkungen und Grenzen innerlich zu verarbeiten, zu überwinden oder – wie dies Hans Georg Gadamer einmal ausgedrückt hat (Gadamer, 1993) – zu „verwinden". Diese seelische (emotionale und kognitive) Aufgabe bildet den Kern der „Herausforderung", von der in den Interviews vielfach gesprochen wurde.

Einflüsse auf den Ausprägungsgrad der Daseinsthemen

Die Standardabweichungen weisen auf eine hohe Heterogenität mit Blick auf die angeführten Daseinsthemen hin: diese finden sich in der Gesamtgruppe in unterschiedlicher Ausprägung. Damit stellte sich in der Studie die Aufgabe der Suche nach jenen Situationsmerkmalen, die Einfluss auf den Ausprägungsgrad der Daseinsthemen ausüben. In univariaten wie auch in multivariaten Analysen schälten sich immer wieder die folgenden drei Einflussgrößen heraus: a) Soziale Schichtzugehörigkeit, b) Pflegegrad und c) Schmerzerleben (das heißt: Einfluss eines Daseinsthemas auf den Ausprägungsgrad anderer Daseinsthemen). In multivariaten Regressionsgleichungen waren es vor allem diese drei Variablen, die jeweils ein vergleichsweise hohes Beta-Gewicht aufwiesen und in ihrer Kombination einen vergleichsweise hohen Anteil an Varianz aufzuklären vermochten. Deutlich geringeren Einfluss auf die Ausprägung der Daseinsthemen wiesen das chronologische Alter sowie die Geschlechtszugehörigkeit auf. Dies bedeutet: Vor allem jene Menschen, die einer unteren Sozialschicht angehörten, bei denen ein Pflegegrad von mindestens „2" vorlag und für die „Schmerz" ein Daseinsthema von mittlerer oder großer persönlicher Bedeutung bildete, zeigten mit signifikant höherer Wahrscheinlichkeit eine daseinsthematische Struktur, die eher von Einschränkungen, Verlusten und Grenzen bestimmt war. Zugleich zeigten diese Personen auch in den von uns eingesetzten Fragebögen 1) zum Kohärenzgefühl, 2) zur Depressivität, 3) zur Lebenszufriedenheit, 4) zum Optimismus, 5) zur subjektiven Gesundheit, 6) zur Einstellung zum eigenen Alter, 7) zur Mitverantwortung, 8) zu den Barrieren der Mitverantwortung und 9) zu den seelisch-geistigen Gewinnen (hoch-)signifikant ungünstigere Werte. Vor allem dann, wenn die drei genannten Merkmale *kombiniert* wurden, wies die daseinsthematische Struktur mit deutlich höherer Wahrscheinlichkeit in eine eher negative Richtung.

„Eine Aufgabe im Leben haben": Bedeutung für die psychologische Gesamtsituation

Als ein für die *psychologische Gesamtsituation* sehr wichtiges Merkmal erwies sich in der Studie das Daseinsthema „Eine Aufgabe im Leben haben". Dies zeigte sich in den Zusammenhängen zwischen diesem Daseinsthema einerseits und den mit den (bereits genannten) Fragebögen erfassten psychologischen Merkmalen andererseits. Zwischen allen Daseinsthemen und einzelnen der neun psychologischen Merkmale fanden sich statistisch signifikante Zusammenhänge. Die meisten

Zusammenhänge mit diesen Merkmalen (nämlich acht) wies das Daseinsthema „Eine Aufgabe im Leben haben" auf. Es erwies sich damit als besonders wichtig, wenn nicht sogar als zentral für das Verständnis der psychologischen Gesamtsituation der Studienteilnehmer und -teilnehmerinnen.

Folgt man den Ergebnissen der univariaten Varianzanalysen, so lässt sich konstatieren: Jene Menschen, die davon überzeugt sind, in ihrem Leben eine Aufgabe zu haben, zeigen eine deutlich bessere psychologische Gesamtsituation. Betrachtet man die am stärksten ausgeprägten Zusammenhänge, so fallen vor allem Kohärenzgefühl, Lebenszufriedenheit, Optimismus und mitverantwortliche Potenziale auf.

Die hervorgehobene Bedeutung, die das Merkmal „Eine Aufgabe im Leben haben" für die psychologische Gesamtsituation besitzt, erfordert auch eine nähere Betrachtung dessen, was genau unter diesem Merkmal zu verstehen ist. Bei der Erstellung des Kategoriensystems war es uns wichtig, die in vielen Interviews der *Pilotuntersuchung* getroffenen Aussage, a) wonach man auch im Alter nach einer Aufgabe suche, b) wonach sich auch im Alter Aufgaben stellten, c) wonach man im Alter keine Aufgabe mehr habe, d) wonach sich im Alter keine Aufgaben mehr stellten, e) wonach man im Alter gar nicht mehr nach einer Aufgabe strebe (zum Beispiel, weil man in der Biografie genug getan habe), zu kategorisieren, wobei uns bewusst war, dass mit der Kategorie „Eine Aufgabe im Leben haben" *individuell unterschiedliche Aspekte* verknüpft sind – genauso wie mit der Überzeugung, keine Aufgabe mehr zu haben. Unter „Aufgabe" wurde zum einen das Engagement für andere Menschen (für einen Verein, für einen Verband) verstanden, zum anderen die Nutzung (die Ausschöpfung, das Auskosten) von Möglichkeiten, ein selbstständiges, selbstverantwortliches, persönlich sinnerfülltes Leben zu führen, zum dritten die Übernahme von Verantwortung innerhalb oder außerhalb der Familie, zum vierten die Erhaltung von Gesundheit und Selbstständigkeit (im Sinne funktionaler/ alltagspraktischer Autonomie). Schließlich erblickten nicht wenige Studienteilnehmer und –teilnehmerinnen im Lebensrückblick, aber auch in der Vorsorge für die Zukunft eine bedeutende Aufgabe. Für unsere Deutung von „Aufgabe" war der *subjektiv gegebene Aufforderungscharakter* wichtig, der von einem Bereich ausging, sowie die *Betonung des persönlichen Engagements* zur Umsetzung dieser Aufforderung.

Die aufgezeigten Zusammenhänge mit den psychologischen Merkmalen sind für das tiefere Verständnis dessen, was unter „Aufgabe" zu verstehen ist, hilfreich: Es wurde schon auf den Zusammenhang mit den „Mitverantwortlichen Potenzialen" hingewiesen, der deutlich macht, dass die „Aufgabe" auch darin gesehen wird, das Leben in den Dienst eines anderen Menschen, eines Vereins, der Gesellschaft, einer Idee und/oder der Schöpfung zu stellen; hier ergibt sich eine enge Nähe zu der von Viktor Frankl (2005) unterbreiteten Definition von Sinn-Erleben, das sich in dem Maße einstelle, in dem das Individuum sein Leben in den Dienst von etwas stelle, das *nicht es selbst* ist. Ein weiteres wichtiges Merkmal, mit „Eine Aufgabe im Leben haben" sehr eng zusammenhängt, ist das „Kohärenzgefühl", welches in der Definition von Aaron Antonovsky (1997) die subjektive Überzeugung beschreibt, externe und interne Reize verstehen, diese Reize (auch wenn sie mit Konflikten und Belastungen verknüpft sind) bewältigen zu können und in den Bewältigungsversuchen innerlich zu wachsen, sodass es sich „lohne", viel psychische Energie in die Bewältigung zu investieren. Der Optimismus – als weiteres Merkmal, mit dem die subjektiv attribuierte Aufgabe in einem sehr engen statistischen Zusammenhang steht – verdeutlicht einmal mehr, dass die Aufgabe im Erleben der Person nicht (oder nicht notwendigerweise) als eine Belastung erscheint, sondern eher als eine Anforderung oder auch als eine Aufforderung (zum Beispiel zu engagiertem Handeln). Es ist aber auch möglich – und zeigte sich in den Interviews – dass auch belastende Situationen als Aufgabe und nicht nur als Belastung empfunden werden; so zum Beispiel dann, wenn der bzw. die hilf- oder pflegebedürftige Partner bzw. Partnerin betreut oder gepflegt werden muss. Das *Müssen* kann hier – neben allen belastenden Aspekten – auch eine positive affektive Komponente aufweisen, weil in der Betreuung oder Pflege eine Aufgabe gesehen wird, die sich auch aus der Geschichte der Partnerschaft und der Verantwortung, die aus dieser gemeinsamen Geschichte erwächst, ergibt. – Die hier berichteten und explizierten Zusammenhänge sind aber auch in negativer Richtung zu deuten: Jene Personen, die in ihrem Leben keine Aufgabe mehr erblicken, weisen mit größerer Wahrscheinlichkeit eine deutlich ungünstigere psychologische Gesamtsituation auf als jene Personen, die in ihrem Leben eine Aufgabe erblicken.

Abschluss: Schöpferisches Handeln in Grenzsituationen

Wie lautet, so sei abschließend gefragt, die zentrale Botschaft der hier vorgestellten Studien? Was lehren uns diese mit Blick auf die Grenzgänge alter Menschen? Zunächst geht aus beiden Studien hervor, dass nicht wenige alte Menschen ihre aktuelle Lebenssituation *auch* im Sinne einer Grenzsituation charakterisieren – und dies durchaus in der Art und Weise, wie Karl Jaspers Grenzsituationen definiert hat. Diese sind durch eigenes Handeln nicht zu verändern, diese sind aber durch die eigene Existenz zur Klarheit zu bringen. Folgen wir den Daseinsthemen, so lassen sich Grenzsituationen nennen, die im Kern durch eigenes Handeln nicht verändert werden können: ich denke hier vor

allem an die verschiedenen Formen der Verletzlichkeit – vor allem die Formen körperlicher, kognitiver, zum Teil auch emotionaler Verletzlichkeit –, die
von alten Menschen vielfach als „endgültige", „unveränderbare" Einschränkungen und Verluste gedeutet werden und in den Interviews auch in dieser Weise
beschrieben wurden. Dies heißt nicht, dass nicht durch medizinische, rehabilitative, psychotherapeutische sowie pflegerisch-aktivierende Interventionstechniken
deutliche Linderung (der Schmerzen, der Einbußen, der Belastungen) erreicht
werden könnte. Doch ist das Erleben deutlich erhöhter Verletzlichkeit auch im
Falle einer Linderung immer noch gegeben, wenn nicht sogar dominant. Neben
den verschiedenen Formen körperlicher, kognitiver und emotionaler Verletzlichkeit sind die Verluste im sozialen Nahumfeld und die damit einhergehenden
Phasen erlebter bzw. befürchteter Einsamkeit als Grenzsituation zu nennen, die
zwar durch profunde und nachhaltige (kulturelle und soziale) Teilhabeangebote
in ihren Folgen abgemildert werden kann, die aber als Erlebnis weiterhin präsent
bleibt, vielleicht sogar das Erleben dominiert. Doch die beiden Studien zeigen
auch auf, dass es vielen alten Menschen gelingt, diese Verletzlichkeit innerlich
zu überwinden oder – um noch einmal Hans Georg Gadamer zu zitieren – zu
„verwinden". Damit ist ausdrücklich nicht gemeint, dass durch die seelisch-
geistige Verarbeitung Grenzsituationen ungeschehen gemacht werden könnten.
Vielmehr ist – auch hier durchaus in Nähe zu der von Karl Jaspers gewählten Beschreibung – erkennbar, dass alte Menschen allmählich wieder zu ihrem
Lebensfundament zurückgefunden und dieses vielleicht im Prozess innerer Verarbeitung in Teilen modifiziert, in Teilen erweitert haben; in der Sprache Karl
Jaspers': nach dem Sprung sagt das Individuum „ich selbst" in einem neuen
Sinn. Die in den beiden Studien deutlich hervortretenden Formen der Selbst-
und Weltgestaltung, zu denen die intensive Auseinandersetzung mit dem eigenen
Selbst (Selbstgestaltung) wie auch die intensive Beschäftigung mit dem Anderen (Weltgestaltung) zu zählen sind, können als Hinweise auf das „ich selbst"
in einem neuen Sinn gedeutet werden. Denn wie die Interviews zeigten, werden
die Grenzsituationen nun als eine bedeutende Facette des Selbst betrachtet – doch
nicht nur die Grenzsituationen, sondern auch die Fähigkeit, diese innerlich zu verwinden und trotzdem „Ja" zum Leben zu sagen. Zugleich zeigten die Interviews,
dass in der inneren Auseinandersetzung mit Grenzsituationen der Blick nicht notwendigerweise von anderen Menschen abgewendet wird, sondern im Gegenteil
durchaus *intensiviert* werden kann. Eine Aussage aus dem Werk des Philosophen
Emmanuel Lévinas hilft, diesen Prozess der Intensivierung besser zu verstehen.

In seiner Schrift „*Entre nous. Essais sur le penser-à-l'autre*" (1991) (deutsch:
„*Zwischen uns. Versuche über das Denken an den Anderen*") arbeitet Emmanuel
Lévinas (1995) das Konzept „des Anderen" heraus. Die zentrale Stellung des

Subjekts ist, wie Lévinas hervorhebt, zugunsten des unbedingten Anspruchs „des Anderen" aufzugeben. Bevor ich zu mir selbst komme, steht mir „der Andere" gegenüber; diesem kommt die Qualität der unbedingten „vorausgehenden Verpflichtung" zu. Wie „der Andere" einen unbedingten Anspruch an mich richtet, so richte ich einen unbedingten Anspruch an ihn. Und: Durch „den Anderen" komme ich mehr und mehr zu mir selbst.

> „Die Nähe des Nächsten ist die Verantwortung des Ich für einen Anderen. Die Verantwortung für den anderen Menschen, die Unmöglichkeit, ihn im Geheimnis des Todes allein zu lassen, ist konkret, durch alle Modalitäten des Gebens hindurch der Empfang der höchsten Weihe und Gabe, derjenigen, für den Anderen zu sterben. Verantwortung ist keine kalt juristische Forderung. Sie ist die ganze Schwere der Nächstenliebe … "
> (1995, S. 227).

Die beiden Studien zeigen aber auch: damit die Selbstgestaltung, vor allem die Weltgestaltung in Grenzsituationen gelingen kann, ist es notwendig, dass alte Menschen in *Sorgebeziehungen* stehen – und zwar in Sorgebeziehungen, in denen sie sich nicht allein als „Umsorgte" begreifen, sondern auch als „Sorgegebende" oder „Sorgeschenkende". Sorgebeziehungen dieser Art erscheinen vor dem Hintergrund für die Verarbeitung der Grenzsituation eigener Verletzlichkeit geradezu zentral.

Literatur

Antonovsky, A. (1997). *Salutogenese. Zur Entmystifizierung der Gesundheit.* Verlag Deutsche Gesellschaft für Verhaltenstherapie.

Arendt, H. (1960). *Vita Activa oder vom tätigen Leben.* Kohlhammer.

Arendt, H. (1989). Gedanken zu Lessing. Von der Menschlichkeit in finsteren Zeiten. In H. Arendt (Hrsg.), *Menschen in finsteren Zeiten* (S. 3–36). Piper.

Arendt, H. (1993). *Was ist Politik?* Piper.

Baltes, M. M. (1996). *The many faces of dependency in old age.* Cambridge University Press.

Blumenberg, H. (1986). *Lebenszeit und Weltzeit.* Suhrkamp.

Brandtstädter, J. (2007). Konzepte positiver Entwicklung. In J. Brandtstädter & U. Lindenberger (Hrsg.), *Entwicklungspsychologie der Lebensspanne* (S. 681–723). Kohlhammer.

Brandtstädter, J. (2014). Lebenszeit, Weisheit und Selbsttranszendenz. Aufgang – Jahrbuch für Denken. *Dichten, Musik, 11,* 136–149.

Brothers, A., Gabrian, M., Wahl, H.-W., & Diehl, M. (2016). Future time perspective and awareness of age-related change: Examining their role in predicting psychological well-being. *Psychology and Aging, 31,* 605–617.

Butler, R. N. (1963). The life review: An interpretation of reminiscence in the aged. *Psychiatry, 26,* 65–76.

Clegg, A., Young, J., Iliffe, S., Rikkert, M. O., & Rockwood, K. (2013). Frailty in elderly people. *Lancet, 381,* 752–762.

Donne, J. (2008). *Devotions upon Emergent Occasions.* The Echo Library (Erstveröffentlichung 1624).

Erikson, E. H. (1998). *The life cycle completed. Extended version with new chapters on the ninth stage by Joan M. Erikson.* Norton.

Frankl, V. (2009). *... trotzdem Ja zum Leben sagen. Ein Psychologe erlebt das Konzentrationslager.* Kösel (Erstveröffentlichung 1945).

Frankl, V. (2005). *Der Wille zum Sinn.* Huber (Erstveröffentlichung 1972).

Fried, L. P., Tangen, C. M., Walston, J., Newman, A. B., Hirsch, C., Gottdiener, J., Seeman, T., Tracy, R., Kop, W. J., Burke, G., & McBurnie, M. A. (2001). Frailty in older adults: Evidence for a phenotype. *Journal of Gerontology, 56A,* 146–156.

Gadamer, H.G. (1993). *Über die Verborgenheit der Gesundheit.* Suhrkamp.

Generali Stiftung & Institut für Gerontologie der Universität Heidelberg (2014). *Der Ältesten Rat. Ergebnisse der Generali-Hochaltrigkeitsstudie.* Generali Stiftung.

Jaspers, K. (1973). *Philosophie.* Springer (Erstveröffentlichung 1932).

Kruse, A. (2005a). Selbstständigkeit, Selbstverantwortung, bewusst angenommene Abhängigkeit und Mitverantwortung als Kategorien einer Ethik des Alters. *Zeitschrift für Gerontologie & Geriatrie, 38,* 273–287.

Kruse, A. (2005b). Biografische Aspekte des Alter(n)s: Lebensgeschichte und Diachronizität. In U. Staudinger & S.-H. Filipp (Hrsg.), *Enzyklopädie der Psychologie, Entwicklungspsychologie des mittleren und höheren Erwachsenenalters* (S. 1–38). Hogrefe.

Kruse, A. (2007). *Das letzte Lebensjahr. Die körperliche, seelische und soziale Situation des alten Menschen am Ende seines Lebens.* Kohlhammer. (Völlig überarbeitete Auflage 2020.)

Kruse, A. (2017). *Lebensphase hohes Alter – Verletzlichkeit und Reife.* Springer.

Kruse, A., & Schmitt, E. (2015). Shared responsibility and civic engagement in very old age. *Research in Human Development, 12,* 133–148.

Kruse, A., & Schmitt, E. (2016). Sorge um und für andere als zentrales Lebensthema im sehr hohen Alter. In J. Stauder, I. Rapp, & J. Eckhard (Hrsg.), *Soziale Bedingungen privater Lebensführung* (S. 325–352). Springer.

Kruse, A., Schmitt, E. (2018). Spirituality and transcendence. In R. Fernández-Ballesteros, A. Benetos, J.-Marie Robine (Hrsg.), *Cambridge Handbook of Successful Aging* (S. 426–454). Cambridge University Press.

Kruse, A., Schmitt, E., Becker, G. et al. Ding, C., Gross, S., Hinner, J., Kampanaros, D., Mettner, M., Remmers, H., Wild, B. (2020). *Älterwerden in Balance. Bewältigungs- und Gesundheitsverhalten im Alter. Abschlussbericht an die Bundeszentrale für gesundheitliche Aufklärung.* Institut für Gerontologie.

Labouvie-Vief, G., Grühn, D., & Studer, J. (2010). Dynamic integration of emotion and cognition: Equilibrium regulation in development and aging. Social and emotional development. In R. M. Lerner, M. E. Lamb, & A. M. Freund (Hrsg.), *The Handbook of life-span development* (Bd. 2, S. 79–115). Wiley.

Lawton, M. P., Moss, M., Hoffman, C., Grant, R., Ten Have, T., & Kleban, M. (1999). Health, valuation of life, and the wish to live. *The Gerontologist, 39,* 406–416.

Lehr, U. (2011). Kreativität in einer Gesellschaft des langen Lebens. In A. Kruse (Hrsg.), *Kreativität im Alter* (S. 73–95). Universitätsverlag Winter.

Lévinas, E. (1991). *Entre nous. Essais sur le penser-à-l'autre.* Grasset & Fasquelle. (Deutsche Ausgabe: Lévinas, E. (1995). Zwischen uns. Versuche über das Denken an den Anderen.) Hanser.

Levinson, D. (1986). A conception of adult development. *American Psychologist, 41,* 3–13.

McAdams, D. P., & St. Aubin, E. de.. (1992). A theory of generativity and its assessment through self-report, behavioral acts, and narrative themes in autobiography. *Journal of Personality and Social Psychology, 62,* 1003–1015.

Mirandola, P.G., d. (1990). *De hominis dignitate (deutsch: Über die Würde des Menschen).* Meiner (Erstveröffentlichung 1427).

Nietzsche, F. (1998). *Menschliches, Allzumenschliches.* De Gruyter (Erstveröffentlichung 1878).

Peck, R. (1968). Psychologische Entwicklung in der zweiten Lebenshälfte. In H. Thomae & U. Lehr (Hrsg.), *Altern – Probleme und Tatsachen* (S. 376–384). Wissenschaftliche Buchgesellschaft.

Rentsch, T. (2013). Alt werden, alt sein – Philosophische Ethik der späten Lebenszeit. In T. Rentsch, H.-P. Zimmermann, & A. Kruse (Hrsg.), *Altern in unserer Zeit* (S. 163–187). Campus.

Ritschl, D. (2004). Metaphorik der Anthropologie der Zeit. In D. Ritschl (Hrsg.), *Zur Theorie und Ethik der Medizin. Philosophische und theologische Anmerkungen* (S. 53–59). Neukirchener Verlag.

Rosenmayr, L. (2011). Über Offenlegung und Geheimnis von Kreativität. In A. Kruse (Hrsg.), *Kreativität im Alter* (S. 82–105). Universitätsverlag Winter.

Staudinger, U. (1996). Psychologische Produktivität und Selbstentfaltung im Alter. In M. M. Baltes & L. Montada (Hrsg.), *Produktives Leben im Alter* (S. 344–373). Campus.

Staudinger, U. (2005). Lebenserfahrung, Lebenssinn und Weisheit. In S.-H. Filipp & U. Staudinger (Hrsg.), *Entwicklungspsychologie des mittleren und höheren Erwachsenenalters* (S. 740–761). Hogrefe.

Staudinger, U. M. (2015). Images of aging: Outside and inside perspectives. *Annual Review of Gerontology and Geriatrics, 35,* 187–209.

Thomae, H. (1966). *Persönlichkeit – eine dynamische Interpretation.* Bouvier.

Thomae, H. (1996). *Das Individuum und seine Welt.* Hogrefe (Erstveröffentlichung 1968).

Tornstam, L. (2005). *Gerotranscendence: A developmental theory of positive aging.* Springer.

A Novel Class of Pathogens Linked to Specific Human Cancers: Do these Agents also Contribute to Aging?

Harald zur Hausen und Ethel-Michele de Villiers

In previous reports, reasons for the nutritional uptake of infectious agents and their link to some common human cancers (e.g. colon, breast and prostate cancers) have been summarized (zur Hausen, 2001, 2006, 2009, 2012, 2014, 2015; zur Hausen & de Villiers, 2014, 2015; zur Hausen et al., 2017, 2019). Original epidemiological observations have been considered as a first hint suggesting a role of Eurasian dairy cattle in the transmission of those postulated agents (zur Hausen, 2012; zur Hausen & de Villiers, 2015; zur Hausen et al., 2017). This resulted into the search for candidate agents in serum and milk of dairy cattle. In initial attempts, largely based on isolation technology of single-stranded circular DNA of TT viruses (de Villiers & zur Hausen, 2009; Jelcic et al., 2004), several different single-stranded circular DNA molecules (1700–2400 nucleotides) had been isolated (Funk et al., 2014; Gunst et al., 2014; Lamberto et al., 2014; Whitley et al., 2014). They were unrelated to sequences of TT viral genomes. Simultaneously, we found two of such sequences in an autopsy lesion from a patient with multiple sclerosis. Searches of databanks revealed two related sequences in a previous publication of *Manuelidis* (2011, 2013), which this group had found in materials from *transmissible spongiforme encephalopathies* (TSEs, *"prion"*-linked diseases).

A striking feature of all these isolates was their obvious relatedness to specific plasmids of the bacterium *acinetobacter baumannii*. This raised initially the question whether our isolates could represent bacterial contaminants of the isolated clinical materials or occur during handling procedures in the laboratory.

H. zur Hausen (✉) · E.-M. de Villiers
Deutsches Krebsforschungszentrum, Heidelberg, Deutschland
E-mail: zurhausen@dkfz-heidelberg.de

© Der/die Autor(en) 2022
A. D. Ho et al. (Hrsg.), *Altern: Biologie und Chancen,* Schriften der Mathematisch-naturwissenschaftlichen Klasse 27,
https://doi.org/10.1007/978-3-658-34859-5_4

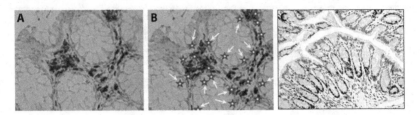

Fig. 1 In A cells in Lieberkühn's crypts remain unstained. Foci of surrounding cells in the lamina propria, however, are stained by monoclonal antibodies directed against BMMF1 Rep. In B the stars symbolize expected sites of interactions with oxygen radicals. C reveals the Ki-67 staining of nuclei in the crypts, indicating ongoing replicative events. Reproduced with permission

Transfection of cloned DNA into human cells, however, documented active transcription of this DNA as well as replication of re-circularized DNA in specific human cell types (Eilebrecht et al., 2018). This seemed to document an adaption of these plasmid-like sequences to human cells and, as studied later, also to specific bovine cells (*Schuster, Bund et al., unpublished data*). Their preferential isolation from Eurasian cattle sera and dairy products was the reason for naming them *bovine meat and milk factors (BMMFs)*.

Early attempts to find BMMF DNA in biopsy materials of colon and breast cancers or in cell lines derived therefrom failed entirely, to our disappointment. Thus, we obtained no hints for persistence of their genomes in cells of those tumors for which we suspected a link to these infections. Reasons for their absence, in remarkable difference to presently known tumor viruses (zur Hausen, 2006; zur Hausen & de Villiers, 2014) were unraveled by staining sectioned material from colon, breast and prostate cancers (zur Hausen et al., 2019). The development of monoclonal antibodies against the main open reading frame (*Rep*) of the isolate, obtained from a multiple sclerosis lesion (MSB1) and staining of colon cancer biopsy sections, resulted in a somewhat surprising outcome. Intensive specific staining occurred not in the precursor cells for colon cancer (the glandular cells of *Lieberkühn's crypts*), but in cells of the surrounding *lamina propria* in foci which were mainly composed of CD68-positive macrophages (zur Hausen et al., 2019). Fig. 1 shows the respective pattern. In more than 70 % of colon biopsies, the peripheral tissue surrounding these crypts revealed this staining pattern.

The presence of macrophages in regions of stained foci provided evidence for inflammatory reactions and instantly raised the suspicion that the likely production of oxygen radicals may result in mutagenic events, in particular affecting cells during their replicative cycles. CD67 staining for replicative events is very evident in the bottom and medium parts of the glandular crypts of the colon. In the upper part, these cells undergo differentiation and fulfill their glandular functions. Thus, we developed a model of indirect carcinogenesis (zur Hausen & de Villiers, 2014) for colon cancers. This suggests that mutagenesis by inflammation-induced oxygen radicals preferentially affect the replicating double-stranded DNA in Lieberkühn's crypts resulting in random mutations. In contrast, cellular replication events in the lamina propria, containing in antigen-positive foci mainly CD68-positive macrophages, occur at least 100 times less frequent (zur Hausen et al., 2019).

The further analysis of Rep-antigen positive foci revealed that 8-hydroxy-guanosine was detectable in and around theses foci, indicating a substrate of oxygen radical activity (de Villiers et al., 2019; zur Hausen et al., 2019; Bund et al., to be submitted). Laser-microdissection of Rep-positive foci and DNA extraction regularly permitted the isolation of MSBI1-like BMMF DNA (de Villiers et al. 2020). Interestingly, individual clones from the same isolate revealed different base substitutions in a few sites, probably an indication for mutagenic activity of oxygen radicals also affecting the replicating single-stranded BMMF DNA (Shigenaga & Ames, 1991, de Villiers et al., 2020).

In addition to the more direct demonstration of BMMF mutagenic activity located directly adjacent to the crypt cells, representing the target for cancer development, some remarkable additional correlations exist. They seem to fit perfectly into the arising scheme of colon carcinogenesis:

- The emerging picture of a selective risk for meat and dairy product consumption from the aurochs-derived Eurasian dairy cattle (zur Hausen, 2012; zur Hausen & de Villiers, 2015; zur Hausen et al., 2019).
- The preventive effect of non-steroidal anti-inflammatory drugs (NDAIDs), previously summarized (zur Hausen et al., 2019).
- The non-detectable risk for colon and some other cancers (breast, prostate) after long-time chicken or fish consumption.
- Up to today, but mainly prior to the application of highly active anti-retroviral (HAART) therapy for persistent human immunodeficiency virus (HIV) infections, a number of publications reported significantly reduced risks for breast, colon, and prostate cancers in long-time HIV-positive Cpersons (summarized

in Akkerman et al., 2019; Coghill et al., 2018). Here the induced anti-inflammatory immune suppression repressed the formation of oxygen radicals and thus concomitantly a high mutation rate.

- The reduced risk for breast and several other cancers after repeated and prolonged breast-feeding periods of mothers (zur Hausen et al., 2019, see below)

Prolonged breastfeeding reduces the risk for several infections and chronic diseases

The first sets of available epidemiological data, the demonstration of specific foci with antigens in the colon lamina propria, and isolation and molecular analysis of BMMF genomes directly from these foci pointed to a role of BMMFs in colon carcinogenesis. In addition, however, other previously reported data seemed to complement this assumption. A number of reports covered the preventive effect of breastfeeding for rota- and noroviruses, considered as the main reason for early childhood mortality of non-breastfed babies. The first column of Fig. 2 summarizes those infections, prevented or reduced in incidence during breast- feeding periods (zur Hausen et al., 2019). The interesting outcome of some of these studies was the discovery of preventive activity also for a number of very different chronic diseases. These include malignancies (acute lymphoblastic leukemias, Hodgkin's disease and non-Hodgkin lymphomas), chronic metabolic disorders (early onset of diabetes types 1 and 2), one chronic neuropathy (multiple sclerosis), early onset of arteriosclerosis and autoimmune diseases. At least in several

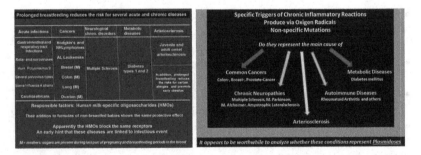

Fig. 2 Prevention or reduced risks for specific infections and chronic diseases by human milk oligosaccharides

of these conditions our group demonstrated specific BMMF1 Rep antigens after staining of biopsy or autopsy materials with monoclonal antibodies. Besides colon cancer tissue, stained cells found in breast and prostate cancer biopsies and in in chronic neuropathies may point to a role of such infections in a broader spectrum of chronic diseases (zur Hausen et al., 2019). Other cancers (e.g. ovarian, lung, esophageal) reveal frequently CD68-positive foci and are reduced in incidence by long-time intake of nonsteroidal anti-inflammatory drugs (zur Hausen et al., 2019).

The protective effect of breast-feeding seems to result from the presence of specific sugar molecules in human milk, which are absent in cow milk products (zur Hausen et al., 2019). The addition of such sugars to nutritional formulas at and after weaning periods seem to successfully substitute the preventive effect of human milk (zur Hausen et al., 2019, Akkerman et al,. 2019; Alisson-Silva et al., 2016).

Repeated and prolonged breastfeeding periods also reveal a reduced risk for mothers, as documented in follow-up studies for multiparous women. Significantly reduced risks for breast, colon, lung and ovarian cancers were described after multiple pregnancies and breast-feeding periods (summarized in zur Hausen et al., 2019). The specific human milk oligosaccharides (HMOs) were also present in blood and urine of pregnant women (zur Hausen et al., 2019).

The mechanism of this preventive effect of HMOs seems to result from blocking of specific cell membrane receptors containing N-5-glycolyl-neuraminic acid (Neu5Gc) as the terminal component of lectin or ganglioside receptors (Samraj et al., 2014). This glycan is absent in humans, due to a deletion in one of the exons of the converting enzymes as outlined in Fig. 3. It is present in most animal products (not in chicken meat and only in re-arranged form in several fishes). Consumption of Neu5Gc-containing meat or of dairy products results in its uptake and incorporation into the respective membrane receptors and changes their properties for binding specific ligands.

In addition to the more direct demonstration of BMMF mutagenic activity located directly adjacent to the crypt cells, representing the target for cancer development, some remarkable additional correlations exist. They seem to fit perfectly into the arising scheme of colon carcinogenesis, fitting also to some other human cancers (e.g. breast cancer, zur Hausen et al., 2019):

- The emerging picture of a selective risk for meat and dairy product consumption from the aurochs-derived Eurasian dairy cattle, previously interpreted as the result of chemical carcinogens arising during the roasting, frying or other

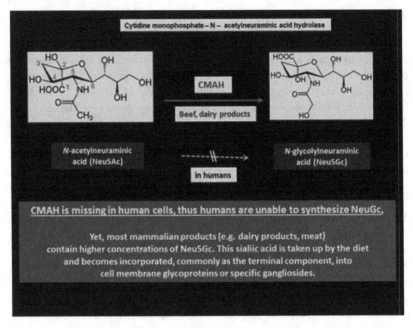

Fig. 3 Enzymatic defect prevents in humans the enzymatic conversion of Neu5Ac to Neu5Gc. Nutritional uptake of the latter results in modifications of glycan receptors and in different binding properties of those receptors

modes of meat-processing (zur Hausen, 2012; zur Hausen & de Villiers, 2015; zur Hausen et al., 2019)

- The preventive effect of non-steroidal anti-inflammatory drugs (NSAIDs), previously summarized (zur Hausen et al., 2019)
- The non-detectable risk for colon and some other cancers (breast, prostate) after long-time chicken or fish consumption (zur Hausen et al., 2019)
- Prior to the highly active anti-retroviral (HAART) therapy of persistent human immunodeficiency virus (HIV) infections a measurable reduced risk for breast, colon, and prostate cancers in long-time persistently HIV infected persons (summarized in Coghill et al., 2018). Here the induced anti-inflammatory immune suppression repressed the formation of oxygen radicals and thus as a consequence a high mutation rate.

- The reduced risk for breast and several other cancers after repeated pregnancies and prolonged breast-feeding periods of mothers (zur Hausen et al., 2019).

BMMFs, do they contribute to the aging process?

This caption is considered here as a hypothesis. Presently relatively firm evidence exists for a role of BMMFs in human colon cancer. Rep antigens, BMMF genomes, their RNA discovered in foci surrounding the Lieberkühn's crypts (cells in the latter may convert to malignant growth), CD68-mediated chronic local inflammation and demonstration of oxygen radical activity, they all support the concept of an indirect carcinogenic role (zur Hausen, 2006; zur Hausen & de Villiers, 2014; zur Hausen et al., 2019) of persisting BMMF infection. One other common human malignancy shares many of the epidemiological characteristics of colon cancer: cancer of the breast (zur Hausen, 2012, 2015; zur Hausen & de Villiers, 2015; zur Hausen et al., 2017, 2019). In biopsies of breast and prostate cancer we find concomitant BMMF Rep-staining and CD68 macrophage infiltration. The studies on these two tumors require further extensions.

Colon, breast and prostate cancers contribute to approximately one third of the global cancer burden. Assuming at present a total global cancer rate of ~ 15.000.000 new cancer cases annually, this amounts to about 5.000 000 cases of those three cancers. Successful prevention and curing of the latter diseases, would this result in a significant reduction of the cancer rate and in an increase of lifespan? Secondary prevention of early cases, patient survival and mortality substantially differ worldwide in different geographic regions, yet, the likelihood for a very significant effect on longevity would probably be small and requires an analysis by professional statisticians. Effective prevention and targeted treatment of persisting infections with the agents discussed here, however, will clearly have one beneficial effect: it will reduce the percentage of patients suffering and, as we trust, even pave the way for a drastic reduction of patients with these malignancies.

Additional aspects emerge as potentially novel: the appearing scenario of a link of chronic neuropathies (multiple sclerosis, Alzheimer disease, Parkinson's disease, amyotrophic lateral sclerosis) to similar infections with long-lasting inflammations in part for several decades should provide a new focus of medical attention. If we include metabolic diseases (diabetes mellitus), arteriosclerosis and some autoimmune diseases in this spectrum, this may cause substantial reconsiderations of our disease perceptions, relieve us from preconceived dogmas, and provide fresh ideas for prevention, diagnostics and therapeutic approaches.

Aging goes along with a number of burdens: back pain, joint problems, mental deficiencies, endocrine dysfunctions and other deficiencies. Many of them go along with chronic inflammatory reactions, most of those not fully understood by us. An unbiased approach to look into these problems and to understand their causes may still provide us with surprises and new insights.

References

Akkerman, R., Faas, M. M., & de Vos, P. (2019). Non-digestible carbohydrates in infant formula as substitution for human milk oligosaccharide functions: Effects on microbiota and gut maturation. *Critical Reviews in Food Science and Nutrition, 59,* 1486–1497.

Alisson-Silva, F., Kawanishi, K., & Varki, A. (2016). Human risk of diseases associated with red meat intake: Analysis of current theories and proposed role for metabolic incorporation of a non-human sialic acid. *Molecular Aspects of Medicine, 51,* 16–30.

Coghill, A. E., Engels, E. A., Schymura, M. J., Mahale, P., & Shiels, M. S. (2018). Risk of breast, prostate, and colorectal cancer diagnoses among HIV-infected individuals in the United States. *Journal of National Cancer Institute, 110,* 959–966.

de Villiers, E. M., Gunst, K., Chakraborty, D., Ernst, C., Bund, T., & zur Hausen H. (2019). A specific class of infectious agents isolated from bovine serum and dairy products and peritumoral colon cancer tissue. *Emerging Microbes Infection, 8,* 1205–1218.

de Villiers, E. M., & zur Hausen H. (2009). TT viruses–the still elusive human pathogens . *Preface Current Topics in Microbiology and Immunology, 331,* v–vi.

Eilebrecht, S., Hotz-Wagenblatt, A., Sarachaga, V., Burk, A., Falida, K., Chakraborty, D., Nikitina, E., Tessmer, C., Whitley, C., Sauerland, C., Gunst, K., Grewe, I., & Bund, T. (2018). Expression and replication of virus-like circular DNA in human cells. *Science and Reports, 8,* 2851.

Funk, M., Gunst, K., Lucansky, V., Müller, H., zur Hausen, H., & de Villiers, E.M. (2014). Isolation of protein-associated circular DNA from healthy cattle serum. *Genome Announcements, 2*(4), e00846–e914.

Gunst, K., & zur Hausen, H., de Villiers, E. M. (2014). Isolation of bacterial plasmid-related replication-associated circular DNA from serum sample of a multiple sclerosis patient. *Genome Announcement, 2*(4), e00847–e914.

Jelcic, I., Hotz-Wagenblatt, A., Hunziker, A., zur Hausen H., & de Villiers E.M. (2004). Isolation of multiple TT virus genotypes from spleen biopsy tissue from a Hodgkin's disease patient: Genome reorganization and diversity in the hypervariable region. *Journal of Virology, 278,* 7498–7507.

Lamberto, I., Gunst, K., Müller, H., zur Hausen, H., & de Villiers, E. M. (2014). Mycovirus-like DNA virus sequences from cattle serum, human brain, and serum from multiple sclerosis patients. *Genome Announcements, 2*(4), e00848–e914.

Manuelidis, L. (2013). Infectious particles, stress, and induced prion amyloids: A unifying perspective. *Virulence, 4,* 373–383.

Manuelidis, L. (2011). Nuclease resistant circular DNAs copurify with infectivity in scrapie and CJD. *Journal of Neurovirology, 17,* 131–145.

Samraj, A. N., Läubli, H., Varki, N., & Varki, A. (2014a). Involvement of a non-human sialic acid in human cancer. *Front Oncology, 4,* 33 (Review).

Samraj, A. N., Pearce, O. M., Läubli, H., Crittenden, A. N., Bergfeld, A. K., Banda, K., Gregg, C. J., Bingman, A. E., Secrest, P., Diaz, S. L., Varki, N. M., & Varki, A. (2014b). A red meat-derived glycan promotes inflammation and cancer progression. *Proceedings of the National academy of Sciences of the United States of America, 112,* 542–547.

Shigenaga, M. K., & Ames, B. N. (1991). Assays for 8-hydroxy-2'-deoxyguanosine: A biomarker of in vivo oxidative DNA damage. *Free Radical Biology & Medicine, 10,* 211–216.

Whitley, C., Gunst, K., Müller, H., Funk, M., zur Hausen, H., & de Villiers, E. M. (2014). Novel replication-competent circular DNA molecules from healthy cattle serum, milk, and multiple sclerosis-affected human brain tissue. *Genome Announcements, 2*(4), e00849–e914.

zur Hausen, H. (2001). Proliferation-inducing viruses in non-permissive systems as possible causes of human cancers. *Lancet, 357,* 381–384.

zur Hausen, H. (2006). *Infections causing human cancer* (S. 1–517). Wiley-VCH.

zur Hausen, H. (2009). The search for infectious agents of human cancers: where and why. Nobel lecture. *Virology, 392,* 1–10

zur Hausen, H.(2012). Red meat consumption and cancer: Reasons to suspect involvement of bovine infectious factors in colorectal cancer. *International Journal of Cancer, 130,* 2475–2483.

zur Hausen, H. (2015). What do breast and CRC cancers and MS have in common? *Nature Rev. Clinical Oncology, 12,* 569–570.

zur Hausen, H., & de Villiers, E. M. (2015). Dairy cattle serum and milk factors contributing to the risk of colon and breast cancers. *International Journal of Cancer, 137,* 959–967.

zur Hausen, H., & de Villiers, E. M. (2014). Cancer "Causation" by infections—individual contributions and synergistic networks. *Seminars Oncology, 41,* 868–883.

zur Hausen, H., Bund, T., & de Villiers, E. M. (2017). Infectious agents in bovine red meat and milk and their potential role in cancer and other chronic diseases. *Current Topics in Microbiology and Immunology, 407,* 83–116.

zur Hausen, H., Bund, T., & de Villiers, E.-M. (2019). Specific nutritional infections early in life as risk factors for colon and breast cancers several decades later. *International Journal of Cancer, 144,* 1574–1583.

„Dein Alter sei wie deine Jugend!" Impulse eines Segenswortes

Michael Welker

„Dein Alter sei wie deine Jugend!" So hat Martin Luther das Segenswort übersetzt, das Mose den Israeliten des Stammes Asser vor seinem Tod zugesprochen hat (Dtn 33,25). Johann Sebastian Bach hat diesen Ausspruch in einer Kantate wunderbar vertont (BWV 71 No. 3). „Dein Alter sei wie deine Jugend!" Doch was genau kann damit gemeint sein? Klingt es nicht geradezu zynisch, wenn man jemandem in der Phase körperlichen und vielleicht auch geistigen Niedergangs wünscht, wie ein viel Kraft ausstrahlender junger Mensch zu sein? Darauf wird der erste Teil meiner Überlegungen eingehen. Teil zwei befasst sich mit Kraftquellen, die in der Jugend angelegt sind und sich in fortgeschrittenem Lebensalter günstig auf den alternden und alten Menschen auswirken können.

„Dein Alter sei wie deine Jugend!" – Nichts als Zynismus?

Blicken wir nüchtern auf die Biologie des individuellen menschlichen Alterns, auf den Prozess „intrinsischen, fortschreitenden und generellen körperlichen Abbaus", so wirkt die Feststellung, dass diese Entwicklung bereits „mit dem Alter der Geschlechtsreife beginnt" (Masoro & Austad, 2015), dass der Mensch diesem Prozess also schon in jungen Jahren und für den Rest seines Lebens unterliegt, angesichts des im Alter deutlich sichtbaren und erlebbaren Verfalls bestenfalls beschwichtigend. Die in fortgeschrittenen Lebensjahren zunehmende

M. Welker (✉)
Forschungszentrum Internationale und Interdisziplinäre Theologie (FIIT), Heidelberg, Deutschland
E-mail: mw@uni-hd.de

A. D. Ho et al. (Hrsg.), *Altern: Biologie und Chancen,* Schriften der Mathematisch-naturwissenschaftlichen Klasse 27, https://doi.org/10.1007/978-3-658-34859-5_5

Vulnerabilität im physischen und psychischen Bereich und die Tatsache, dass mit zunehmendem Alter die Wahrscheinlichkeit zu erkranken und zu sterben exponentiell steigt, kann den Wunsch, „Dein Alter sei wie deine Jugend!", geradezu als unsensibel, ja zynisch erscheinen lassen.

Wie können die im höheren Alter nachweislich zunehmenden Herz-Kreislauf-Erkrankungen, Erkrankungen des Bewegungsapparates, Krebserkrankungen, Einschränkungen der Hör- und Sehfähigkeit, des Kurzzeitgedächtnisses und der Geschwindigkeit des Denkens, Belastungen durch Demenz und Depressionen mit „Jugend" assoziiert werden? All diese Bedrängnisse sollten auch nicht durch die statistisch erhobene Aussage relativiert werden, dass das subjektive Gesundheitsempfinden in weiten Kreisen besser sei als der objektive Gesundheitszustand.

Andreas Kruse hat in zahlreichen Veröffentlichungen einerseits die Sensibilität für Ressourcen der Resilienz und „Plastizität körperlicher und seelisch-geistiger Prozesse im Alter" geschärft, aber auch den Respekt vor der „Verringerung der Anpassungs- und Restitutionsfähigkeit wie auch der Leistungskapazität des Organismus" (Kruse, 2017) eingeklagt. Behutsam hat er immer wieder auf die in der nun so genannten vierten Lebensphase, die mit den 80er Lebensjahren beginnt, erwartbare zunehmende Dramatik der Gebrechlichkeit, Multimorbidität, Isolation und Pflegebedürftigkeit hingewiesen. Doch auch in dieser Gruppe scheint das von Ursula Staudinger hervorgehobene „Zufriedenheitsparadoxon" zu gelten, „dem zufolge sich eine objektive Verschlechterung der Lebenssituation nicht auf die subjektive Bewertung der Situation auswirkt" (Staudinger, 2000).

Gestützt auf breite Umfragen – nach einer Altersstudie vom Institut für Demoskopie Allensbach sind im heutigen Deutschland jedenfalls etwa zwei Drittel der Menschen von 65 bis 85 mit ihrem Leben zufrieden – wird das hohe Lob der bemerkenswerten Zufriedenheit im Alter besungen. Das kann dann dazu führen, dass zum Beispiel ein seitenlanger Artikel unter dem vollmundigen Titel „Das Beste kommt noch" in einer Illustrierten erscheint (Hirschhausen, 2018).

Ich selbst gehöre mit Anfang 70 zu den sogenannten „jungen Alten" und fühle mich in der jetzigen Lebensphase nicht nur zufrieden, sondern ausgesprochen glücklich: Das Beste kam bisher tatsächlich – für mich persönlich. Dennoch frage ich mich aus eigener Erfahrung, in welchem Maße die stark ermutigenden Töne in den oben genannten Berichten von hoher subjektiver Zufriedenheit mit dem eigenen Leben in höherem Alter mit der Situation der Autorinnen und Autoren dieser Studien zusammenhängen, die sich in der Regel mit noch längerfristigen Lebenserwartungen in emotional ausbalancierten, wirtschaftlich gesicherten und intellektuell ansprechenden Umgebungen bewegen.

Ein anregender gedanklicher Austausch über Altern und Alter zwischen zwei Gelehrten der School of Law der University of Chicago, der 2017 veröffentlicht wurde und 2018 auch in deutscher Sprache erschien, kann die Ambivalenz der frohgemuten Betrachtung des Alterns illustrieren. Die Philosophin und Professorin für Rechtswissenschaften und Ethik, Martha Nussbaum, und der Wirtschafts- und Rechtswissenschaftler Saul Levmore haben ihren Gedankenaustausch folgendermaßen publiziert: „Aging Thoughtfully: Conversations about Retirement, Romance, Wrinkels, and Regrets" (Nussbaum & Levmore, 2017).

Inspiriert von Ciceros Schrift „Über das Altern" (De Senectute, 45 v. Chr.), aber auch von Shakespeares „King Lear", Richard Strauss' „Rosenkavalier" (1910) und zahlreichen anderen klassischen und zeitgenössischen Impulsen, zudem gestützt durch Daten und Erhebungen zu Themen wie Altersarmut, Entwicklung von Pflegekosten und Krisen im Ruhestandseintritt, bieten Nussbaum und Levmore acht dialogisch konzipierte Kapitel zum Themenkomplex. Sie spiegeln einerseits amüsant eine humorvoll-nachdenkliche hohe Zufriedenheit mit der eigenen Lebenssituation an der Wende zum Eintritt in den akademischen Ruhestand. Andererseits münden sie in offene Forderungen und Fragen zu den Themen Altersarmut, allgemeine Gesundheitsvorsorge und Vereinsamungsgefahren, ohne allerdings hier in die Tiefe zu gehen.

Eine ähnliche Linie verfolgt der Philosoph Otfried Höffe in seinem Buch „Die hohe Kunst des Alterns. Kleine Philosophie des guten Lebens" (Höffe, 2018). Er empfiehlt einerseits eine Lebensführung, die den „vier L.s" – Laufen, Lernen, Lieben und Lachen – größtmöglichen Raum gibt. Andererseits fordert er eine bessere Integration alter Menschen in die Gesellschaft – eine Forderung, die insgesamt gegenüber den zahllosen damit verbundenen Herausforderungen vage bleibt.

Gewiss kann man dank des Zufriedenheitsparadoxons den Sachverhalt verdrängen, dass selbst im derzeitigen wohlstandsverwöhnten Deutschland ein Drittel der Menschen offenbar schwerlich dem Motto traut: „Das Beste kommt noch". Man kann sogar davor warnen, sich auch nur in vagen Vorstellungen die Abgründe der gesteigerten Not, des gesteigerten Leidens, der gesteigerten Vereinsamung alter Menschen vor Augen zu führen. Denn wenn wir das tun, stoßen wir auf eine wahre Flut politischer, rechtlicher, medizinischer, familiärer, zivilgesellschaftlicher Herausforderungen, auf Erwartungen an religiöse, diakonische, mediale und bildungsrelevante Institutionen, die individuelles und akademisches Nachdenken und Planen einfach überfordert.[1]

---

[1] Franz Müntefering und Christopher Hermann haben auf dem Interdisziplinären Symposium „Altern: Biologie und Chancen" (Heidelberger Akademie der Wissenschaften, 28.–30. März 2019) immerhin aus politisch-zivilgesellschaftlichen und versicherungspolitischen Perspektiven Teilaspekte des Problemsyndroms angesprochen, das uns in Deutschland in einigen Jahren ähnlich intensiv beschäftigen dürfte wie derzeit der globale Klimawandel und der europäische Grenzschutz.

Es scheint mir deshalb ratsam, die Situation einer grundsätzlichen hohen Ambivalenzerfahrung im Blick auf Alter und Altern realistisch ins Auge zu fassen. Ermutigenden Signalen überdurchschnittlicher gelassener, zufriedener Resilienz stehen Not, Leiden und Vereinsamung gegenüber, die ratlos machen und für deren Bekämpfung derzeit kaum genügend Mittel absehbar sind. Sinnvoll erscheint mir in unserem Kompetenzkontext die Frage, ob wir neben den erheblichen sozialen und politischen Aufgaben des Kampfes gegen Altersarmut, gegen mangelnde gesundheitliche Versorgung und knappe Kommunikationsressourcen eine weitere Quelle entdecken können, die den Umgang mit dem Alter und dem Altern zu verbessern hilft.

Ich möchte Sie deshalb einladen, sich kurz auf das Segenswort „Dein Alter sei wie deine Jugend!" und auf das Thema der Freude zu konzentrieren.

Dankbare und zukunftsoffene Freude als Kraftquelle im Alter

Die Freude ist nicht nur in ihren lauten, überschwänglichen, jubilierenden Formen, sondern auch in ihren stillen, ja sogar kühlen und selbstvergessenen Erscheinungsweisen zu beachten. Im Blick auf diese Bandbreite kann man geradezu von einer Polyphonie der Freude sprechen. Im Alter dominieren dabei sicher die verhaltenen, leisen Formen. Darüber hinaus sind die zahlreichen Phänomene der anteilnehmenden Mitfreude ins Auge zu fassen, die ebenfalls polyphonen Gestalten der ansteckenden Freude. In welcher Weise sind diese Formen von Freude im Alter zu finden und zu pflegen?

Dass Menschen im Pianissimo des hohen und des höchsten Alters wie kleine Kinder werden können, ist oft beobachtet und ausgesprochen worden. Sehr bewegend fand ich ein Radiofeature, in dem Menschen von ihren leidvollen Erfahrungen und den Momenten der Freude mit alten demenzerkrankten Verwandten berichteten. Die Rede war von für beide Seiten äußerst schwierigen Jahren nach dem Ausbruch der Erkrankung und den damit verbundenen Haltungen des Nichtwahrhabenwollens, der Selbstabschließung und der Verbitterung, aber auch von den folgenden Jahren zunehmender Wiederannäherung, der wechselseitigen Freude an Begegnung, kleinen Gesten und zugewandten, früher nie gekannten Körperkontakten. Natürlich lassen sich diese Erfahrungen nicht generalisieren. Sie öffnen aber die Augen für das weite Feld geteilter Freude, für das Kindheit und Jugend uns besonders sensibilisieren können.

Kinder und Jugendliche können nur durch die Sorge anderer für sie gut aufwachsen und sich entwickeln. Sie erfahren in dieser sozialen Lebenssituation, dass andere Menschen für sie da sind und sich selbst für sie zurücknehmen. Diese Zurücknahme der eigenen Person ist eine Haltung, die dem notwendigen Drang eines jeden Lebens, sich selbst zu erhalten, entgegensteht, übrigens einem Drang, der immer auf Kosten von anderem Leben lebt. Kinder und Jugendliche leben von einer Lebensausrichtung der für sie Sorgenden, die ich „freie schöpferische Selbstzurücknahme und Selbstbegrenzung zugunsten anderer" genannt habe.

Die Erfahrung, dass andere Menschen sich ihretwegen selbst zurücknehmen und begrenzen, löst bei den Kindern und Jugendlichen bewusst oder unbewusst Dankbarkeit und Anhänglichkeit aus, aber auch die Erwartung und die Hoffnung, dass diese Haltung der Sorgenden sich fortsetzt und erneuert. Diese Verbindung von Dankbarkeit und Hoffnung lässt dann eine tiefe Freude gedeihen. Sie kommt in zahllosen Spielarten vor, emphatischen wie nicht emphatischen. Das Segenswort „Dein Alter sei wie deine Jugend" lenkt auf diese Fähigkeit zur Freude in Dankbarkeit und Hoffnung zurück.

Gewiss ist diese Erfahrung der Freude erwartbarer in dichten sozialen, freundschaftlichen und familialen Lebensverhältnissen, selbst wenn auch hier Enttäuschung und Entfremdung möglich sind. Aber nicht nur eine lebendige soziale Welt, auch die Welt der individuellen Erinnerung und der Verbundenheit mit der Natur und den Rhythmen des Tages und des Jahresverlaufs können zu reichen Quellen der Freude werden. Die oft bescheidene Erlebnisoffenheit und schnelle Begeisterungsfähigkeit der Jugend kann hier vorbildgebend sein.

Andreas Kruse hat von einem breiten Spektrum von „Daseinsthemen" gesprochen, die mehrheitlich auch unter die Form „geteilter Freude" gebracht werden können. Sie sind verbunden mit den Erfahrungen der Dankbarkeit und der Hoffnung – gerade auch für die nachkommenden Menschen, mögen sie näher oder ferner stehen. Dankbarkeit und Hoffnung aber gehen einher mit von Freude begleiteten Kraftgefühlen auch inmitten abnehmender körperlicher und seelischgeistiger Kompetenzen. Sie sollten nicht auf bloße Zufriedenheit reduziert werden, denn sie tragen mehrheitlich die Züge jugendlicher Zukunftsoffenheit (Kruse, 2017).

Ganz evident ist das Phänomen der geteilten Freude in den Auswertungen der Generali Hochaltrigkeitsstudie des Instituts für Demoskopie Allensbach und des Generali Zukunftsfonds: „Wie ältere Menschen leben, denken und sich engagieren" (Kruse, 2017). In Interviews wurden die bevorzugten Rahmen für die Beschäftigung mit sogenannten „Daseinsthemen" erhoben. An der Spitze stand die „Freude und Erfüllung in einer emotional tieferen Begegnung mit anderen

Menschen". Bemerkenswert stark war zudem die Konzentration auf die nachfolgende Generation, besonders intensiv natürlich in der eigenen Familie, aber eben auch weit darüber hinaus.

Ebenfalls bemerkenswert häufig traten die von Andreas Kruse sogenannten „Sorgeformen" auf. In diesen Formen wird die Freude an der Anteilnahme am Schicksal anderer Menschen empfunden. Sie kann, aber sie muss nicht gesteigert werden in der Befähigung, emotional-kommunikativ und materiell-praktisch etwas zu deren Wohlergehen beizutragen. Die Befähigung, in freier schöpferischer Selbstzurücknahme zugunsten anderer über die eigene Lebenslast hinauszuwachsen, ist ein starker Quell erlebter Freude. Ob in quasi kindlicher oder früh-jugendlicher dankbarer Empfänglichkeit oder zudem mit einem Kraft- und Gestaltungsgefühl zukunftsorientierter älterer Jugendlicher verbunden – in vielfältiger Hinsicht kann sich der Segenswunsch: Dein Alter sei wie deine Jugend! im Leben alter Menschen verwirklichen. Es scheint mir lohnend zu sein, das Nachdenken über Alter und Altern mit einem Nachdenken über die Phänomenologie der Freude zu verbinden. Alle Altersstufen in unserer Gesellschaft könnten davon profitieren.

Literatur

Hirschhausen, E. (2018). Das Beste kommt noch. *Stern, 38,* 34–43.

Höffe, O. (2018). *Die hohe Kunst des Alterns. Kleine Philosophie des guten Lebens.* Beck

Institut für Demoskopie Allensbach. (2013). *Wie ältere Menschen leben, denken und sich engagieren.* S. Fischer

Kruse, A. (2017). *Lebensphase hohes Alter. Verletzlichkeit und Reife, 21,* 185.

Masoro, E. J., & Austad, S. N. (2015). Concepts and theories of aging. *Handbook of the Biology of Aging, 8,* 3–22.

Nussbaum, M. & Levmore, S. (2017). *Aging thoughtfully: Conversations about retirement, romance, wrinkels, and regrets.* Oxford University Press Reprint 2020. Deutsch Ausgabe: Nussbaum, M. & Levmore, S. (2018). *Älter werden. Gespräche über die Liebe, das Leben und das Loslassen.*

Staudinger, U. (2000). Viele Gründe sprechen dagegen, und trotzdem geht es vielen Menschen gut: Das Paradox des subjektiven Wohlbefindens. *Psychologische Rundschau, 51,* 160–197.

Die Gesellschaft des langen Lebens

Chancen und Herausforderungen

Christopher Hermann

Einführung

Im Jahr 2050 werden rund 10 Mio. Menschen in Deutschland 80 Jahre und älter sein, und bis 2060 pendelt sich die Anzahl der Über-80-Jährigen auf rund 9 Mio. Menschen ein (Statistisches Bundesamt, 2015). In Baden-Württemberg gab es in demografischer Hinsicht bereits im Jahr 2000 eine Zäsur, denn erstmals lebten seit Bestehen des Landes etwas mehr 60-Jährige und Ältere als unter 20-Jährige im Südwesten – und die Schere ist seither weiter aufgegangen. Die Bevölkerungsvorausberechnung für Baden-Württemberg von 2019 zeigt, dass 2060 voraussichtlich doppelt so viele Ältere wie Jüngere in Baden-Württemberg leben (StaLa BW, 2019a). Doch nicht nur der Anteil älterer Menschen an der Bevölkerung wird zunehmen, auch die Anzahl hochaltriger Menschen (85 Jahre und älter) steigt (Abb. 1). Die Prognose für diese Bevölkerungsgruppe liegt für das Jahr 2060 bei über 800.000 Menschen allein in Baden-Württemberg. Die Gesellschaft des langen Lebens, beziehungsweise des längeren Lebens (SVR, 2009), ist also längst Realität.

Der Begriff „Überalterung" der Bevölkerung ist dennoch falsch, denn eine geringe frühe Sterbewahrscheinlichkeit und eine maximal lange Lebenserwartung jedes geborenen Mitglieds einer Population sind seit mehr als 100 Jahren das Ziel sozialer und medizinischer Anstrengungen in den Industrieländern. Die Lebenserwartung hängt von vielen, unter anderem auch sozioökonomischen Faktoren ab. So weisen zum Beispiel altersgleiche Personen der unteren sozialen Schichten

C. Hermann (✉)
Ehem. Vorstandsvorsitzender, AOK Baden-Württemberg, Stuttgart, Deutschland
E-mail: PublicRelations@bw.aok.de

© Der/die Autor(en) 2022
A. D. Ho et al. (Hrsg.), *Altern: Biologie und Chancen,* Schriften der Mathematisch-naturwissenschaftlichen Klasse 27,
https://doi.org/10.1007/978-3-658-34859-5_6

Anzahl in 1.000

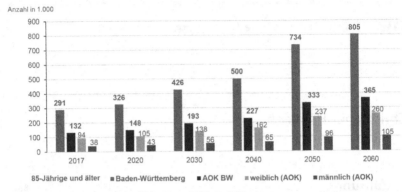

85-Jährige und älter ■ Baden-Württemberg ■ AOK BW ■ weiblich (AOK) ■ männlich (AOK)

Quelle: Statistisches Landesamt Baden-Württemberg + AOK Baden-Württemberg

Abb. 1 Entwicklung Hochaltrige in Baden-Württemberg bis 2060 2017 Ist-Wert, danach Ergebnisse Bevölkerungsvorausrechnung, Basis 31.12.2017 (StaLa BW, 2019a). Berechnung AOK-Werte auf Basis Dezember 2017; Annahme 1: die prozentuale Steigerung der Hochaltrigen verläuft in der AOK BW analog zu Baden-Württemberg; Annahme 2: die prozentuale Verteilung zwischen männlich und weiblich ändert sich bezogen auf 2017 nicht

im Vergleich zu jenen der höheren Schichten durchschnittlich mehr als doppelt so viele chronische Erkrankungen auf. Mit zunehmendem Alter geht diese Schere abhängig vom Bildungsstatus dann noch weiter auseinander: Die körperliche Funktionsfähigkeit (inklusive mögliche Mobilitätseinschränkungen) 70- bis 85-jähriger Menschen mit hohem Bildungsgrad ist genauso gut wie jene 55- bis 69-jähriger Menschen mit geringer Bildung (Schwartz & Walter, 2012).

Alterungsprozesse und Altersstufen unterliegen biologischen, biographischen, subjektiven sozialen und kulturellen Bewertungen und sind damit biologisches, psychisches und gesellschaftliches respektive biopsychosoziales Geschehen. Eine klare, allgemeingültige und zuverlässige wissenschaftliche Definition von Altern, Alter und Altsein fehlt. Definieren wir „Altern" allgemein, dann bezeichnet es alle zeitgebundenen Veränderungen eines individuellen Organismus im Laufe seines Lebens. Diese Veränderungen können positiv sein – etwa als Reifungsgrad der Kindheit oder des jüngeren Erwachsenen – wie auch negativ im Sinne von Abbauprozessen, die wiederum krankheitsbedingt in jedem Alter möglich sind.

Als größte gesetzliche Kranken- und Pflegekasse in Baden-Württemberg mit mehr als 4,45 Mio. Versicherten und mit rund 11.000 Mitarbeiterinnen und Mitarbeitern (Stand September 2019) gehört die AOK Baden-Württemberg zu den wesentlichen Akteuren in der Gesundheits- und Pflegelandschaft im Südwesten. Sie steht damit in einer besonderen sozialen Verantwortung, zusammen mit ihren Partnerinnen und Partnern in Gesundheitswesen und Wissenschaft, Politik, Kommunen und Gesellschaft, die Versorgungsstrukturen und -pfade aus Sicht der Patientinnen und Patienten zu denken, innovativ und modern zu gestalten, Prävention, Versorgung und Rehabilitation qualitativ hochwertig und evidenzbasiert auszubauen sowie richtungsweisende Impulse für die Versorgungslandschaft zu geben.

Ziel ist es, *allen* Menschen, egal in welchem Lebensalter, lange Lebensphasen mit relativer Gesundheit, mit möglichst wenig Einschränkungen, in Selbstbestimmtheit und mit großer Selbstständigkeit und Teilhabe zu ermöglichen. Dabei müssen besonders auch vulnerable Gruppen der Gesellschaft erreicht werden: Kinder und Jugendliche, alte, hochaltrige und multimorbide Menschen, sozial schwache und bildungsferne Gruppen.

Demografische Entwicklung und Folgen für das Gesundheitswesen

Bis Mitte des 20. Jahrhunderts ist die Säuglings- und Kindersterblichkeit deutlich zurückgegangen. Seitdem haben sich die Lebensbedingungen verbessert, hat sich die medizinische Versorgung stetig weiterentwickelt und das Bewusstsein für präventive Maßnahmen ist gestiegen. Auch das Erkrankungsspektrum hat sich in den letzten Jahrzehnten deutlich gewandelt: weg von den lebensbedrohlichen Infektionskrankheiten und potenziell tödlichen Erkrankungen, wie Herzinfarkt und Schlaganfall, hin zu chronischen und degenerativen Erkrankungen, Multimorbidität und Demenz (Maaz et al., 2007). Der Wandel im Erkrankungsspektrum zeigt sich in allen Lebensphasen.

In der letzten Lebensphase eines Menschen sind die Gesundheitsausgaben hochprogressiv und – unabhängig vom Alter – steigen die Krankheitskosten eines Menschen deutlich an. Einer internationalen Studie zufolge, die die Gesundheitsausgaben am Ende des Lebens in mehreren entwickelten Ländern miteinander verglich (French et al., 2017), betragen die Gesundheitsausgaben in den letzten zwölf Monaten des Lebens 8,5 bis 11,2 % der gesamten Gesundheitsausgaben und in den letzten drei Kalenderjahren des Lebens immerhin 16,7 bis 24,5 %. Deutschland rangiert dabei im unteren Drittel mit 52.742 US$ pro Patient/Patientin in den letzten zwölf Monaten des Lebens und 95.844 US$ pro Patient/Patientin in den letzten drei Kalenderjahren des Lebens.

Auch wenn diese Studie die deutschen Verhältnisse sicherlich nicht repräsentativ widerspiegelt – es wurden für Deutschland ausschließlich Daten einer großen privaten Krankenversicherung verwendet – zeigt sie doch, dass nicht unbedingt die lebenserhaltenden Maßnahmen am Ende des Lebens als Ausgabentreiber fungieren, sondern eher die Behandlungskosten chronisch Kranker in den letzten Lebensjahren relevant sind. Hier liegt die eigentliche Herausforderung für die Gesundheitspolitik, nämlich die Entwicklung von chronischen Krankheiten abzuwenden oder zumindest abzumildern. Letztlich entscheidend ist, wie der Mensch die gewonnenen Lebensjahre verbringt: Verlängert sich „nur" die Krankheitsphase am Lebensende oder gibt es einen Zugewinn an gesunder Lebenszeit?

Der gute Gesundheitszustand der überwiegenden Mehrheit der in Deutschland aufwachsenden Kinder darf nicht den Blick darauf verstellen, dass 20 von 100 Kindern eines jeden Geburtsjahrgangs mit beträchtlichen, vor allem psychosozialen Belastungen aufwachsen. Das entspricht etwa 140 000 Kindern pro Jahr. Eine ungünstige Lebenslage der Eltern ist laut Kinder- und Jugendgesundheitssurvey (KiGGS) des Robert Koch-Instituts der wesentliche Risikofaktor für die Vulnerabilität von Kindern (Klipker et al., 2018). Die Motivation zu stärken, entsprechend der individuellen Möglichkeiten mit Gesundheit beziehungsweise Krankheit und möglicherweise auch vorhandener Behinderung gesundheitsförderlich umzugehen, und Transparenz zu schaffen über Leistungen des Gesundheitswesens und den Zugang dazu, sieht die AOK Baden-Württemberg in diesem Kontext auch als eine ihrer Aufgaben.

Für die weitere gesundheitliche Entwicklung junger Menschen ist die Versorgung im Übergang vom Jugend- zum Erwachsenenalter von großer Bedeutung, also von der gezielten Überleitung der Jugendlichen und jungen Erwachsenen mit chronischen Krankheiten von Pädiatern zu Erwachsenenmedizinern. Dies ist notwendig, weil die Lebenserwartung junger Menschen mit speziellem Versorgungsbedarf aufgrund bereits in der Kindheit entstandener Erkrankungen infolge medizinischer Fortschritte angestiegen ist. Sie müssen von Erwachsenenmedizinern weiterbehandelt werden. Laut Sachverständigenrat gibt es Hinweise darauf, dass eine verzögerte oder gar ein Ausbleiben der Therapie zu vermeidbaren Komplikationen führen kann. Erforderlich für eine gelingende Überleitung in die Erwachsenenmedizin ist ein koordinierter, multidisziplinärer Prozess, der außer den medizinischen Bedürfnissen der Jugendlichen auch psychosoziale, schulische und berufliche Aspekte berücksichtigt. Für Kinder und Jugendliche mit psychischen Störungen hat die AOK Baden-Württemberg mit dem Modul Kinder- und Jugendpsychiatrie im Facharztvertrag Psychiatrie, Neurologie, Psychotherapie (PNP) Versorgungsstrukturen geschaffen, die diese Anforderungen aufgreifen.

Die differenzierte Auseinandersetzung auch mit den biologischen Grundlagen des Alterns in einer Gesellschaft des längeren Lebens ist von großer Bedeutung. Denn Altern ist keineswegs zwangsläufig mit Krankheit verbunden. Außerdem ist zu unterscheiden zwischen akuten und chronischen Erkrankungen. Letztere ließen sich häufig vermeiden und positiv beeinflussen, unter anderem durch ein entsprechendes Bewegungs- und Ernährungsverhalten. Die Weltgesundheitsorganisation WHO weist in ihren Berichten daher ausdrücklich vielfach daraufhin, dass zukünftig sehr viel mehr als heute in wirksame Prävention zu investieren ist, gerade hinsichtlich der sich verbreitenden chronischen Beeinträchtigungen.

Ziele von Gesundheitsförderung sind daher unter anderem die Verringerung von gesundheitlichen Belastungen auch durch Förderung von Kompetenzen und damit der Erhalt einer möglichst langen Unabhängigkeit, Selbstständigkeit und aktiven Lebensgestaltung. Prävention im Alter hat in Deutschland bislang einen zu geringen Stellenwert und ist noch nicht hinreichend in die verschiedenen Bereiche integriert. Ihre Bedeutung wird nach wie vor unterschätzt. Der Blick auf erfolgreiches Altern – also ein produktives, stabiles und gesundes Altern – schließt Wachstum und Entwicklung auch im hohen Alter im Sinne einer ressourcenorientierten Betrachtung ein.

Chancen und Herausforderungen

Ambulanter Bereich

Die Hausarztzentrierte Versorgung (HZV) in Verbindung mit dem FacharztProgramm, die die AOK Baden-Württemberg gemeinsam mit ihren Vertragspartnern seit 2008 auf den Weg gebracht hat (Abb. 2), kann dazu beitragen, die biopsychosoziale, evidenzbasierte und interdisziplinäre Versorgung mit dem Hausarzt als Lotsen voranzubringen. Im Sinne der erwähnten Förderung der Gesundheitskompetenzen werden im Rahmen dieser Alternativen Regelversorgung unter anderem das Wissen zur Förderung der eigenen Gesundheit und zur Bewältigung von Krankheiten gestärkt.

Dies unterstützt die Ziele von Gesundheitsförderung, insbesondere die Verringerung von gesundheitlichen Belastungen und den Erhalt einer möglichst langen Unabhängigkeit, Selbstständigkeit und aktiven Lebensgestaltung. Vermittelt werden im Sinne des Nationalen Aktionsplans Gesundheitskompetenz evidenzbasierte Informationen zu einem gesundheitsförderlichen Lebensstil sowie die Förderung von Prävention – im Idealfall bereits vor der Geburt und über alle Lebensphasen hinweg. Dies geschieht durch die Beratung zur nicht-medikamentösen

Strukturierte Vollversorgung durch freie Verträge				
§ 73c Kardiologie 01.07.2010	§ 140a Urologie 01.10.2016	§ 73c Kinder-/Jugend- psychiatrie-Modul 01.04.2019	§ 140a Nephrologie 01.04.2020	
§ 73c Gastroenterologie 01.01.2011	§ 73c Orthopädie 01.01.2014	§ 73c Rheumatologie- Modul 01.01.2018	§ 140a Pneumologie 01.07.2021	Qualitätsverträge Krankenhaus
§ 73c PNP-Modul Psychotherapie 01.07.2012	§ 73c PNP-Module Neurologie/Psychiatrie 01.01.2013	§ 140a Diabetologie-Modul 01.07.2017		

Basis: HZV-Vertrag, Start vor über 10 Jahren (01.10.2008)
→ Kinder- und Jungendarzt-Modul, Start 01.01.2014

Abb. 2 Strukturierte Vollversorgung durch freie Verträge im Haus- und Facharztprogramm der AOK Baden-Württemberg Hausarztzentrierte Versorgung (HZV) mit korrespondierender selektivvertraglicher Versorgung in umfassendem FacharztProgramm sorgt für verbesserte interdisziplinäre Koordination und Kommunikation; perspektivisch ist die Entwicklung mit weiteren Versorgungsbereichen – etwa Krankhäusern – sinnvoll

und medikamentösen Therapie sowie evidenzbasierter Information zu Entstehung, Diagnostik und Therapie von Erkrankungen. Die Ergebnisse der erfolgten wiederholten Evaluation insbesondere durch die Teams der Universitäten Heidelberg und Frankfurt am Main belegen, dass die AOK Baden-Württemberg damit auf einem guten Weg ist.

Stationärer Bereich

In Baden-Württemberg wird seit 1989 ein landesweites Geriatriekonzept von der Selbstverwaltung getragen. Unter Moderation des Ministeriums für Soziales und Integration (MSI) wird der Leitgedanke dieser sektorenübergreifenden Konzeption – „älteren" Menschen möglichst lange ein selbstständiges Leben zu ermöglichen – fortentwickelt, zuletzt im Jahr 2014. Der Grundsatz „Rehabilitation vor Pflege" steht dabei in besonderem Fokus, aber auch die Identifikation geriatrischer Patientinnen und Patienten in der akutstationären Versorgung und deren optimale Versorgung ausgerichtet an deren individuellen Bedarfen, sind Bestandteile dieser Konzeption.

Die akut-stationäre Versorgung wird in Baden-Württemberg derzeit noch durch rund 260 Krankenhäuser sichergestellt, charakteristisch ist hierbei der überdurchschnittlich hohe Anteil kleiner Krankenhäuser. Mit einer Bettenauslastung von 77 % liegt Baden-Württemberg leicht unter dem bundesweiten Durchschnitt und unter der im Landeskrankenhausplan Baden-Württemberg angestrebten Bettenauslastung. Innerhalb der letzten Jahre sind deutschlandweit die Ausgaben der akut-stationären Versorgung stetig gestiegen, insbesondere Baden-Württemberg weist hohe Kosten je Behandlungsfall auf (Statistisches Bundesamt, 2017a, b; StaLa BW, 2019b).

Die Finanzierung der Behandlungsleistungen in der akut-stationären Versorgung wird über das DRG-System abgebildet. Dieses beinhaltet eine differenzierte Ausgestaltung der Fallpauschalen, die die Kosten berücksichtigt, die bei der Patientenbehandlung aufgrund von Altersstrukturen, besonderer und hoher Pflegeaufwände, Multimorbiditäten, Funktionseinschränkungen und Pflegegrade entstehen. Diese Differenzierung wird jährlich weiterentwickelt. Eine auskömmliche Finanzierung für die stationären Versorgungsleistungen ist damit ausdifferenziert umfassend sichergestellt.

Die Übergänge in der Versorgung von einem Leistungssektor zu einem anderen, etwa aus der akut-stationären Versorgung in die rehabilitative Versorgung, verursachen jedoch nach wie vor Brüche in der Versorgungskontinuität und Versorgungseffizienz. Hier gilt es, rechtssichere Lösungen zu finden oder neu zu entwickeln, die dem Leitgedanken Rechnung tragen, „älteren" Menschen möglichst lange ein selbstständiges Leben zu ermöglichen. Dafür ist ein Gestaltungsrahmen notwendig, der optimale Lösungen orientiert an regionalen Gegebenheiten zulässt und nicht verpflichtend einheitlich vorgibt.

Pflegebereich

Im Bereich der Pflege wird der Versorgungsbedarf deutlich steigen. Zum einen trägt hierzu eine höhere Anzahl an Pflegebedürftigen bei. Die Generation der „Babyboomer" kommt in den nächsten Jahren und Jahrzehnten in das Alter mit einem höheren Risiko für Pflegebedürftigkeit. Dies wird durch die steigende Lebenserwartung noch verstärkt. Es wird mehr alte und hochaltrige Menschen geben, die ein höheres Risiko für Pflegebedürftigkeit haben. Und obwohl durch Prävention und gesünderen Lebensstil die Jahre in (relativer) Gesundheit steigen, steigt auch durch bessere medizinische Versorgung und neue Behandlungsmöglichkeiten die

Anzahl der Jahre, die in Krankheit verbracht werden. Damit steigt die Anzahl der Leistungsempfänger der Pflegeversicherung nach Vorausberechnungen sowohl in absoluten Zahlen von 2017 mit 3,3 Mio. Pflegebedürftigen über 4,4 Mio. im Jahr 2040 bis zu einem Höhepunkt mit 5,1 Mio. im Jahr 2050. Während die absoluten Zahlen danach wieder sinken, steigt die Prävalenz von Pflegebedürftigkeit aufgrund der Bevölkerungsentwicklung mit einem geringeren Anteil jüngerer Menschen weiter an (Schwinger et al., 2019).

Zum anderen sinkt die Zahl der Pflegenden. Das trifft sowohl auf pflegende Angehörige als auch auf Pflegefachkräfte zu. Eine spezifische Herausforderung der Industrieländer bildet die Zunahme der Ein-Personen-Haushalte, weshalb zum Beispiel intrafamiliäre Pflegemöglichkeiten abnehmen. Mobilität und Veränderungen in den Strukturen von Berufstätigkeit führen ebenfalls dazu, dass immer weniger Angehörige pflegebedürftige Personen versorgen können. Pflegende Angehörige erleben häufig hohe psychische und physische Belastungen. Hier sind Unterstützung, Orientierung und Beratung besonders wichtig, um die Versorgung der Pflegebedürftigen, die von Angehörigen gepflegt werden, zu sichern. Die höchsten Kosten verursachen Demenzerkrankungen in (teil)-stationären Einrichtungen sowie psychische Störungen und Verhaltensstörungen. Im Bereich der professionellen Pflege kommt noch der sich gerade dort seit Jahren verschärfende Fachkräftemangel hinzu (Bonin, 2019).

Um den Herausforderungen begegnen zu können, müssen Prävention und Rehabilitation gestärkt werden, um so Pflegebedürftigkeit zu verhindern, hinauszuzögern oder auch bei bereits eingetretener Pflegebedürftigkeit eine Verschlechterung aufzuhalten beziehungsweise Komplikationen zu vermeiden. Hierfür bedarf es einer vernetzten Versorgung über Sektorengrenzen hinweg. Dabei müssen sowohl Prävention und Rehabilitation stärker in die Pflege eingebunden werden als auch die strikte Trennung zwischen stationär und ambulant in der Langzeitpflege sozialrechtlich aufgelöst werden.

Aufgaben und Ziele

Soziale Ungleichheit und Unterschiede in der Bildung können im Alter zu großen interindividuellen Unterschieden in der Gesundheitskompetenz führen (Schaeffer et al., 2016). Soziale Ungleichheiten nehmen mit dem Alter zu. Dies hat Konsequenzen für die Lebensgestaltung hinsichtlich Gesundheitsverhalten und auch sozialer Teilhabe. Dabei zeigen sich deutliche Unterschiede in der Ansprache und in der Inanspruchnahme gesundheitsbezogener Leistungen (Kruse, 2017).

Steigende chronische Erkrankungen, zunehmende Multimorbidität und Pflegebedürftigkeit bei gleichzeitigem Fehlen medizinischer und pflegerischer Fachkräfte stellen die Gesundheitsversorgung nicht nur in Baden-Württemberg vor große Herausforderungen; die Folgen dieser Entwicklung werden sich in den nächsten Jahren und Jahrzenten noch deutlich verstärken.

Aufgabe aller Akteurinnen und Akteure in Gesundheitswesen, von Politik, Gesellschaft und Kommunen muss es daher sein, sich den Herausforderungen dieser Entwicklung umfassend anzunehmen und die Chancen, die sich bieten, zu nutzen:

- für den Auf- und Ausbau vernetzter Versorgungsstrukturen über die Sektoren und Säulen der deutschen Gesundheits- und Pflegelandschaft hinweg,
- für die Gestaltung innovativer und nachhaltiger medizinischer und pflegerischer Versorgungspfade und
- für gleichwertige Lebensverhältnisse in urbanen und ländlichen Räumen.

Wie dargelegt, sollte es Ziel einer Gesellschaft des längeren Lebens sein, die zusätzlich gewonnenen Lebensjahre möglichst lange gesund, mit hoher Lebensqualität und geringen Einschränkungen zu erleben, eine Pflegebedürftigkeit zu verhindern oder so lange wie möglich hinauszuschieben und so soziale Teilhabe älterer Menschen zu stärken. Verschiedene Aspekte sind dabei näher zu betrachten:

1. Prävention zentral in den Fokus rücken

Die Gesellschaft des längeren Lebens darf sich nicht auf medizinische Fortschritte verlassen, sondern muss Prävention über alle Lebensphasen hinweg zentral in den Fokus rücken. Bedeutsamen Einfluss auf Entstehung und Verlauf eines großen Teils gesundheitlicher Belastungen haben Risikofaktoren, die jeder und jede Einzelne selbst beeinflussen kann. Dazu gehören insbesondere Tabak- und Alkoholkonsum, Bewegungsmangel, ungesunde Ernährungsgewohnheiten und starkes Übergewicht.

Eine gesunde Lebensweise sollte in jeder Lebensphase gefördert werden und Präventionsangebote (Primär-, Sekundär-, Tertiär-Prävention) immer das jeweilige Lebensalter und die individuelle Situation des Menschen berücksichtigen. Als Prävention werden laut Robert Koch-Institut (RKI) alle Aktivitäten bezeichnet, die das Ziel haben, Risikofaktoren und Belastungen zu verringern, um Erkrankungen zu vermeiden, zu verzögern oder weniger wahrscheinlich zu machen. Prävention ist daher ein lebenslanger Prozess, der schon vor der Geburt anfängt. Denn in den sensiblen Phasen vor der Geburt sowie im Säuglings-

und Kleinkindalter werden bereits zentrale Weichen für die spätere Gesundheit gestellt.

Prävention im Alter zielt auf eine verbesserte Vitalität und Lebensqualität sowie den Erhalt der Autonomie ab und sollte negativen Aspekten des Alterns entgegenwirken. Es ist erwiesen, dass Prävention und Gesundheitsförderung dazu beitragen können, chronische Krankheiten und Pflegebedürftigkeit zu verhindern oder aber zumindest zu verzögern. Dazu ist es notwendig, präventive Potenziale alter Menschen in jedem Verlaufsstadium einer Erkrankung auszuschöpfen. Dass präventive Maßnahmen im Alter wirksam sind, lässt sich empirisch belegen. So hat sich gezeigt, dass regelmäßige Aktivitäten, die kognitive Fähigkeiten beanspruchen wie beispielsweise Zeitung lesen, Museen besuchen oder musizieren, die kognitive Leistungsfähigkeit deutlich fördern. Ebenfalls erwiesen ist, dass sich körperliche Aktivität positiv auf die Kognition auswirkt.

Auch die physische Gesundheit älterer Menschen wird durch körperliche Aktivität positiv beeinflusst. So verringert moderate körperliche Aktivität bei älteren Menschen signifikant die Spätfolgen eines Herzinfarkts und kann mit dazu beitragen, die Gesamtmorbidität in den letzten Lebensjahren zu senken. Fettarme Ernährung und ein erhöhter Verzehr von Gemüse und Obst zeigen ebenfalls Wirkung. Es liegen zudem Hinweise vor, dass Krankheitsgeschehen und Sterblichkeit auch dann noch beeinflusst werden können, wenn der Lebensstil erst im höheren Erwachsenenalter gesundheitsbewusst gestaltet wird.

2. *Gesundheitskompetenz vermitteln*

Die Herausforderung liegt darin, die Menschen in allen Lebenslagen und Kontexten zu erreichen und Gesundheitskompetenz zu vermitteln. Das Wissen, um die von jedem Einzelnen beeinflussbaren Risikofaktoren muss breit gestreut und leicht verständlich vermittelt werden.

Ein Beispiel für Risikofaktoren sind Übergewicht und Bewegungsmangel, die ihren Ursprung häufig bereits im frühen Kindesalter haben. Sie können die Entstehung von Tumorerkrankungen begünstigen und zählen zu den wesentlichen Risikofaktoren von Diabetes Typ 2, koronaren Herzerkrankungen oder bestimmten Erkrankungen des Bewegungsapparats. In den jungen Lebensphasen müssen also zentrale Weichen gestellt, Kompetenzen und Orientierung vermittelt werden, die späteres gesundheitsförderliches Verhalten und das Vermeiden gesundheitlicher Risiken zur Folge haben. Bei älteren Zielgruppen geht es darum, Gesundheitskompetenzen und Eigenverantwortung zu stärken und die Menschen niederschwellig vor Ort zu erreichen.

3. Versorgungsgestaltung neu denken

Zur Sicherstellung der pflegerischen und medizinischen Versorgung ist die bessere Vernetzung der verschiedenen Sektoren notwendig, nicht nur für die ambulante haus- und fachärztliche Versorgung, sondern über die Sektorengrenzen hinaus: Krankenhaus, Rehabilitation, Prävention – bis zu regionalen Hilfsangeboten wie Beratungsstellen, Selbsthilfegruppen, Sportangeboten.

Nötig ist genauso eine enge Kooperation zwischen Kranken-, Pflegekassen, Leistungserbringern und Kommunen. Die Gesellschaft muss in der Lage sein, „Caring Communities" mit innovativen, vernetzten Versorgungsstrukturen zu entwickeln: lokale sorgende Gemeinschaften im Kontext regionaler Sozialraumentwicklung.

4. Versorgungspfade optimieren

In verschiedenen Gutachten hat der Sachverständigenrat nachdrücklich darauf hingewiesen, dass die mit dem demografischen Wandel in einer Gesellschaft des längeren Lebens (von Geburt an) einhergehende Veränderung des Morbiditätsspektrums zielgerichtete Veränderungen im Gesundheitswesen erforderlich macht. Eine wichtige Aufgabe besteht zunehmend neben der Akutversorgung der Bevölkerung auch in der kontinuierlichen Versorgung von chronisch kranken und multimorbiden Menschen. Daher ist eine bedarfsgerechte Steuerung der Patientinnen und Patienten notwendig. Sie kann eine nachhaltige und individuell angemessene Versorgung in einer Gesellschaft des längeren Lebens ermöglichen. Dies wird unter anderem dadurch gefördert, dass die Koordinations- und Steuerungsfunktion der Hausärztin/des Hausarztes gestärkt wird.

5. Ganzheitliche Sichtweise

Eine besondere Herausforderung stellt bei mehrfach chronisch erkrankten Menschen unter anderem auch die Verordnung von Arzneimitteln dar. Sie liegt vor allem in der Verträglichkeit und den möglichen Folgen für die Gesundheit begründet. Etwa jede/r zweite Patient/in im Alter über 65 Jahren hat drei oder mehr Diagnosen. Mit der Zahl der Diagnosen steigen die Verordnungen von Medikamenten deutlich an, was wiederum das Risiko für Neben- und unbeabsichtigte Wechselwirkungen erhöht.

Gefordert ist eine biopsychosoziale, also ganzheitliche, Sichtweise auf die Patienten. Diese berücksichtigt das Zusammenspiel biologischer, psychischer und sozialer Einflussfaktoren bei der Krankheitsentstehung. Biologisch-genetische und psychosoziale Faktoren können mithin eine Erkrankung ursächlich bedingen, den Verlauf bestimmen oder als Folge auftreten. So können etwa bei unspezifischen Rückenschmerzen neben biologischen Einflussfaktoren wie zum Beispiel langes Sitzen mit Kompression der Bandscheiben auch psychosoziale Verhaltensmechanismen eine Rolle spielen. Anhaltende psychosoziale Belastungen im privaten wie im beruflichen Umfeld gelten als gesicherte Prädiktoren für die mögliche Chronifizierung von Schmerzen. Biologische und psychosoziale Faktoren sind daher multifaktoriell von Arzt/Ärztin zu bedenken, zu erheben und anzusprechen, um das Verhalten und Erleben der Patienten einschätzen zu können.

6. Chancen der Digitalisierung nutzen

Insbesondere bei der Zusammenarbeit der Leistungserbringer aus den verschiedenen Leistungssektoren können digitale Lösungen beim Informationsaustausch zu einer Versorgungsverbesserung beitragen. Wenn Entlassdokumente aus dem Krankenhaus sofort und vollumfänglich digital an die Versorgungseinrichtung weitergeleitet werden, die die Anschlussversorgung übernimmt, kann ein sehr zügiger und vollständiger Informationsfluss sichergestellt werden. Auch innerhalb der Einrichtungen kann die digitale Vorhaltung der Patientenparameter zu Verbesserungen der Prozessabläufe beitragen, insbesondere wenn interprofessionelle Behandlungseinheiten erforderlich sind und die Behandler aus den verschiedenen Professionen gleichermaßen Zugriff auf alle für die individuelle Behandlung notwendigen patientenrelevanten Daten haben.

Auch für Forschungszwecke sollten die digitalen Möglichkeiten verstärkt genutzt werden. Diagnostikmethoden und Therapieverfahren können mit den Möglichkeiten der Künstlichen Intelligenz untersucht und durch menschliche Experten bewertet werden. Die so gewonnenen Erkenntnisse müssen dann in den Versorgungsalltag integriert werden.

Versorgung strukturiert gestaltet

Haus- und FacharztProgramm der AOK Baden-Württemberg

Am Beispiel des Facharzt-Vertrags Orthopädie der AOK Baden-Württemberg im Rahmen der HZV lässt sich exemplarisch aufzeigen, wie evidenzbasierte biopsychosoziale und interdisziplinäre Versorgung gestaltet werden kann. Unabhängige Studien belegen, dass viele Patientinnen und Patienten davon profitieren, wenn der Orthopäde/die Orthopädin sie darüber aufklärt, wie der Bewegungsapparat funktioniert, sie dazu berät und motiviert, ihren Lebensstil so zu verändern, dass sie ihre Beschwerden positiv beeinflussen können.

Gleichzeitig sollen Verfahren vermieden werden, die Patientinnen und Patienten unnötig belasten oder ihnen schaden könnten. Entsprechend fördert der Vertrag die präventive Information und die motivationale Beratung. Patientinnen/Patienten sollen im Krankheitsverlauf deshalb immer wieder nach aktuellem Wissensstand zu einer gesunden Lebensführung motiviert werden, die regelmäßige körperliche Aktivität einschließt, wie es zum Beispiel auch die Nationale Versorgungsleitlinie Kreuzschmerz fordert. Je nach individueller Krankheitssituation werden sie unterstützt, beispielsweise mit speziellen Angeboten von örtlichen Sportvereinen, dem Deutschen Olympischen Sportbund, spezifischen Angeboten der AOK-eigenen Rückenstudios und dem Hüftknie-Programm der AOK Baden-Württemberg, das in Zusammenarbeit mit der Universität Tübingen für Arthrose-Patienten entwickelt wurde.

Die Evaluation der HZV in Verbindung mit dem FacharztProgramm 2018 (UKHD/GUFFM, 2018) unterstreicht erneut die positive Wirkung. Insbesondere die Möglichkeit, die Entwicklungen über einen Zeitraum von bis zu sechs Jahren untersuchen zu können, verschafft den Erkenntnissen zusätzliche Stabilität und Aussagekraft. In puncto Kooperation und Koordination zwischen Hausärztinnen/-ärzten und Fachärztinnen/-ärzten wurde in der aktuellen Betrachtung der Jahre 2015 bis 2016 das Zusammenspiel von Hausarzt- und Facharztvertrag Orthopädie untersucht, der 2014 gestartet ist.

Im Vergleich zur Kontrollgruppe der Regelversorgung lässt sich für Teilnehmer/innen am Haus- und FacharztProgramm insbesondere feststellen:

- Sie suchen häufiger den Hausarzt auf und haben deutlich seltener unkoordinierte Kontakte zu Facharzt/Fachärztin.
- Pro Jahr konnte in der HZV-Gruppe pro 100 Versicherten im Vergleich zur Nicht-HZV-Gruppe mehr als eine „potenziell vermeidbare Krankenhausaufnahme" vermieden werden. Eine querschnittliche Modellhochrechnung für das Jahr 2016 ergibt eine Zahl von 9117 tatsächlich vermiedenen Krankenhausaufnahmen für die betrachtete Gruppe der HZV-Versicherten.
- Die Influenza-Impfrate für HZV-Versicherte liegt signifikant und relevant höher. Dies gilt insbesondere auch für Versicherte ab 60 Jahren und für Pflegeheimbewohner/innen. In der Impfsaison vom 01.09.2015 bis 31.03.2016 kann für die Versicherten ab 60 Jahren in der HZV-Gruppe beobachtet werden, dass der Anteil der Krankenhausaufnahmen mit Hauptdiagnose „Grippe" oder „Pneumonie" im Vergleich zur Nicht-HZV-Gruppe um 9,1 % geringer lag.
- Für Patientinnen und Patienten mit kardiovaskulären Erkrankungen zeigen sich insgesamt signifikant weniger Krankenhausaufenthalte und eine signifikant bessere Arzneimitteltherapie in der HZV. Eine Modellrechnung ergibt,

dass in der HZV-Gruppe bei Patientinnen/Patienten mit koronaren Herzerkrankungen circa 1900 Krankenhausaufenthalte vermieden werden und die durchschnittliche Liegezeit im Krankenhaus kürzer ist (circa 17.000 vermiedene Krankenhaustage).

- Bei älteren HZV-Teilnehmer/innen werden circa 190 Krankenhausaufenthalte wegen Hüftgelenksfrakturen vermieden.

- In der HZV-Gruppe zeigen sich deutlich weniger und zeitlich später auftretende schwerwiegende Komplikationen bei Patientinnen/Patienten mit Diabetes mellitus.

Insgesamt lässt sich daher feststellen, dass Patientinnen/Patienten, die am Hausarzt- und FacharztProgramm der AOK Baden-Württemberg teilnehmen, seltener von Über-, Unter- und Fehlversorgung betroffen sind, sie beispielsweise bei orthopädischen Erkrankungen dank des koordinierten Zusammenspiels der Haus- und Fachärzte eine bessere Versorgung erhalten und sie auch regional in ländlichen Gebieten und Ballungsräumen gleichermaßen gut versorgt werden.

Fazit

Die meisten Menschen sind im fortgeschrittenen Alter zufriedener, glücklicher und gelassener. Auch daher gilt es, ein längeres Leben und die Lebensphase Alter wertzuschätzen. Eine gesundheitliche Selbstfürsorge kann dazu beitragen. Wichtig ist Prävention über alle Lebensphasen hinweg, bei bereits beeinträchtigter Gesundheit zum Erhalt des aktuellen Gesundheitszustands. Denn insbesondere Gesundheits- und Funktionseinbußen schränken ein aktives, selbstbestimmtes und zufriedenes Leben im Alter ein.

Jeder und jede Einzelne soll zusätzliche Lebensjahre sinnstiftend, aktiv und selbstbestimmt erleben können. Die Sicherstellung der gesundheitlichen Versorgung ist deshalb eine gesamtgesellschaftliche Aufgabe, die zukunftsweisend bearbeitet werden muss, die Prävention über alle Lebensphasen in den Fokus nimmt und gesellschaftliche Leitbilder entwickelt. Zukunftsweisende und nachhaltige Versorgungsstrukturen in urbanen und ländlichen Räumen müssen eine strukturierte medizinische und pflegerische Versorgung sichern, die qualitativ, bedarfsorientiert, vernetzt und sektoren- und säulenübergreifend ausgerichtet ist. Mit dem Ziel, Pflegebedürftigkeit zu verhindern oder so lange wie möglich hinauszuschieben, müssen Prävention, Rehabilitation und Pflege stärker zusammengebracht und vernetzt werden.

Literatur

Bonin, H. (2019). Fachkräftemangel in der Gesamtperspektive. In K. Jacobs, A. Kuhlmey, S. Greß, J. Klauber, & A.Schwinger (Hrsg.), *Pflege-Report 2019. Mehr Personal in der Langzeitpflege – aber woher?* (S. 61 – 69). Springer Open.

French, E. B., McCauley, J., Aragon, M. et al. (2017). End-Of-Life medical spending in last twelve months of life is lower than previously reported. *Health Aff (Millwood). 1, 36*(7), 1211–1217.

Klipker, K., Baumgarten, F., Göbel, K., Lampert, T., & Hölling, H. (2018). Psychische Auffälligkeiten bei Kindern und Jugendlichen in Deutschland – Querschnittergebnisse aus KiGGS Welle 2 und Trends. *Journal of Health Monitoring, 3*(3), 37–45.

Kruse, A. (2017). *Lebensphase hohes Alter. Verletzlichkeit und Reife.* Springer.

Maaz, A., Winter, M. J., & Kuhlmey, A. (2007). Der Wandel des Krankheitspanoramas und die Bedeutung chronischer Erkrankungen (Epidemiologie, Kosten). *Fehlzeiten-Report 2006.* (S. 5 – 23). Springer.

Schaeffer, D., Vogt, D., Berens, E.-M., & Hurrelmann, K. (2016). *Gesundheitskompetenz der Bevölkerung in Deutschland – Ergebnisbericht.* Universität Bielefeld.

Schwinger, A., Klauber, J., & Tsiasioti, C. (2019). Pflegepersonal heute und morgen. In K. Jacobs, A. Kuhlmey, S. Greß, J. Klauber, & A. Schwinger (Hrsg.). *Pflege-Report 2019. Mehr Personal in der Langzeitpflege – aber woher?* (S. 3 – 21). Springer Open.

Schwartz, F. W., & Walter, U. (2012). Altsein – Kranksein? In F. W. Schwartz, U. Walter, & J. Siegrist et al. (Hrsg.) *Public Health. Gesundheit und Gesundheitswesen* (S. 167 – 185). Elsevier.

Statistisches Bundesamt. (2015). *Bevölkerung Deutschlands bis 2060. 13. koordinierte Bevölkerungsvorausberechnung.* Statistisches Bundesamt.

Statistisches Bundesamt. (2017a). *Grunddaten der Krankenhäuser. 2017.* Statistisches Bundesamt.

Statistisches Bundesamt. (2017b). *Kostennachweis der Krankenhäuser. 2017.* Statistisches Bundesamt.

StaLa BW – Statistisches Landesamt Baden-Württemberg. (2019a). *Bevölkerungsvorausrechnung Baden-Württemberg. Statistisches Monatsheft 4/2019.* Statistisches Landesamt.

StaLa BW – Statistisches Landesamt Baden-Württemberg. (2019b). *Statistische Berichte Baden-Württemberg. Krankenhausstatistik Baden-Württemberg 2017.* Statistisches Landesamt.

SVR – Sachverständigenrat zur Begutachtung der Entwicklung im Gesundheitswesen. (2009). *Koordination und Integration. Gesundheitsversorgung in einer Gesellschaft des längeren Lebens. Sondergutachten 2009.* SVR.

UKHD/GUFFM – Universitätsklinikum Heidelberg, Abteilung Allgemeinmedizin und Versorgungsforschung; Goethe-Universität Frankfurt a. M., Institut für Allgemeinmedizin (Hrsg.). (2018). Evaluation der Hausarztzentrierten Versorgung (HZV) in Baden-Württemberg. Zusammenfassung der Ergebnisse – Ausgabe 2018.

Historische Aspekte des Alterns

Alt werden und am Alter kranken – Lust und Last des Alterns von der Antike bis in die Neuzeit

Wolfgang Eckart

Das Bild des Alterns in der modernen Gesellschaft ist heute nicht mehr ganz so einheitlich geprägt, wie es sich uns vielleicht noch vor wenigen Jahrzehnten präsentiert hat. Dem Jugend- und *Anti-Aging* Kult eines *Forever young* steht heute der Ruf nach Verbesserung der sozialen Existenz im Alter, nach Ermöglichung gewünscht langer Mobilität und Teilhabe an der Gesellschaft, nach guter Pflege und schmerzfreiem Sterben in Würde gegeüber. So scheint es zumindest. Oder ist auch dies ein Trugbild? Ist das Alter mit seinen vielfältigen Krankheiten doch Abstellgleis, gesellschaftlicher Sackbahnhof und von vielen als lästig empfundene Vorstufe nutzlos gewordener Existenz zum Tode hin? Vermutlich sind unsere Bilder vom Altern selbst in einer scheinbar homogenen Gesellschaft so vielfältig wie diese Gesellschaft selbst sich kulturell zu einer Gemeinschaft ihrer Glieder entwickelt hat, die sich von irrationalen Sehnsüchten nach Homogenität und Gleichförmigkeit in den letzten Jahrzehnten schnell unumkehrbar entfernt hat. Der Blick auf historische Schlaglichter des Alterns in Krankheit und Gesundheit, in geistiger und körperlicher Rüstigkeit aber auch in Gebrechlichkeit bis zur Demenz von der Antike bis heute zeigt, dass es diese Perspektivenvielfalt immer gegeben hat. Vermutlich wird es sie auch weiterhin geben. Entscheidend ist allerdings, wie unsere Perspektive auf Alter, Altern und Alterskranksein die Realität des Umgangs mit diesen Stadien menschlicher Existenz angesichts moderner Möglichkeiten der Medizin und bewusster Verantwortung eines sozialen Staates

W. Eckart (✉)
Institut für Ethik und Geschichte der Medizin, Universität Heidelberg, Heidelberg, Deutschland
E-mail: wolfgang.eckart@histmed.uni-heidelberg.de

© Der/die Autor(en) 2022
A. D. Ho et al. (Hrsg.), *Altern: Biologie und Chancen,* Schriften der Mathematisch-naturwissenschaftlichen Klasse 27,
https://doi.org/10.1007/978-3-658-34859-5_7

prägt. Auch hier lohnt der Blick in die Geschichte dieser Verhältnisse (Eckart, 2000).

Antike

„Wer keine Kraft zu einem sittlich guten und glückseligen Leben in sich selbst trägt, dem ist jedes Lebensalter eine Last; wer aber alles Gute von sich selbst verlangt, dem kann nichts, was das Naturgesetz zwangsläufig mit sich bringt, als ein Übel erscheinen. Dazu gehört in erster Linie das Alter; alle wünschen es zu erreichen; haben sie es dann erreicht, dann beklagen sie sich darüber; so inkonsequent und unlogisch sind sie, die Toren (Cicero, 1982, S. 23)."

Keinem Geringeren als Marcus Tullius Cicero (106–43), dem römischen Politiker, Redner und Philosophen des ersten Jahrhunderts vor Christus, verdanken wir diese Zeilen über die letzten Lebensjahre. Sie finden sich am Anfang des wohl 44 entstandenen Dialogs *Cato der Ältere über das Alter,* den Cicero schwer durch den Tod der geliebten Tochter Tullia getroffen, bedrückt aber auch bereits durch die „Last" des eigenen „Alters" (Cicero, 1982, S. 19.2) dem Freund Atticus und sich selbst als Trostschrift geschenkt hatte. Kritisch setzt sich der Römer mit den landläufigen Urteilen seiner Zeit über das Greisenalter auseinander. Dass dieses die Kraft der Jugend vermissen lasse, werde aufgewogen durch vorzüglichere Geisteskräfte; auch von einem Mangel an Sinneslust könne keine Rede sein, mürrisches, zänkisches Wesen und Geiz dürfe man nicht in Abhängigkeit vom Alter sehen, sondern müsse es dem Charakter zuschreiben.

Es ist wahr. In Ciceros idealisierendem Alterslob verliert der letzte Akt des Lebensschauspiels jeden bitteren Beigeschmack. Ruhe, Weisheit und Unabhängigkeit von den Tagesgeschäften („abstractus a rebus gerendis") bestimmen seinen Lauf. Aber Cicero beschreibt nicht, er entwickelt ein Ideal und gewährt damit zugleich einen Blick auf das wirkliche Leben, das eben so beschaffen nicht war, wie wir mit Blick auf den Ausspruch des römischen Komödiendichter Terenz (195/190–159) vom Alter als Krankheit („Senectus ipsa morbus") in seiner Kommödie „Phormio" (IV. Akt) vermuten dürfen (Terenz, 1837, S. 616). Auch die im ersten Jahrhundert nach Christus niedergeschriebene Klage des römischen Enzyklopädisten Cornelius Celsus (1. Jh. n. Chr.) lässt aufhorchen: Die doch so vielfältig entwickelte Heilkunde lasse gleichwohl nur wenige Leute das Greisenalter erreichen (Celsus, Praefatio, 5). Tatsächlich ist aus Altersangaben auf Grabsteinen des röm. Imperiums das dritte Lebensjahrzehnt als häufiges Sterbealter errechnet worden, und eine durchschnittliche Lebenserwartung in diesem

Bereich dürfte realistisch sein (Lexikon d. Alten Welt, 130). Mit dem dreißigsten Lebensjahr war bereits ein hohes Alter erreicht, mit dem vierzigsten die Grenze zum Greisenalter sicher überschritten. Wir wissen heute, daß es neben Tuberkulose und Gicht wohl vorwiegend Abnutzungserscheinungen des Bewegungsapparates waren, die dem alternden Menschen der Antike den Lebensabend verbitterten und mit stoischer Gelassenheit kaum zu ertragen waren. Knochenbefunde deuten darauf hin, daß mehr als 80 % der alten römischen Bevölkerung an degenerativen Erkrankungen der Knochen und Gelenke gelitten hat. Der römische Politiker und Redner, Plinius der Jüngere, er lebte um die Wende vom ersten zum zweiten Jahrhundert nach Christus in Rom und an der Südküste des Schwarzen Meeres, beschreibt den erbarmenswerten Zustand des gebrechlichen alten Domitius Tullus:

> „Verkrüppelt und deformiert an allen Gliedern, konnte er sich seines unermeßlichen Reichtums nur noch in der Betrachtung erfreuen; nicht einmal mehr das Herumdrehen im Bett war ihm ohne fremde Hilfe möglich. Auch mußte er sich die Zähne säubern und bürsten lassen - um nur ein elendes und bedauernswertes Detail herauszugreifen - und wenn er über die Erniedrigung seiner Gebrechlichkeit jammerte, so konnte man oft hören, dann soll er sich sogar vor seinen Sklaven erniedrigt haben" (Plinius, Ep. 8.18.9–10) (Jackson, 1988).

Auch die antike Medizin hat sich dem Alter und seinen Krankheiten zugewandt. Ihrem Hauptvertreter in römischer Zeit, dem ehemaligen Gladiatorenarzt Galenos von Pergamon (129–199), verdanken wir die Einordnung der Alterskrankheiten in das System der Qualitäten- und der Humoral- oder Säftepathologie, einer Krankheitslehre, die die ungleichgewichtige, schlechte Mischung der vier Elementarqualitäten (warm, feucht, kalt, trocken) und der Körpersäfte, insbesondere der vier Kardinalsäfte (Blut, Schleim, gelbe und schwarze Galle), für alle Krankheitszustände verantwortlich machte. Der Gesundheit hingegen, so nahm man an, liege eine gleichgewichtige, harmonische Mischung der Körpersäfte (Synkrasie, Eukrasie) zugrunde. Wie in einem Koordinatensystem konnten so alle möglichen Krankheiten nach den sie bestimmenden Mischungsverhältnissen erklärt werden.

Galenos von Pergamon sah im Alter einen vorwiegend kalten und trockenen Körperzustand (Galen/Kühn, 6, 357). Aus der Dominanz dieser Qualitäten ließen sich nicht nur die äußeren Erscheinungsmerkmale wie eine kalte, dunkle bis bläuliche Haut, sondern eben auch die Alterskrankheiten als Krankheiten der Trockenheit und der Kälte erklären: Apoplexia, Erschlaffung der Nerven, Stumpfsinn, Zittern und Krämpfe, Katarrh, Krankheiten der Luftröhre. Nahezu das ganze Blut schwinde den Greisen und mit ihm zusammen auch die rote Hautfarbe. Und

mehr noch, die ganze Verbrennung Verdauung und Durchblutung, Aufnahme-
fähigkeit, Ernährung und Appetit, Wahrnehmung und Bewegung, sie alle sind
aufs höchste beschädigt. „Was also", fragt Galen seine Leser am Schluss dieser Beschreibung, „ist das Greisenalter anderes als der Weg in den Untergang?
(Galen/Kühn, 1, 582)".

Wie sehr unterscheidet sich doch diese nüchterne Zustandsbeschreibung von
der idealisierenden Betrachtung Ciceros. Aber Galen beschreibt nicht nur, zeigt
nicht nur den Weg in den Untergang, sondern er liefert mit seiner Beschreibung der Alterskrankheiten gleichzeitig eine Anleitung, durch maßvolle Diät das
Altern und seine Krankheitserscheinungen zu mildern wenn nicht gar zu verhü-
ten. Der Greis muss seine gesamte Diät auf Wärme und Feuchtigkeit ausrichten.
Dazu gehören nicht nur Speise und Trank, sondern auch warme und feuchte Luft,
ein ausgeglichenes Verhältnis von Schlafen und Wachen, Ruhe und Bewegung,
Liebesleben und Enthaltsamkeit.

Der Altersbeschreibung Galens ergeht es wie dem Gesamtwerk dieses berühm-
testen römischen Arztes, sie bestimmt geradezu kanonisch das medizinische
Wissen der westlichen Welt vom Alter bis weit in die Neuzeit hinein. Wir werden
noch im 17. und 18. Jahrhundert auf sie stoßen.

Über eine institutionalisierte Altenpflege in der antiken Welt wissen wir nichts.
Alte und Gebrechliche dürften der häuslichen Pflege überantwortet gewesen sein.
Weder die griechischen Poleis noch der römische Staat haben Hospitäler für
Arme, Gebrechliche und Kranke geschaffen. Erst das Christentum brachte diese
neuartige Einrichtung, die sich zuerst in den byzantinischen Fremdenherbergen,
den Xenodochien, manifestierte, hervor. Dort, oder auch Klöstern angeschlos-
sen, finden sich häufig Gerokomeien (Gerokomeion, Altenheim), die für eine
überschaubare Anzahl von pflegebedürftigen Greisen eingerichtet wurden (Seidler & Leven, 2003, S. 78). Nächstenliebe und das Erbarmen mit den Leiden der
Armen, Gebrechlichen, Landfremden und Kranken nahmen einen zentralen Platz
im Leben der christlichen Hospitalgemeinschaften ein.

Mittelalter

In den Stiftungsurkunden dieser Einrichtungen, die sich seit dem 13. Jahrhundert in einer großen Gründungswelle über ganz Europa ausbreiteten, wurde fast
immer der Kreis der Aufzunehmenden klar umrissen, Arme, Bedürftige, Schwache und Sieche *(pauperes et egeni, debiles et infirmi)*. In eben dieser Gruppe dürfen
wir das Gros der alterskranken Stadtbewohner vermuten, die aufgrund schwacher
wirtschaftlicher Verhältnisse und/oder wegen des Verlustes familiärer Bindung

auf die fremde Pflege angewiesen waren. Sie fanden entweder als akut Bedürftige Aufnahme oder sie hatten sich bereits in früheren und besseren Jahren als Pfründner, das heißt als Dauerbewohner, ins Hospital eingekauft. Das Regiment der Spitalmeister war hart, aber man konnte auch, den wirtschaftlichen Verhältnissen des Spitals entsprechend, der körperlichen und geistlichen Hilfe an diesem Orte sicher sein. Ordensgemeinschaften, Bruderschaften, Selbstbewirtschaftung und schließlich auch die Städte trugen zur Sicherung des christlichen Hospitals im europäischen Mittelalter bei. Das mittelalterliche Hospital soll hier nicht idealisiert werden, es gab manche Missstände; festzuhalten bleibt aber doch, dass eben diese Institution, getragen vom kollektiven Glauben an die Ideale praktischer christlicher Nächstenliebe und ihrer gegenseitigen Versicherung, den alten und Gebrechlichen Hoffnungen auf Hilfe erlaubte und sie auch einlöste.

Wir dürfen uns aber nicht täuschen in der Bewertung des Alters in jener Zeit. Kriege, Hungersnöte, Pestwellen – besonders die der Jahre 1348 bis 1352, Naturkatastrophen und das ganze Notlagenspektrum des Hoch- und Spätmittelalters haben, wie es Peter Borscheid, 1987 in seiner *Geschichte des Alters* beschreibt (Borscheid, 1987), „die Altersgrenze gegenüber den vorangegangenen Jahrhunderten merklich nach vorn verschoben", die Gesellschaft hat sich an der Schwelle zur Neuzeit verjüngt, Jugendlichkeit ist zum erstrebenswerten Ideal geworden. Das Alter hingegen ist weiter denn je davon entfernt, Krönung des Lebens zu sein. Als höchstes Übel wird es lauthals beklagt, beschimpft, verflucht, der Tod von den Betroffenen Alten und den jüngeren Beobachtern der Misere sehnlich erwartet, und sei es um des erhofften und benötigten Erbteils willen. In großer Dichte weisen die literarischen Quellen des ausgehenden Mittelalters und der frühen Neuzeit darauf hin, dass der altersschwache, kranke Mensch seinen jüngeren Mitmenschen und sich selbst nicht mehr als geachtetes Mitglied der Gesellschaft, sondern eher als Last erscheint, so wie ihm selbst bereits „vater vnd muoter […] ein schware burd vnd grosse pein" (Borscheid, 1987) gewesen waren, wie es der Fastnachtsspielverfasser Pamphilius Gengenbach 1515 sieht.

Das Alter insgesamt scheint dem ausgehenden Mittelalter eine einzige Krankheit gewesen zu sein, was über den Erklärungsansatz Borscheids hinausgehend wohl auch damit zu tun hatte, dass gerade das durch vielerlei körperliche Bürden und Krankheiten belastete Greisenalter vor dem Hintergrund christlicher Heils- und Erlösungserwartung symbolhaft für das durch die Erbsünde erwirkte „Jammertal auf Erden" stand. In Holbeins berühmtem Totentanz hüpft vor einer alten Frau mit gebeugtem Rücken ein Skelett mit dem Hackbrett, und ein zweites Skelett holt die Knochenhand zum Gnadenstoß aus: „Melior est mors quam vita." „Besser ist der Tod als [dieses] Leben." Albrecht von Eyb antwortet in seinem Ehebüchlein, 1472 auf die Frage, was eigentlich ein Mensch, der alt werde, mehr habe gegenüber einem anderen, der früh sterbe: „Nichtz dann mer sorg, arbeit, verdrießen, schmertzen, kranckheit vnd sünde" (Borscheid, 1987). Kaum treffender hat dies der bereits erwähnte Gengenbach in seinem Fastnachtspiel *Die X Alter dyser Welt* 1515 zum Ausdruck gebracht. In zwei Strophen seines Spiels heißt es sarkastisch:

„Krachen mir dbein vnd trüfft mir dnaß	[…]
Mir gedenckt wol das es besser was	Eim bin toub dem andern blind
Muß erst am stecken leren gon	Pfü dich alter du schnöder wind
Das ist mir worlich vngewohn	Wie machst so manchen starcken man
Im lyb bin ich ouch nit gesundt	Das er muß an zwo krucken gan
In der kilchen bell ich wie ein hundt	Worlich du bist ein böser Gast
Der tüfel hats alter erdacht	All diser welt ain vberlast …
Das mich hat also ellend gmacht	Vnd bist so gantz veracht ich sprich
Vnd mir vßgfallen ist min hor	Es möchten seichen d'hund andich"
Vor zyt trug ich den kopff empor	(Gengenbach/Borscheid, 1515)

Vergleichsweise milde klingt es, wenn dem gegenüber der Humanist Desiderius Erasmus von Rotterdam in seiner an Thomas Morus gerichteten Schrift vom *Lob der Torheit* (1508) das erste mit dem zweiten Kindesalter, die Kindheit also mit dem Greisenalter, vergleicht:

„Die erste und die zweite Kindheit haben viel gemein: in beiden ist man klein von Statur, zahnlos, milchsüchtig und plapperhaft, vergeßlich, unbekümmert und hilflos. Mehr noch, der Greis reift in dem Maße, in dem er verkindlicht, bis er zuletzt aus der Welt gleitet und sich so wenig wie ein Säugling um die Schrecken von Leben und Tod bekümmert" (Desiderius Erasmus v. Rotterdam, 1508).

Die Zeit davor, auch dies weiß Erasmus, ist schwer, und ob es gelingt, sie zu durchstehen, hängt von den Ärzten und ihren Hilfsmitteln ab, lesen wir zehn Jahre später 1518:

„Eine schwere Last ist für den Menschen das Greisenalter, dem man ebensowenig entgehen kann wie dem Tod selbst. Aber es hängt viel von den ärztlichen Werken ab, ob diese Last schwerer oder leichter ist. Denn es ist kein Märchen, dass der Mensch durch die Hilfe der Quintessenz die Altersschwäche ablegen und dann, als hätte er eine Schlangenhaut abgestreift, wieder jung werden kann, wofür es viele Zeugen gibt" (Desiderius Erasmus v. Rotterdam, 1518).

Das Alter im Fokus neuzeitlicher Wissenschaft

Im 17. Jahrhundert setzt in ganz Europa eine intensive wissenschaftliche Beschäftigung mit dem Phänomen des Alterns, den Alterskrankheiten und dem Umgang mit ihnen ein. Viele gelehrte Abhandlungen entstehen und in den meisten lebt die antike Säftelehre und Diätetik des Galenos von Pergamon fort. Ein schönes Beispiel hierfür liefert uns der Wittenberger Arzt Daniel Sennert am Anfang des 17. Jahrhunderts. Sennert widmet 1620 den Greisen und ihrer Diät ein eigenes Kapitel seines großen medizinischen Lehrwerks. Die Nähe zu Galen ist noch unverkennbar, wenn wir etwa lesen:

> „Weil im Greisenalter der Körper tagtäglich mehr austrocknet und seine natürliche Wärme zu verbrauchen pflegt, darum müssen alle Greise generell darauf achten, die Feuchtigkeit zu erhalten und ihre Wärme, so viel wie möglich, zu bewahren. Daraus folgt, daß die gesamte Diät des Greisenalters auf Wärme und Feuchtigkeit ausgerichtet sein muß. Darum tut diesem Alter wärmere und feuchtere Luft gut, und wenn diese nicht von sich aus so beschaffen ist, dann muß man sich mühen und Rat einholen, wie Abhilfe zu schaffen ist, besonders im Herbst und im Winter, Jahreszeiten, die den Greisen am meisten abträglich sind. [...] Auch die Nahrung sei warm und feucht, von gutem Geschmack und leicht verdaulich. Hierzu gehören etwa gut gesäuertes und durchgebackenes Brot, Küken- und Hühnerfleisch, Kapaun, Kalb, Eier, usw. [...], Speisen also, die leicht verdaut werden, dem Körper zur guten und reichen Nahrung dienen und im Magen nicht so leicht verderben. Viele rechnen auch den Honig dazu, weil er den Greisen angenehm ist, erwärmt und zur Entschleimung bei Greisen besonders hilfreich ist" (Sennert, 1676).

Zu den Getränken der Greise bemerkt Sennert:

> „Wein wird geradezu als Milch der Greise bezeichnet. Trotzdem ist zu beachten, daß nicht gleich soviel davon genossen werde, daß seine Wärme die Feuchtigkeit zu schnell mindert oder den Kopf angreift oder Flüsse provoziert. Auswählen muß man einen Wein von natürlicher Wärme, zart und weich muß er sein, von gutem Geschmack, mittlerem Alter und rotfunkelnder oder goldgelber Farbe. Die Herben aber, die Verstopfungen machen oder eine zusamenziehende Kraft haben oder zur Harnverhaltung führen, sind für Greise nichts. Auch weil sie im Greisenalter zu den meisten Krankheiten beitragen, so etwa zum Gelenkschmerz, zu den Flüssen, Blasen- und Nierensteinen, zum tropfenden Harn [zur Prostatavergrößerung also] und zu vielen anderen Krankheiten, darum muß man solche Weine meiden" (Sennert, 1676).

Dass Wein, vornehmlich der mäßige „Gebrauch alter Weine", im Alter von großem Nutzen sei, ist eine Auffassung, die sich in der medizinischen Literatur bis ans Ende des 18. Jahrhunderts häufiger findet. So heißt es in einer

„Medizinischen Praxis" 1783 noch: „Freie Luft, Bewegung, leichte und nährende Nahrungsmittel, mäßiger Gebrauch alter Weine und Munterkeit des Geistes
können dem Tode oft lange vorbeugen" (Selle, 1783, S. 96).

Die wohl erste wissenschaftliche Monographie zur Medizin der Greise, zur
Gerocomic oder Greisenbegleitung, auch dieser Begriff ist bereits von Galen
geprägt, hat 1724 der englische Arzt Sir John Floyer (1649–1734) verfasst: Seine
Medicina Gerocomica, or the Galenic Art of Preserving old men's Health führt
uns das gesamte Spektrum der Alterskrankheiten jener Zeit vor Augen. Wie der
Titel sagt, hält Floyer sich an die Galensche Gerokomie, die er zu einer prak-
tischen Diätetik und Therapie des Alters und seiner Erkrankungen entwickelt.
Von der Grundidee Galens weicht er insofern ab, als er den Greis an Hitze und
Feuchtigkeit leiden lässt. Bei Floyer kommt jedem Greis eine bestimmte Konstitution zu, ihre charakteristischen Säfte, deren schlechte Zusammensetzung, die
Kakochymie, alle Krankheiten verursacht. Floyer zählt folgende Erscheinungen
zu den typischen Alterskrankheiten: mühsame Atmung, Husten, Harnverhaltung
und schmerzhaftes Wasserlassen, Nierenschmerzen, rheumatische Pein der Glieder, Dysenterie, Augenfließen, Apoplexie und Schwäche des Sehens und Hörens
(Müller, 1966, S. 9).

In der Behandlung und Vorbeugung der Greisenkrankheiten stützt sich Floyer
wesentlich auf die Diät. So ordnet er alle Speisen ihren Qualitäten entsprechend,
der heißen oder kalten Konstitution zu und empfiehlt oder verwirft sie vor diesem Hintergrund. Auch Öle kommen zur Anwendung, die eingerieben die Haut
weich erhalten und übermäßige Transpiration verhindern sollen. Was die innerli-
che Medikation anbetrifft, so gelangen allerdings die merkwürdigsten Stoffe zur
Anwendung: so etwa der Herzknochen des Hirsches, pulverisiert und in Alko-
hol gelöst, mit Wasser genommen, gegen rheumatische Schmerzen, Skorpionöl,
Kochsud von Schnecken und Krebsen mit Milch vermischt, ein Milchgetränk aus
Pferdemist zur Anregung der Perspiration; um abzuführen wird Kuhurin getrun-
ken (Müller, 1966, S. 9). Wohl bekomms, mag man wünschen, jeder Zeit ihre
Heilmittel!

Im ersten Band von *Zedlers vollständigem Universal Lexicon*, dem wohl
umfangreichsten enzyklopädischen Werk vor Denis Diderots und Jean Baptiste
d'Alemberts *Encyclopédie ou Dictionaire Raisonné*, stoßen wir 1732 in der
Wiedergabe eines volkstümlichen Altersversleins auf ein uns bereits bekanntes
Alters-Vorurteil: - „Zehen jahr ein Kind; zwantzig ein Jüngling; dreißig ein Mann;
viertzig wohl gethan; fünftzig stille stahn; sechszig gehts Alter an; siebentzig Jahr
ein Greis; achtzig Jahre nimmer weis; neuntzig Jahr der Kinder Spott; hundert
Jahr genade Gott" (zit. Nach Zedler, 1732, S. 699). - Gleichzeitig wird aber
auch gefordert, dass endlich „die Medici die Ursachen zu untersuchen" hätten,

die zu den mehr als bekannten Altersveränderungen- und -krankheiten führten (Zedler, 1732, 1554). Neben dem bereits erwähnten Engländer Floyer, hat sich auch Gerhard van Swieten, Leibarzt der Kaiserin Maria Theresia und Begründer der Wiener Schule der klinischen Medizin, für den Prozeß des Alterns, die Alterskrankheiten und ihre Verhütung interessiert. In seiner akademischen Rede über die Gesunderhaltung der Alten *(Oratio de senum valetudine tuenda)* vom 11. April 1763 vergleicht er das Altern mit dem allmählichen Verlöschen einer Flamme, deren Nahrung aufgezehrt ist. Interessant sind seine pathogenetischen Vorstellungen vom Alterungsprozeß, den er als Folge einer stetigen Gefäßverengung deutet: „Sobald nämlich durch ein langes Leben die dickwandigen Gefäße unseres Körpers sich verengen, hören fast alle Funktionen auf oder nehmen ab, die Sinne werden stumpf, das Gedächtnis wird unsicher" (Müller, 1966, S. 13). Zu den charakteristischen Altersveränderungen zählt er die „allgemeine Steifigkeit des Körpers" und den Schwund der Zwischenwirbelscheiben, „wobei das Rückgrat sich vornüber krümmt und die Greise klein und bucklig werden" (Müller, 1966, S. 13). Sicher dürfte es sich bei vielen dieser Fälle um Gelenk- und Muskelerkrankungen des rheumatischen Formenkreises gehandelt haben, unter ihnen wohl auch die gefürchtete chronisch-entzündliche Wirbelsäulenerkrankung, die wir heute unter dem Namen Bechterewsche Krankheit kennen, van Swieten aber noch nicht bekannt war. Bereits 1732 heißt es in *Zedlers Universal Lexicon* zur Prognose von Gelenkentzündungen, Zipperlein und Reißen der Glieder:

> „Was endlich den Ausgang dieser Kranckheit betrifft, so ist zu mercken, daß sie sich zuweilen völlig curiren lässet, offtermahls aber in eine andere Kranckheit verwandelt, und gemeiniglich zur Contractur wird, da das Gelencke gantz und gar zusammen wächset. Dergleichen Contractur ist zuweilen Particularis, wenn z. B. [nur] der Finger steiff bleibt, zuweilen aber auch Vniversalis: Also war vor einigen Jahren in Leipzig eine Frau, die [...] ganz zusammen wuchs, das Kinn stund auf der Brust, die Hände waren eben daselbst gantz zusammen gewachsen, die Beine aber hinten an Arsch" (Zedler, 1732, S. 1709).

In der Therapie der Alterskrankheiten ist auch van Swieten noch ganz traditionell: Man soll versuchen, die „Trockenheit und Steifheit der Körperteile zu verbessern" und die „schleimigen, zähen und kalten Flüssigkeiten zu verringern und zu vertreiben", Bäder und Massagen werden empfohlen, und wie bereits für den Wittenberger Sennert so ist auch für van Swieten, der Wein die Milch der Greise, „aber die Becher müssen klein sein"(Müller, 1966, S. 14).

In der Mitte des 18. Jahrhunderts scheint sich die Auffassung von einer Veränderung der Gefäße als einer typischen Alterserscheinung und als Ursache für viele Alterskrankheiten durchgesetzt zu haben. Wir stoßen bei vielen Autoren auf sie, so etwa auch bei Johann Bernhard Fischer, Leibarzt der Zarin Anna Iwanowa und Iwans III.; Fischer, der sich 1754 zuerst über den Greis und seine Krankheiten geäußert hat (Fischer, 1754), sieht im Alter häufig aber auch die Apoplexie, den Schlagfluß, von dem man seit dem 17. Jahrhundert vermutete, dass er seinen Ursprung im Gehirn habe. Konkrete Vorstellungen von der Ursache der Krankheit hatten die cartesianisch und damit mechanistisch orientierten Ärzte jener Zeit. Sie meinten beweisen zu können, „daß bey diesem Zufall die Pori des Gehirns übel gebildet und verstopffet wären, oder solcher vom Schleime und dem Geblüte, so die Pulß-Adern starck ausdehnete, und das Gehirn druckte, herkäme (Zedler, 1732, S. 908). Zu den Prodromen des Hirnschlags heißt es:

> „Die Vorläufer dieser Kranckheit pflegen zu seyn Kopff-Schmertzen, Betäubung, Schwindel, Trägheit, Knirschen der Zähne im Schlaf, Ueberfluß des Schleims aus der Nasen und des Speichels, Klingeln der Ohren, Mattigkeit, betrübtes und trauriges Gesicht, Schütteln der Glieder, sonderlich derer Lippen, zitternde Rede ec. Die Drüsen des Halses beginnen zu schwellen, das Gedächtniß nimmt ab, die Augen lauffen von sich selbst über, die Rede fället langsam und Beschwerlich, der Mund wird auf diese oder jene Seite gezogen, Arm und Fuß erstarren, und die äussersten Theile derer Glieder erkalten" (Zedler, 1732, S. 909).

Therapeutisch ging man nicht zimperlich mit solch geplagten Patienten um. Aderlässe, bei denen zwischen 30 und 60 Unzen Blut flossen, was heute etwa dreiviertel bis eineinhalb Litern entsprechen würde, waren bis ins hohe Alter durchaus nicht unüblich (Zedler, 1732, S. 909).

Zwei Ärzte ragen im 18. Jahrhundert deutlich aus der Gruppe der Altersforscher heraus: Der Pathologische Anatom Giovanni Battista Morgagni (1682–1771) und Christoph Wilhelm Hufeland, Leibarzt am Weimarer Hof, Vertrauter und Arzt von Wieland, Herder, Goethe und Schiller. Morgagni hat sich besonders der Pathologie des Alterns gewidmet. Seine Beschreibung der Apoplexie als „Erguß des Blutes oder der serösen Flüssigkeiten ins Gehirn" aufgrund einer Zerreißung der Gefäße, der arteriosklerotischen Veränderungen an den großen Gefäßen, der Aneurismen, der senilen Lungenerkrankungen, des Knochenschwundes im Alter, der hornigen Alterswucherungen auf der Oberhaut, der Altersaugenerkankungen oder der senilen Prostatawucherungen sind allesamt klassisch (Müller, 1966, S. 22–29).

Christoph Wilhelm Hufeland hat sich wie kein anderer seiner Zeitgenossen um die Lebensqualität des alten Menschen bemüht. 1797 erschien seine Abhandlung über *Die Kunst das menschliche Leben zu verlängern,* in den späteren Auflagen als *Macrobiotik* betitelt. Das Werk stellt im Grunde nichts anderes dar als eine systematische Diätetik, wie sie seit Lodovico Cornaros *Tratto della vita sobria*

(Padua, 1558) bekannt und häufig rezipiert ist. Hufeland gelingt es aber, den Stoff zeitgemäß neu zu verarbeiten und in einer publikumswirksamen Synthese aus Rationalismus und Idealismus zu präsentieren. In der Vorrede heißt es – etwas umständlich: „Das menschliche Leben ist, physisch betrachtet, eine eigenthümliche animalisch = chemische Operation, eine Erscheinung, durch die Concurrenz vereinigter Naturkräfte und immer wechselnder Materien bewirkt; diese Operation muß, so wie jede andere physische, ihre bestimmten Gesetze, Grenzen und Dauer haben, in so fern sie von dem Maaße der verliehenen Kräfte und Materie, ihrer Verwendung, und manchen andern äussern und innern Umständen abhängt". Die Medizin soll sich vor diesem Hintergrund als lebensverlängernde Medizin, als Macrobiotik, betätigen und somit „Kunst das Leben zu verlängern" sein. Hufelands Macrobiotik, die hier nicht in ihren Einzelheiten dargestellt werden kann, ist in vielen Neuauflagen verfügbar und als Lebensregime auch heute noch ohne jede Einschränkung jungen und alten Menschen zu empfehlen (Hufeland, 1797, S. iii-iv).

Ewiges Leben – Der Traum vom Jungbrunnen

Neben den seriösen Bemühungen der akademischen Medizin, im Rahmen einer *ars gerocomice*, einer Kunst der Altersbegleitung, die wir heute Geriatrie nennen, die besonderen Beschwernisse und Krankheiten des Alters zu erklären, ihnen vorzubeugen und ihnen – wo möglich – entgegenzutreten, gab es wohl immer auch weniger seriöse Versuche, diesem Ziel näherzukommen. Allerlei seltsame Methoden wurden zu diesem Zweck vorgeschlagen. Wir erinnern uns an die Erfahrung des Erasmus von Rotterdam, dass es mit gewissen Wundermitteln, Theriaca und Quintessenzen nachweislich gelingen könne, „die Altersschwäche ablegen und dann, als hätte [man] eine Schlangenhaut abgestreift, wieder jung" zu werden.

Selbst Thomas Sydenham, der berühmte englische Internist des 18. Jahrhunderts, pries in dieser Hinsicht durchaus ungewöhnliche Methoden. In seinen medizinischen Werken lesen wir 1786 den ernstgemeinten Bericht: „Wenn ich durch meine Mittel nichts ausgerichtet habe, ließ ich junge, frische, gesunde Jünglinge mit sehr schwachen, langliegenden Kranken in einem Bette liegen, wodurch der Kranke sehr gestärket wurde. Es ist leicht zu begreifen, daß aus einem gesunden und kräftigen Körper eine Menge guter Ausdünstungen von dem erschöpften Leibe eingesogen werden. Ich habe auch nie erfahren, daß eine Auflegung aufgewärmter Leintücher dieses hätten bewirken können. Ich schäme mich nicht, dieses Mittel hier anzuführen, obwohl einige Aufgeblasene, welche alles mit gerunzelter Stirne betrachten, mich vielleicht wegen diesem verachten werden. Aber man muß das Heil des Nächsten solchen eitlen Meinungen weit vorziehen (Sydenham, 1787). Sydenham war durchaus kein Einzelfall. Auch der bereits zu Wort gekommene Christoph Wilhelm Hufeland war dieser Methode keineswegs abhold, wie er 1798 schrieb: „Eine sonderbare Methode, das Leben im Alter zu verlängern, ist die Gerocomic, die Gewohnheit, einen alten, abgelebten Körper durch die nahe Atmosphäre frischer aufblühender Jugend zu verjüngen und zu erhalten. Das bekannteste Beyspiel davon enthält die Geschichte des König David. Selbst in neuern Zeiten ist dieser Rath mit Nutzen befolgt worden" (Hufeland, 1798). Befremdlich mutet heute auch der wohl nicht ohne Schmunzeln verfasste Traktat des erzbischöflichen Leibarztes zu Münster, Johann Heinrich Cohausen, an. Mit Blick auf den Athenischen Komödienschreiber Hermippos, hatte Cohausen schon 1753 eine *Curioese Physikalisch-Medizinische Abhandlung von der seltsamen Art sein Leben durch das Anhauchen junger Mägdchen bis auf 115 Jahr* [und 5 Tage] *zu verlängern* verfaßt.

Vorstellungen solcher Art, die sicherlich auf ein breites Interesse des Publikums gestoßen sein dürften, fanden indessen auch ihre Kritiker. So heißt es in J. D. Krügers *Naturlehre* 1765: „Wie lächerlich sind nicht die Bemühungen, durch gewisse Medicamente in den Stand gesetzt zu werden, so lange zu leben, als es einem beliebt? So ungereimt solches ist: von so vielen wird es geglaubt. Aber wer glaubt nicht gerne, was man wünscht" (Krüger, 1777). Zu der durchaus lebensgefährlichen Überlegung, Verjüngung durch Blutübertragungen zu erreichen, bemerkt Krüger 1777:

> „Nachdem man sah, daß alte Thiere durch die Transfusion von Blut junger Thiere, ganz munter, und so zu sagen, jung wurden, hat man es dabey nicht gelassen, sondern selbst mit den Menschen dergleichen Experimente vorgenommen. Allein die angestellten Proben hatten nicht einerley Erfolg; weshalb eine solche Art zu curiren nicht beybehalten wurde" (Krüger, 1777).

Der Brownianist Melchior Adam Weikard schließlich empfahl 1798 den Greisen seiner Zeit klimatische Veränderungen, die uns noch heute keineswegs fremd erscheinen: „Wer es kann, der halte sich im Alter in einem wärmeren Clima auf" (Weikart, 1798). Heute fliegt man im Alter nach Mallorca, Gran Canaria und Teneriffa, überwintert dort und trinkt feurige Südweine, um der Kälte, die dem Greisenalter seit der Antike so schädlich sein soll, zu entgehen und zu widerstehen.

Alterskrankheiten heute

Wo stehen wir heute im Problemfeld der Alterskrankheiten? Was überhaupt sind Alterskrankheiten für die naturwissenschaftliche Medizin des ausgehenden 20. Jahrhunderts? Der Heidelberger Pathologe Wilhelm Doerr ist in seiner bemerkenswerten Arbeit über „Altern – Schicksal oder Krankheit? Einmal der Frage nachgegangen, ob es sich beim „Altern" um „Schicksal oder Krankheit" handle (Doerr, 1983, S. 147–165) Doerrs Antwort war präzise aber auch mehrgestaltig. Es komme auf den Standpunkt an. Aus der Sicht der modernen Naturwissenschaften, insonderheit aus den Energiegesetzen der Physik, ist ihm „Krankwerden und Altern, Krankheit und hohes Alter gleichwertig". Für den Arzt hingegen seien andere Maxime vorrangig. Hier müsse man „harmonisches und nicht-harmonisches Altern auseinanderhalten. Am Ende des ersteren", so Doerr,

„steht der reine Alterstod. Diese Menschen sterben gar nicht, sie hören nur auf zu leben. [...] Dagegen füllen diejenigen Mitmenschen, die das Schicksal einer disharmonischen Alterung erleiden, unsere Siechenheime und Krankenhäuser. Hier kann Alterung Krankheit und echtes Leiden bedeuten" (Doerr, 1983, S. 160–161).

Das *disharmonische Altern* als Folge dissoziierter Funktionsabnahme wichtiger Organe bestimmt den Krankheitswert des Alters, macht Alter als Krankheit durch das Sprechen der Organe leidend erfahrbar, um eine klassische Gesundheitsdefinition des französischen Klinikers François Xavier Bichat in eine Krankheitsdefinition umzukehren. Erst so wird das Alter zur Krankheit schlechthin. Wir erinnern uns an Terenz: „Senectus ipsa morbus".

Konkret kreist die Debatte der Pathologen, so Doerr, um zwei große Befundgruppen, die Veränderungen der Gehirn- und Herzmuskelzellen und die des Bindegewebes (Doerr, 1983, S. 150), und diesen großen Gruppen entstammen auch die „primären Alterskrankheiten", die wir noch um den Altersdiabetes, der seine Ursache in der Erschöpfung des Inselzellapparates der Bauchspeicheldrüse hat, und das Prostataadenom und Karzinom des alternden Mannes ergänzen müssen. Bestimmt wird das Bild indessen durch die Arthrosen der Gelenke als Ausdruck degenerativer Veränderungen an Sehnen, Knorpel und Knochen sowie die psychiatrischen Krankheiten (Alterspsychosen), die durch atrophische Veränderungen des Gehirns verursacht werden, unter ihnen auch die gefürchtete Alzheimer-Krankheit mit ihrem fortschreitenden Sprach- und Persönlichkeitszerfall bis hin zur Demenz.

Daneben sehen wir Organfunktionsstörungen im Alter, die nicht Ausdruck des Alterns an sich sind, sondern durch krankhafte Prozesse hervorgerufen werden.

Es handelt sich bei ihnen um chronische Krankheiten, die das Altern begleiten. Zu ihnen zählen zum Beispiel die chronische Bronchitis und die durch zunehmende Arteriosklerose hervorgerufenen Erkrankungen wie Zerebralsklerose und Altershochdruck. Sie wiederum sind von solchen Krankheiten im Alter zu unterscheiden, die prinzipiell in jedem Lebensalter in Erscheinung treten können, beim alternden Menschen aber anders verlaufen, häufig schwerer, bisweilen aber auch verlangsamt. So zeigen etwa Infektionen im Alter häufig einen fulminanteren Verlauf, wie zum Beispiel die Alterstuberkulose, die oft tödlich endet. Andere verlaufen dagegen langsamer, auch leichter, zum Beispiel Erkrankungen des Knochenmarks oder bösartige Tumoren. Alle drei Typen der Alterskrankheiten treten voneinander unabhängig, oft aber gleichzeitig auf. Das führt zu einer zunehmenden Erkrankungshäufigkeit im Alter, aber auch zur Multimorbidität, zur Zunahme der Erkrankungen bei ein und demselben Menschen.

Bedingt durch die zunehmende Lebenserwartung, treten heute in den hochentwickelten Gesellschaften vermehrt solche Erkrankungen im höheren Alter auf, die eine lange Latenzzeit haben, so etwa bösartige Erkrankungen wie Krebs. Alterskrebs ist daher auch im strengen Sinne keine Alterskrankheit, sondern er wird aufgrund unserer höheren Lebenserwartung erlebt. – Häufige Erkrankungen im Alter mit tödlichem Ausgang sind Herz- und Kreislauferkrankungen, entzündliche Veränderungen des Bronchialsystems, bösartige Tumoren und schließlich Erkrankungen der Nieren (Brockhaus, 1986; Lang, 1981; Schneider, 1982; Dahm, 1985).

Eine Problemgruppe besonderer Art, gerade auch im Hinblick auf ihre Alterskrankheiten, stellen unsere alten Migranten, die sich am Ende ihrer Berufstätigkeit aus den verschiedensten Gründen für das Bleiben in der Bundesrepublik, ihrem zweiten Heimatland entschieden haben. Ihr häufig schlechter Gesundheitszustand im Alter erklärt sich nicht allein durch die meist überdurchschnittlich gesundheitsschädlichen Arbeitsbedingungen im früheren Erwerbsleben, eine oft prekäre soziale und materielle Lage; hinzu treten auch allgemein belastende Momente der Migration, wie Familientrennung, Entwurzelung und Entfremdung vom Herkunftsland, Isolation in der ethnischen Enklave und nicht zuletzt die Bedrohung durch ausländerfeindliche Gewalttäter auf dem Nährboden eines ausländerfeindlichen Klimas. Gravierend an dieser schlechten Ausgangssituation ist, daß auch die Möglichkeiten der Krankenbehandlung schon aus sprachlichen Gründen, vielfach aber auch durch ethnozentristische Verhaltensmuster des Heilpersonals (Schweppe, 1994, S. 20–21) nicht gerade erleichtert werden.

Das Bild des alten und kranken Menschen in der Gesellschaft

Das Bild des alten Menschen ist in unserer Gesellschaft immer noch weitgehend negativ gezeichnet. Unzulässige Verallgemeinerungen herrschen vor. Im Wesentlichen ist unser Altersbild durch Feststellungen von Abhängigkeit, Hilfsbedürftigkeit und Vereinsamung geprägt. Unsere Alten sind aber keineswegs durchweg krank, ,altersblödsinnig', bewegungsunfähig und pflegebedürftig. Viele von ihnen fühlen sich durchaus leistungsfähig und leistungsbereit, sie werden aber von der Gesellschaft mit anderen Erwartungen konfrontiert. Nach Erkenntnissen der Psychologie beeinflusst das Fremdbild, das Bild, das andere von einem haben, das Selbstbild und Selbsterleben in hohem Maße und bestimmt das Verhalten" Heinz, 1980, S. 36). Ein wahrer Teufelskreis, den zu durchbrechen ärztliche und gesamtgesellschaftliche Aufgabe ist. *„Alt werden und am Alter kranken – Lust und Last des Alterns"*, lautete die Vortragsaufgabe und wir haben einen weiten Bogen gespannt, der uns von der Antike bis in unsere Tage geführt hat. Es scheint mir, dass trotz wechselnder medizinischer Theorien und Praktiken, trotz unterschiedlichster gesellschaftlicher Bedingungen in ihren jeweiligen historischen Zusammenhängen das Bild des Alterns und der Alterskrankheiten eine erstaunlich hohe historische Konstanz aufweist. Sicher hat uns die moderne naturwissenschaftliche Medizin eine Vielzahl neuester Erkenntnismöglichkeiten auch auf dem Feld der Alterskrankheiten offeriert und auch gezeigt, dass eine Vielzahl der Krankheiten im Alter erfolgreich behandelt werden können. Das Altern an sich aber und damit auch die primären Alterskrankheiten im strengen Sinne wird sie vorerst wohl nicht verhindern können; und wir müssen uns fragen, ob wir darüber wirklich unglücklich sein sollten. Unabhängig von allen Zukunftsvisionen liegen unsere Aufgaben im hier und jetzt. Ärztinnen und Ärzte aber auch die Gesellschaft sind aufgerufen, auch das Greisenalter als letzten Akt des Lebens, wie ihn Cicero nennt, nach ihren Kräften lebenswert und würdig zu gestalten und so die Voraussetzung für ein Mehr an geistiger und körperlicher Altersgesundheit zu schaffen. Es ist unsere Aufgabe, die durch moderne Medizin und Pflege „gewonnenen Jahre", wie es Paul Imhof einmal genannt hat, auch zu lustvoll lebens- und erlebenswerten Jahren zu gestalten. Wahrlich keine leichte Aufgabe, nicht für uns Ärzte, nicht für unsere Gesundheits- und Sozialpolitiker, nicht für die Gesellschaft und nicht zuletzt für die Alten selbst.

Wir haben mit Trostworten des Staatsmannes und Philosophen Cicero begonnen und dürfen uns ihnen getrost auch am Ende anvertrauen, wenn dieser, unabhängig von der Sterblichkeit oder Unsterblichkeit der menschlichen Seele meint:

138   W. Eckart

„Sei es drum", [...] es ist allemal „doch für den Menschen wünschenswert, daß sein Lebenslicht, wenn es an der Zeit ist, ausgeblasen wird. Denn die Natur hat, wie allem anderen, so auch dem Leben ein Maß bestimmt. Das Greisenalter aber ist, wie bei einem Schauspiel, des Lebens letzter Akt. Hier erschöpft auf der Strecke zu bleiben, hier schlappzumachen, sollten wir vermeiden, und dies besonders, wenn dieser Schlussakt sich mit Zufriedenheit verbindet", wenn wir auf ein erfülltes Leben zurückblicken dürfen (Cicero, 119).

Literatur

Borscheid, P. (1987). *Geschichte des Alters. 16.–18. Jahrhundert.* Coppenrath Verlag.
Brockhaus Enzyklopädie. (1986). 1, S. 438–439. Brockhaus Verlag.
Celsus, A. C. (1967). *Über die Arzneiwissenschaft in acht Büchern* (2. Aufl.) Brauschweig, Faksimile. Vieweg Verlag (Erstveröffentlichung 1906).
Cicero, M. T. (1982). *Cato maior de senectute - Cato der Ältere über das Alter* (S. 23). Mit Einleitung, Übersetzung und Anmerkungen herausgegeben von Max Faltner.
Dahm, A. (1985). *Psychiatrische und neurologische Erkrankungen im Alter.* Brockhaus Enzyklopädie, Brockhaus.
Erasmus, D., & von Rotterdam. (1943). *Moriae Encomium or the Praise of Folly* (S. 22). The Heritage Press.
Desiderius Erasmus. (1960). *Declamatio Erasmi Rotterodami in laudem artis medicae, 1518.* Benutzt wurde der faksimilierte und übersetzte Neudruck 1960, Declamatio [...] – Vortrag des Erasmus von Rotterdam zum Lobe der ärztlichen Kunst, Übersetzt von Eduard Bornemann (Erstveröffentlichung 1518).
Doerr, W. (1983). *Altern - Schicksal oder Krankheit? = Sitzungsberichte der Heidelberger Akademie der Wissenschaften, Mathematisch-naturwissenschaftliche Klasse, Jahrgang 1983, 4. Abhandlung* (S. 147–165). Springer.
Eckart, W. U. (2000) Lust oder Last? - Alterskrankheit und Altersgesundheit in historischer Perspektive. *Zeitschrift für Gerontologie und Geriatrie, 33*(1), I/71–I/78.
Fischer, J. B. (1754). *De senio eiusque gradibus et morbis.* Deutsch Übersetzung: Abhandlung von dem hohen Alter des Menschen, den Stufen, Krankheiten desselben und den Mitteln zu demselben zu gelangen, 1777.
Galenus. (1965). *Claudii Galeni opera omnia, curavit C. G. Kühn.* Kühn. (Erstveröffentlichung 1821–1833)
Gengenbach, P. (1987). Die X Alter dyser Welt (1515), zitiert nach Borscheid, Geschichte des Alters. 16.–18. Jahrhundert (S. 13).
Heinz, M. (1980). Alter Mensch. *Fachlexikon der sozialen Arbeit* (S. 35–36). Nomos.
Hufeland, C. W. (1797). *Die Kunst das menschliche Leben zu verlängern* (S. iii–iv). Georg Reimer.
Hufeland, C. W. (1798). *Die Kunst das menschliche Leben zu verlängern* (Bd. 2). Georg Reimer.
Jackson, R. (1988). *Doctors and diseases in the Roman empire* (S. 176). Univ. of Oklahoma Press.
Krüger, J. D. (1777). *Naturlehre.* Carl Hermann Hemmerde (Erstveröffentlichung 1765).

Lang, E. (1981). *Geriatrie. Grundlagen für die Praxis*. Fischer.

Lexikon der alten Welt. (1965). *Artemis*.

Müller, K. (1966). *Die Entwicklung der Geriatrie im 18. Jahrhundert (= Zürcher medizinge-schichtliche Abhandlungen, Neue Reihe 28)* (S. 8). Juris.

Plinius, Ep. (8, 18.9–10). „Quippe omnibus membris extortus et fractus, tantas opes solis oculis obibat, ac ne in lectulo quidem nisi ab aliis movebatur; quin etiam – foedum mise-randumque dictu - dentes lavandos fricandosque praebebat. Auditum frequenter ex ipso, cum quereretur de contumeliis debilitatis suae, digitos se servorum suorum cotidie linge-re". http://www.perseus.tufts.edu/hopper/text?doc=Perseus%3Atext%3A1999.02.0139% 3Abook%3D8%3Aletter%3D18%3Asection%3D9. Zugegriffen: 3. Jul. 2020.

Schneider, J. (1982). *Geriatrie für die Praxis*. Schattauer.

Schweppe, C. (1994), Die Lebenssituation von alten ArbeitsmigrantInnen – Eine erste Bilanz. In *Sozialmagazin – Zeitschrift für soziale Arbeit, 19* (S. 16–25, 20–21).

Seidler, E., & Leven, K. H. (2003). *Geschichte der Medizin und der Krankenpflege* (7. Aufl.). Kohlhammer.

Sennert, D. (1676). De Diaeta Senum. In *Institutionum medicinae libri V, 1620*. Zitiert nach: Opera omnia, Lyon (Bd. 1, S. 645–646) (Erstveröffentlichung 1620).

Selle, C. G. (1783). *Medicina Clinica oder Handbuch der medicinischen Praxis*, Berlin: „*Freie Luft, Bewegung, leichte und nährende Nahrungsmittel, mäßiger Gebrauch alter Weine und Munterkeit des Geistes können dem Tode oft lange vorbeugen*". Himburg.

Sydenham, T. (1787). *Medizinische Werke* (Bd. 1–2). Hörling (Erstveröffentlichung 1786).

Terentius, P. (1837). *Publii Terentii Carthaginiensis Afr Commoediae sex*. Riegel & Wiesner.

Weikart, M. A. (1798). *Medizinisch-practkisches Handbuch* (Bd. 3). Class.

Zedler, J. H. (1731–1754). *Grosses vollständiges Universal-Lexicon Aller Wissenschaften und Künste* (Bd. 1–64). Zedler.

Altern und Altersvorsorge in einer frühen Hochkultur

Stefan M. Maul

Die Inschrift auf einer Stele, die im 6. Jh. vor unserer Zeit von einer assyrischen Prinzessin errichtet wurde, versetzt uns noch heute in Staunen. In babylonischer Sprache, niedergeschrieben in der Keilschrift, dem ältesten Schriftsystem der Menschheitsgeschichte, berichtet dort eine assyrische Prinzessin[1] über ihr Leben:

> „Aus Liebe zu mir, die ich seine Gottheit verehrte, (...) erhöhte Sin, der König der Götter, mein Haupt und verlieh mir einen guten Namen im Lande. Lange Tage, Jahre voll Herzensfreude gab er mir. Von der Zeit des Assurbanipal,[2] des Königs von Assyrien, bis zum 9. Jahr des Nabonid,[3] des Königs von Babylon, meines leiblichen Sohnes, hielt mich Sin, der König der Götter, 104 gütige Jahre lang am Leben in der Ehrfurcht, die er mir ins Herz legte. Der Blick meiner Augen war hell, außergewöhnlich gut mein Gehör, Hände und Füße waren gesund, erlesen meine Worte. Essen und Trinken schmeckte mir, meine Gesundheit war gut und froh mein Herz. Meine Urenkel – gesund bis in die vierte Generation – erlebte ich, während ich (mein) Lebensalter genoß."[4]

---

[1] Zu der assyrischen Prinzessin mit dem Namen Adad-guppi siehe Schaudig (2001, S. 14).

[2] Assurbanipal, König von Assyrien, regierte in den Jahren 669–631 v. Chr.

[3] Nabonid regierte als babylonischer König in den Jahren 556–539 v. Chr.

[4] Adad-guppi-Inschrift, Kolumne II:22–34 (zitiert nach Hecker 1988, S. 482–483; siehe auch Schaudig 2001, S. 500–513).

S. M. Maul (✉)
Seminar für Sprachen und Kulturen des Vorderen Orients/Assyriologie, Universität Heidelberg, Heidelberg, Deutschland
E-mail: stefan.maul@ori.uni-heidelberg.de

© Der/die Autor(en) 2022
A. D. Ho et al. (Hrsg.), *Altern: Biologie und Chancen,* Schriften der Mathematisch-naturwissenschaftlichen Klasse 27,
https://doi.org/10.1007/978-3-658-34859-5_8

Für den Historiker gibt es keinen ersichtlichen Grund, Zweifel daran zu hegen, daß die Mutter des letzten babylonischen Königs tatsächlich in körperlicher und geistiger Gesundheit ihren 100. Geburtstag noch um Jahre überlebte.

Denn auch vor zwei, drei und mehr Jahrtausenden verfügte der Mensch – nicht anders als wir – über seine grundlegende biologische Beschaffenheit, welche es ihm erlaubt, unter besonders glücklichen Bedingungen das elfte oder gar das zwölfte Lebensjahrzehnt zu erreichen. Das Wissen anderer, weit vor uns liegender Zeitalter um die Möglichkeit des Menschen, tatsächlich mehr als hundert Jahre alt zu werden, findet etwa in der *Genesis,* dem ersten Buch der hebräischen Bibel, seinen Ausdruck. Dort heißt es nämlich, Gott habe nach der Sinflut den zuvor sehr viel längeren Lebenshorizont des Menschen auf maximal 120 Jahre begrenzt.[5]

Zwar sorgte im Alten Orient, von dem hier die Rede sein soll – ebenso wie in vielen anderen vormodernen Gesellschaften – eine enorm hohe Kindersterblichkeit für eine durchschnittliche Lebenserwartung,[6] die drastisch unter der heutigen lag. Gleichwohl gab es die Alten. Und entgegen den weitverbreiteten Vorstellungen von Verhältnissen in den frühen Perioden der menschlichen Zivilisation rechneten auch die antiken Kulturen mit einer beachtlich hohen Lebenserwartung, zumindest für jene, die das Erwachsenenalter bereits erreicht hatten. So gibt etwa der Psalmist in Psalm 90:10[7] folgende Einschätzung:

> „Unser Leben währt siebzig Jahre, und wenn es hochkommt, sind es achtzig. Das Beste daran ist nur Mühsal und Beschwer, rasch geht es vorbei, wir fliegen dahin. "

Auch der griechische Historiker Herodot gelangte im 5. vorchristlichen Jahrhundert zu einem ähnlichen Schluß. „Auf siebzig Jahre setze ich die Dauer des Menschenlebens", läßt er Solon in einem Dialog mit Kroisos sagen.[8] Einer babylonischen Lehre zufolge galt ebenfalls ein Alter von zumindest 60–70 Jahren als das, was ein Mensch gerechterweise erwarten darf. In einem Keilschrifttext aus dem 7. Jh. v. Chr. heißt es nämlich:

> „(Das Alter von) vierzig (Jahren ist des Menschen) Blüte. Fünfzig (Jahre wären) kurze Tage. Sechzig (Jahre sind) das Mannesalter, siebzig (Jahre) lange Tage, achtzig (Jahre) sind die (Lebensjahre) der Weisen, neunzig (Jahre) sind ein gesegnetes Alter."[9]

---

[5] Siehe Gn 6:1–4.

[6] Siehe dazu Böck (2000, S. 30 f.) und Dandamaev (1980, S. 183–186).

[7] Vgl. die in Böck (2000, S. 30) zitierte Literatur sowie Malamat (1982).

[8] Herodot, Historien 1, 32 (zitiert nach Feix 1963, S. 31).

[9] Gurney & Hulin (1964), Text Nr. 400, 45–47.

Freilich sorgten die vergleichsweise begrenzten Möglichkeiten der Heilkunde, akut lebensbedrohliche Krankheitszustände erfolgreich zu bekämpfen, dafür, daß die Anzahl alter Leute und namentlich der gebrechlichen deutlich geringer war, als das heute der Fall ist.[10] So sind in der sehr umfangreichen Literatur der Keilschriftkulturen zwar bisweilen die Leiden des Alters beschrieben.[11] Unter den sehr zahlreichen heilkundlichen Traktaten, die der Alte Orient in mehr als zwei Jahrtausenden hervorgebracht hat, finden sich bezeichnenderweise zahlreiche Anweisungen zur Heilung von Säuglingen, Kleinkindern und Frauen. Aber wir kennen nicht einen einzigen Text therapeutischen oder pharmakologischen Inhalts, der explizit den Leiden des Alters gewidmet wäre. Wer im höheren Alter schwer krank wurde, dürfte in der Regel rasch gestorben sein.

In der schriftlichen Überlieferung fehlen Klagen über den Tod eines reiferen oder alten Menschen. Das Sterben zur Unzeit, d. h. der Tod derjenigen, die noch im jugendlichen Alter dahinschieden und weder einen Ehegatten noch Kindern gehabt hatten, galt als beklagenswert. Auf den gleichwohl vorhandenen Wunsch, in Gesundheit ein hohes Alter zu erreichen, treffen wir immer wieder. Ein schönes Beispiel sei hier vorgestellt. Es stammt aus einem Brief, den ein gelehrter Heiler im 7. Jh. v. Chr. an den König Assyriens richtete:

„Mögen (...) (alle) großen Götter des Himmels und der Erde (...) dem König, meinem Herrn, Frohsinn und eine gute Konstitution, das Aufleuchten seines Gemütes, Altwerden bis in ferne Tage sowie eine sehr lange Amtszeit schenken."[12]

In einem Bericht, den er an den assyrischen König sandte, wünschte ein Astrologe sogar, der König möge das Alter des sagenhaften ersten vorsintflutlichen Königs Alulim erreichen,[13] von dem es hieß, er sei 36.000 Jahre alt geworden.[14]

Mit der Bedürftigkeit alter Menschen sahen sich auch vor Jahrtausenden die Gesellschaften des Alten Orients konfrontiert. Wenn die Alten nicht mehr oder nur noch bedingt erwerbsfähig waren, galt es – nicht anders als heute – ihnen Einkommen, Ernährung, Kleidung und Unterkunft zu sichern; ihnen ein Feld sozialer Ansprache zu erhalten und im Krankheitsfall Pflege zukommen zu lassen und nicht zuletzt auch sicherzustellen, daß der Besitz einer alten kranken

---

[10] Einen Überblick über die altorientalische Heilkunde gibt Geller (2010).

[11] Siehe von Weiher (2002, S. 211–220); und Heeßel (2000, S. 31 mit Anm. 8).

[12] Parpola (1993), Text Nr. 197:7 ff.

[13] Parpola (1993), Text Nr. 158:4.

[14] Zu König Alulim, der auch Alulu genannt wurde und 36.000 Jahre (einer anderen Tradition zufolge 28.800 Jahre) lang regiert haben soll, sind in Frahm (2009, S. 141) alle uns bekannten Informationen bzw. die einschlägigen Literaturverweise zusammengestellt.

oder dementen Person sachgerecht verwaltet würde. Einer weiteren Sorge kam
im alten Zweistromland ein weit größerer Stellenwert zu, als dies in den modernen westlichen Industriegesellschaften der Gegenwart der Fall ist: Es mußte
sichergestellt werden, daß eine Person ordnungsgemäß bestattet und deren als
unsterblich gedachte jenseitige Existenz auch weiterhin durch bestimmte Riten
erhalten wurde.

In unserer Gegenwartsgesellschaft sind diese Aufgaben mehr und mehr dem
Staat zugefallen. Im Alten Zweistromland oblag hingegen die Sorge um die Alten
ausschließlich der Familie. Familiengründung war daher – zumindest für die frei
Geborenen – eine soziale und ökonomische Notwendigkeit.[15] Dies läßt sich auf
die einfache Formel bringen: Wer Frau und Kind hat, dessen Altersversorgung ist
gesichert.

Prosopographische Studien[16] haben gezeigt, daß in Babylonien und Assyrien
über die Jahrhunderte hinweg – zumindest in wohlhabenden Familien – ein Mann
üblicherweise mit Mitte bis Ende Zwanzig ein etwa 10–15 Jahre jüngeres Mädchen heiratete, welches nicht nur zumindest einen Sohn gebären, sondern auch
im Alter den Mann pflegen können sollte. Gleichzeitig standen der Frau Kapital-
rücklagen zur Verfügung, die beim Vorversterben des Ehemannes nicht zu dessen
Nachlaß gehörten, sondern im Besitz der Frau verblieben.[17] Die Sorge um die
alte Mutter oblag dann dem Sohn.

Söhne zu haben, war daher schlicht eine Lebensnotwendigkeit. Dem medizinischen Problem der Kindersterblichkeit kam in der Heilkunde deshalb besonders
große Aufmerksamkeit zu. Die fundamentale Existenzbedrohung, die in dem
damals allzu häufigen Tod der kleinen Kinder lag, findet einen beredten Ausdruck in der Löwefratze der blutgierigen Dämonin Lamaschtu, in der die
Kindersterblichkeit für die Mesopotamier eine darstellbare Gestalt gewann.[18]

Auch wenn wir aus dem Alten Orient keinerlei gesetzliche Regelungen zur
Altenversorgung kennen, zeugt doch folgende Regelung aus dem im 18. Jh.
v. Chr. niedergeschriebenen Rechtsbuch des Hammurapi davon, daß man auch
im frühen Babylonien eine moralische Pflicht darin sah, Kranke und Hilflose in
ihrer Familie adäquat zu versorgen. In dem hier zitierten Paragraphen des Kodex
Hammurapi geht es um eine Ehefrau, die sich eine schlimme, ansteckende und
unheilbare, *la'bum* genannte Krankheit zugezogen hatte:

---

[15] Siehe Wilcke (1984).

[16] Siehe Roth (1987) und van Driel (1998, S. 167 f.).

[17] Vgl. hierzu Roth (1993) mit einer Untersuchung, die die neubabylonische Zeit in den Bick
nimmt.

[18] Zu der Dämonin Lamaschtu siehe Farber (2014).

„Wenn ein Mann eine Ehefrau nimmt und die *la'bum*-Krankheit sie befällt – wenn er dann plant, eine andere zu heiraten, so darf er das tun; seine (erste) Ehefrau, welche die *la'bum*-Krankheit befallen hat, darf er (jedoch) nicht verstoßen, im Haushalt, den er aufgebaut hat, soll sie wohnen bleiben, und solange sie lebt, soll er sie unterhalten."[19]

Die Verantwortung der Kinder ihren alten und nicht mehr erwerbsfähigen Eltern gegenüber dürfte ebenso beurteilt worden sein wie in diesem im Kodex Hammurapi zitierten Fall. In dem Prolog eines Rechtsbuches aus dem 20. Jh. v. Chr. rühmt sich Lipit-Ischtar, der König der südmesopotamischen Stadt Isin, er habe dafür gesorgt, daß „den Vater seine Kinder unterstützen, die Kinder ihren Vater unterstützen",[20] und man mag daraus schließen, daß die Wirklichkeit von Altenpflege und Verantwortlichkeit der Generationen für einander doch nicht immer den oben herausgearbeiteten moralischen Anforderungen entsprach.

Eine Urkunde aus dem späten 6. vorchristlichen Jahrhundert gibt uns Einblick in die diesbezüglichen Nöte einer babylonischen Familie. Folgendermaßen ist ihr Wortlaut:

A sagte zu seiner Tochter B: „Als ich krank war, hat mich mein Bruder C verlassen und mein Sohn D ist mir davongelaufen. Nimm mich bei dir auf und sorge für mich und gib mir Zuwendung an Nahrung, Öl und Kleidung solange, wie ich lebe. Und ich werde dir meinen Besitz .... überschreiben." B ging auf das Angebot ihres Vater A ein und nahm ihn in ihrem Haus auf und versorgte ihn mit Nahrung, Öl und Kleidung. A überschrieb aus freiem Willen seinen Besitz ... mit gesiegelter Urkunde seiner Tochter B auf ewig. So lange, wie A lebt, soll B ihrem Vater A Zuwendung an Nahrung, Öl und Kleidung geben. So lange A lebt, soll er über das Einkommen aus seinem Besitz verfügen können. Aber A darf seinen Besitz weder verkaufen, noch verschenken noch verpfänden, noch davon etwas abziehen. Von dem Augenblick an, da A tot ist, soll er seiner Tochter B überschrieben sein.[21]

In dem hier vorgestellten Fall war die Familiensituation offenbar so problematisch, daß die Lösung des sich abzeichnenden Problems, nämlich die Altersversorgung des alleingelassenen Vaters, einer vertraglichen Regelung bedurfte, die – um deren Durchsetzung sicher zu gewährleisten – Autoritäten bemühen mußte, welche außerhalb des Familienverbandes stehen. Und dies, obgleich doch der Vater A mit seinem Besitz über ein regelmäßiges Einkommen verfügte, das körperliche Arbeit nicht notwendig machte. Der Bruder als nächster Verwandter aus der eigenen Generation war der Erwartung, sich um den erkrankten Mann

---

[19] Kodex Hammurapi § 148. Übersetzung nach Borger (1982, S. 60).
[20] Zitiert nach Lutzmann (1982, S. 24).
[21] Siehe San Nicolò (1932, S. 44–46).

zu kümmern, nicht nachgekommen, der Sohn davongelaufen. Unserem babylonischen Vater blieb nur noch die Tochter. Doch was veranlaßte ihn, seine in die Hände der Tochter gegebene Altersversorgung auch vertraglich abzusichern? Mit dieser Frage ist auch die Frage verbunden, ob es im Alten Orient eine Art Unterhaltspflicht der Kinder gegeben hat, und wenn ja, wie diese geregelt war.

Schon anhand der hier besprochenen Urkunde ist deutlich zu erkennen, daß das Problem der Altersversorgung eng mit erbrechtlichen Regelungen verbunden war. Dies ist natürlich und auch naheliegend. Denn nur so kann Geben und Nehmen zwischen den Generationen in Einklang gebracht werden. Schauen wir also kurz auf die Grundregeln babylonischen Erbrechtes.[22] Dort war es so, daß nur Söhne – und zwar ausschließlich die aus einer rechtmäßigen Ehe – erbberechtigt waren. Aus dem Erbrecht aber erwuchs den Söhnen eine Versorgungspflicht gegenüber den alten Eltern. Dieser Regelfall, der einen Vertragsschluß zwischen Vater und Sohn bezüglich der Altersversorgung unnötig machen würde, galt in der oben behandelten Situation aber nicht, da der Sohn davongelaufen war. Zum Zweck der Absicherung des nicht regulären Erbrechtes der Tochter galt es also eine rechtskräftige und einklagbare Regelung zu finden.

Die zahlreichen uns erhalten gebliebenen keilschriftlichen Urkunden aus drei Jahrtausenden, in denen dokumentiert ist, daß man mit Rechtsmitteln Altersversorgung zu regeln versuchte, erweisen sich dementsprechend als Regelungen, die vonnöten waren, da der Normalfall der Altersversorgung nicht verwirklicht werden konnte – sei es, weil ein Ehepaar ohne Sohn geblieben war; sei es, weil die Söhne verstorben, vermißt, verschleppt oder davongelaufen waren oder sei es, weil die Söhne nicht willig oder fähig waren, ihre Eltern im Alter zu versorgen.

Drei Grundstrategien lassen sich ausmachen, den Mangel an Söhnen durch den Einsatz von Besitz auszugleichen.

Die erste und wohl auch wichtigste ist die schon seit dem dritten vorchristlichen Jahrtausend belegte Adoption, also die rechtlich abgesicherte Begründung eines Vater-Sohn-Verhältnisses ohne Rücksicht auf die biologische Abstammung. Nicht selten ist der Fall, daß ein kinderloses Ehepaar bereits in jüngeren Jahren ein Kind an Sohnes Statt annahm, welchem es eine Ausbildung zukommen ließ, und so dafür sorgte, daß rechtzeitig ein adäquater Erbe mit allen seinen Rechten und Pflichten heranwuchs. Wir kennen daneben aber auch Adoptionen, die zu späterer Zeit eigens zur Absicherung des Alters durchgeführt wurden. In diesen, in drei Jahrtausenden belegten Fällen, wird vor Zeugen und Gericht einer erwachsenen Person zugesichert, das Erbe des Adoptierenden so wie ein leiblicher Sohn anzutreten zu können, unter der Maßgabe, daß der Adoptierte die

---

[22] Als Einführung seien empfohlen: Neumann (2003) und Westbrook (2003).

Altenpflege des Adoptierenden übernimmt.[23] Ausführlichere Adoptionsurkunden dieser Art regeln neben der Pflicht zur Grundversorgung des Alten auch Einzelheiten wie z. B. den Anspruch des zu Versorgenden auf Fleisch an hohen Feiertagen.[24] Nicht wenige Dokumente beziehen in die Pflichten des Versorgenden auch die Forderung ein, dem zu Betreuenden mit dem gebotenen Respekt zu begegnen und ihn in jeder Hinsicht zu ehren.[25] Das hier verwendete Wort ist identisch mit dem hebräischen Verb, das für das ‚Ehren' von Vater und Mutter in dem vierten der zehn Gebote steht.[26] Manche keilschriftlichen Verträge fügen zu den oben genannten Bestimmungen noch hinzu, daß Respekt und Zuwendung so zu erbringen seien, daß der Betreute dabei „frohen Herzens"[27] sei.

Die zweite Strategie, auf die wir in den altorientalischen vertraglichen Regelungen zur Altersversorge immer wieder stoßen, greift anders als die erste nicht dauerhaft in eine Familienstruktur ein. Sie besteht in der Absicherung der Versorgung im Alter, indem man einem Sklaven vertraglich zusichert, ihn mit dem Tod seines Herrn in die Freiheit zu entlassen, sofern er die gewissenhafte Pflege seines Besitzers übernimmt.[28] Die Aussicht, vielleicht schon in wenigen Jahren gänzlich über die eigene Person verfügen zu können, wird namentlich den jüngeren Unfreien attraktiv erschienen sein. Wohlhabende alte Leute konnten sich auf diese Weise – so wie etwa die aus reicher Familie stammende babylonische Nonne Innabatum im 19. Jh. v. Chr. – ein ganzes Pflegeteam zusammenstellen. Die alte, in einem Kloster lebende Dame hatte sich nämlich – wie wir aus entsprechenden Urkunden wissen – zur Pflege und Unterhaltung gleich drei Mädchen aus dem Besitz ihrer Familie verpflichtet, welche nach dem Hinscheiden der Nonne mit weit besseren Lebensbedingungen rechnen durften.[29]

Die dritte Strategie zur Absicherung des Alters, ohne hierfür auf eigene Söhne zurückgreifen zu müssen, bestand schließlich darin, Altenpflege durch Schuldtilgung einzukaufen. Eine Urkunde aus dem syrischen Emar, die im letzten Drittel des zweiten vorchristlichen Jahrtausends geschrieben wurde, führt uns einen solchen Fall vor Augen:

---

[23] Siehe David (1927), Westbrook (1993, 2003), Greenfield (1982).

[24] Siehe Westbrook (1998, S. 10).

[25] Westbrook (1998, S. 10), Stol (1998, S. 62) und Veenhof (1998, S. 127 ff.).

[26] Zu diesem Verb ‚ehren' siehe Albertz (1978, S. 356 ff.).

[27] Stol (1998, S. 62) und Veenhof (1998, S. 127 ff.).

[28] Literatur dazu ist zusammengestellt in Stol (1998, S. 83, Anm. 95).

[29] Siehe Stol (1998, S. 111 f.).

„A sagte folgendermaßen: ‚B schuldete mir 41 Schekel Silber. Jetzt habe ich 20 Schekel von diesem Betrag gestrichen und ihm (außerdem) C zur Frau gegeben.' Solange A und seine Frau D leben, soll B sie ehren. Wenn er sie ehrt, kann er, wenn sie verstorben sind, seine Frau und seine Kinder nehmen und gehen, wohin er will. Er wird die (noch ausstehenden) 21 Schekel unseren Kindern zurückzahlen."[30]

In diesem Fall sind, aus welchen Gründen auch immer, die Kinder des alten Ehepaares von der Last der Altenpflege befreit. Nach dem Tode der Alten, so sieht es die Regelung vor, soll B seine Restschuld bezahlen, oder aber den Kindern der Verblichenen weiterdienen. Darüber hinaus werden beide Parteien im Fall des vorzeitigen Abbruchs der Vereinbarung mit Vertragsstrafen belegt. Der Gläubiger soll seines Geldes verlustig gehen, der Schuldner, der seiner Pflegeverpflichtung nicht nachkommen sollte, soll hingegen die ursprüngliche Gesamtschuld zuzüglich eines Zinsbetrages von 50 % an den Gläubiger zahlen. Auf diese Weise sind beide Vertragspartner fest an ihr Abkommen gebunden.

Die Möglichkeit, auf die eine oder die andere Weise, die eigene Altersversorgung mit Kapitalbesitz abzusichern, wenn eigene Kinder bzw. Söhne nicht vorhanden waren, stand freilich nur jenen offen, die entsprechendes Vermögen ihr eigen nannten. In allen Epochen der altorientalischen Geschichte dürfte diese reichere Gesellschaftsschicht nur eine Minderheit gewesen sein. Die vielen anderen Menschen, die weder über nennenswerten Besitz noch über eigene Söhne verfügten, welche ihr Leben im Alter absichern konnten, blieben hingegen sich selbst und dem Wohlwollen Dritter überlassen. Mangels Kapitals erübrigte es sich, ihre Altersversorgung vertraglich zu regeln. So ist ihr Schicksal meist nicht aktenkundig geworden und uns in der Regel verborgen geblieben.

Dennoch haben sich Dokumente erhalten, die uns auch Einblick in das Leben jener altgewordenen einfachen Leute geben können. Hierzu zählen Personalverzeichnisse die in staatlichen Webereien geführt und im 21. vorchristlichen Jahrhundert, in der Zeit des Reiches der III. Dynastie von Ur, niedergeschrieben wurden. In diesen Listen sind die Arbeitskräfte, zumeist Frauen, namentlich aufgeführt. Manche der Namen, es sind etwa 6 % des gesamten Personalbestandes, sind mit dem Zusatz ‚Greis(in)', versehen. Diesen alten Arbeiterinnen wurden monatliche Essensrationen zugewiesen.[31] In anderen Personallisten dieser Zeit sind auch alte Männer erwähnt. Diese ebenso mit schmalen Rationen bedachten Alten verdingten sich als Fischer, Vogelfänger und Hilfsarbeiter.[32] Darüber hinaus ist bezeugt, daß Arbeiter von ihrer Aufgabe freigestellt wurden, um ihr alten

---

[30] Arnaud (1986), Text Nr. 16; siehe Westbrook (2004, S. 104, 1998, S. 18).

[31] Siehe Wilcke (1998, S. 26 ff.).

[32] Wilcke (1998, S. 36 ff.).

bettlägerigen Eltern zu versorgen.[33] Standen keine Kinder zur Verfügung, galt es jedoch mit dem Wenigen auszukommen, das die jeweilige Institution gewährte.

Literatur

Albertz, R. (1978). Hintergrund und Bedeutung des Elterngebots im Dekalog. *Zeitschrift für Alttestamentliche Wissenschaft, 90*, 348–374.

Arnaud, D. (1986). *Recherches au pays d'Aštata. Emar VI.3. Textes sumériens et accadiens.* Edition Recherche sur les Civilisations.

Böck, B. (2000). *Die babylonisch-assyrische Morphoskopie. Archiv für Orientforschung Beiheft 27.* Institut für Orientalistik der Universität Wien.

Borger, R. (1982). Der Codex Hammurapi. In O. Kaiser (Hrsg.), *Texte aus der Umwelt des Alten Testaments, Bd I, Lieferung 1 (Rechtsbücher)* (S. 39–80). Gütersloher Verlagshaus Mohn.

Dandamaev, M. A. (1980). About life expectancy in Babylonia. In B. Alster (Hrsg.), *Death in Mesopotamia* (S. 183–186). Mesopotamica 8. Akademisk Vorlag.

David, M. (1927). *Die Adoption im altbabylonischen Recht, Leipziger Rechtswissenschaftliche Studien 23.* Weicher.

Farber, W. (2014). *Lamaštu. An Edition of the Canonical Series of Lamaštu Incantations and Rituals and Related Texts from the Second and First Millennia B.C., Mesopotamian Civilizations 17.* Eisenbrauns.

Feix, J. (1963). *Herodot. Historien.* Griechisch-deutsch. Heimeran.

Frahm, E. (2009). *Historische und historisch-literarische Texte I, Keilschrifttexte aus Assur literarischen Inhalts 3. Wissenschaftliche Veröffentlichungen der Deutschen Orient-Gesellschaft 121.* Harrassowitz.

Geller, M. J. (2010). *Ancient Babylonian medicine: theory and practice.* Wiley-Blackwell.

Greenfield, J. C. (1982). Adi balṭu – Care for the elderly and its rewards. In H. Hunger & H. Hirsch (Hrsg.), *Vorträge gehalten auf der 28. Rencontre Assyriologique Internationale in Wien, 6.–10. Juli 1981, Archiv für Orientforschung Beiheft 19* (S. 309–316). Berger.

Gurney, O. R., & Hulin, P. (1964). *The Sultantepe tablets II.* British Institute of Archaeology at Ankara.

Hecker, K. (1988). Die Adad-guppi-Inschrift. In O. Kaiser (Hrsg.), *Texte aus der Umwelt des Alten Testaments, Bd. II, Lieferung 4 (Grab-, Sarg, Votiv- und Bauinschriften)* (S. 479–486). Gütersloher Verlagshaus Mohn.

Heeßel, N. P. (2000). *Babylonisch-assyrische Diagnostik.* Ugarit-Verlag.

Lutzmann, H. (1982). Aus den Gesetzen des Königs Lipit Eschtar von Isin. In O. Kaiser (Hrsg.), *Texte aus der Umwelt des Alten Testaments, Bd I, Lieferung 1 (Rechtsbücher)* (S. 23–31). Gütersloher Verlagshaus Mohn.

Malamat, A. (1982). Longevity: Biblical concepts and some Ancient Near Eastern parallels. In H. Hunger & H. Hirsch (Hrsg.), *Vorträge gehalten auf der 28. Rencontre Assyriologique Internationale in Wien, 6.–10. Juli 1981, Archiv für Orientforschung Beiheft 19* (S. 215–224). Berger.

---

[33] Steinkeller (2018, S. 136–142).

Neumann, H. (2003). Recht im antiken Mesopotamien. In U. Manthe (Hrsg.), *Die Rechtskulturen der Antike. Vom Alten Orient bis zum Römischen Reich* (S. 55–122). Beck.

Parpola, S. (1993). *Letters from Assyrian and Babylonian scholars. State Archives of Assyria 10.* Helsinki University Press.

Roth, M. (1987). Age at marriage and the household: A study of Neo-Babylonian and Neo-Assyrian forms. *Comparative Studies in Society and History, 29,* 715–747.

Roth, M. (1991–1993). The Neo-Babylonian widow. *Journal of Cuneiform Studies, 43–45,* 1–26.

San Nicolò, M. (1932). Un contratto vitalizio del tempo di Dario I. *Aegyptus, 12,* 35–47.

Schaudig, H. (2001). *Die Inschriften Nabonids von Babylon und Kyros' des Großen samt den in ihrem Umfeld entstandenen Tendenzschriften: Textausgabe und Grammatik.* Ugarit.

Steinkeller, P. (2018). Care for the elderly in Ur III times: Some new insights. *Zeitschrift für Assyriologie, 108,* 136–142.

Stol, M. (1998). The care of the elderly in Mesopotamia in the Old Babylonian period. In M. Stol & S. P. Vleeming (Hrsg.), *The care of the elderly in the Ancient Near East* (S. 59–117). Brill.

van Driel, G. (1998). Care of the elderly: The Neo-Babylonian period. In M. Stol & S. P. Vleeming (Hrsg.), *The care of the elderly in the Ancient Near East* (S. 161–197). Brill.

Veenhof, K. (1998). Old Assyrian and Ancient Anatolian evidence for the care of the elderly. In M. Stol & S. P. Vleeming (Hrsg.), *The care of the elderly in the Ancient Near East* (S. 119–160). Brill.

von Weiher, E. (2002). Das Alter in Mesopotamien. In A. Karenberg & C. Leitz (Hrsg.), *Heilkunde und Hochkultur II. ‚Magie und Medizin' und ‚Der alte Mensch' in den antiken Zivilisationen des Mittelmeerraumes* (S. 211–220). Lit.

Westbrook, R. (1993). The adoption laws of Codex Hammurabi. In A. F. Rainey u. a. (Hrsg.), *Kinattūtu ša dārâti. Raphael Kutscher Memorial Volume, TEL AVIV, Journal of the Institute of Archaeology of Tel Aviv University, Occasional Publications No. 1. University, Institute of Archaeology* (S. 195–204). Tel Aviv.

Westbrook, R. (1998). Legal aspect of care of the elderly in the Ancient near east: Introduction. In M. Stol & S. P. Vleeming (Hrsg.), *The care of the elderly in the Ancient Near East* (S. 1–22). Brill.

Westbrook, R. (2003). *A history of Ancient Near Eastern law.* Brill.

Westbrook, R. (2004). *The quality of freedom in Neo-Babylonian manumissions, Revue d'Assyriologie, 98* (S. 101–108).

Wilcke, C. (1984). Familiengründung im alten Babylonien. In E. W. Müller (Hrsg.), *Geschlechtsreife und Legitimation zur Zeugung* (S. 213–317). Alber.

Wilcke, C. (1998). Care of the elderly in Mesopotamia in the third millennium B.C. In M. Stol & S. P. Vleeming (Hrsg.), *The care of the elderly in the Ancient Near East* (S. 23–57). Brill.

Die Biologie des Alterns

Das alternde Gehirn

Andreas Meyer-Lindenberg

Demographie und Gehirn

Die Lebenserwartung ist in Deutschland in den letzten Jahrzehnten, wie in der gesamten entwickelten Welt, dramatisch und nahezu linear angestiegen. Waren es um 1900 noch etwas mehr als 40 Jahre für Männer und 45 Jahre für Frauen, so liegt die Lebenserwartung in Baden-Württemberg aktuell bei 84 Jahren für eine Frau und 79,5 Jahren für einen Mann. Diese Entwicklung bedeutet, dass im Schnitt für jeden Tag des Lebens die Lebenserwartung um rund 6 h angestiegen ist!

Damit die so zugänglichen zahlreichen weiteren Jahre gute Jahre sind, ist ein Verständnis des Alterungsprozesses besonders wichtig. Auch wenn hierbei alle Organe betroffen sind, so steht das Gehirn besonders im Fokus, einerseits wegen der Sorge vor altersbezogenen Erkrankungen, hier insbesondere Demenzen, dann aber auch wegen seiner Wichtigkeit für das gesunde Leben insgesamt.

Was zeigt die Neurowissenschaft über das alternde Gehirn? Die wichtigste Botschaft vorab: Der Alterungsprozess ist im Gehirn nicht, wie lange Zeit angenommen, nur der eines fortschreitenden Rückbaus, denn das Gehirn behält bis ins hohe Alter ein erstaunliches Potential für funktionelle und strukturelle Plastizität (Burke & Barnes, 2006). Diese Plastizität kann durch verschiedene Aspekte der Lebensführung aktiv verbessert werden. Dies eröffnet unabhängig von Einzelschicksalen und Risiko- und Resilienzfaktoren Möglichkeiten des gesunden Alterns.

A. Meyer-Lindenberg (✉)
Zentralinstitut für Seelische Gesundheit, Mannheim, Deutschland
E-mail: a.meyer-lindenberg@zi-mannheim.de

© Der/die Autor(en) 2022
A. D. Ho et al. (Hrsg.), *Altern: Biologie und Chancen,* Schriften der Mathematisch-naturwissenschaftlichen Klasse 27,
https://doi.org/10.1007/978-3-658-34859-5_9

Biologie des alternden Gehirns

Die strukturelle Hirnbildgebung zeigt, dass unser Gehirn im frühen Erwachsenenalter am größten ist (Kennedy & Raz, 2015). Danach nimmt das Volumen
des Gehirns normalerweise im mittleren Lebensalter im Schnitt pro Jahr etwas
weniger als ein Drittel Prozent ab, im höheren Alter beschleunigt sich dieser
Prozess dann auf etwas mehr als ein halbes Prozent (Spreng & Turner, 2019).
Allerdings betrifft dies weniger die Nervenzellen selber: mit Ausnahme weniger Nervenzellgruppen im Gehirnstamm (monoaminerge Neurone) (Mather &
Harley, 2016), im basalen Vorderhirn und im dorsolateralen präfrontalen Cortex
finden sich hier keine Veränderungen. Im Wesentlichen sind die Hirnvolumenänderungen auf Verminderung der dentritischen Verästelungen und der Synapsen
zurückzuführen. Die Rate der strukturellen Veränderungen ist bei Männern stärker ausgeprägt und beginnt auch früher als bei Frauen. In der grauen Substanz,
in der die Nervenzellkörper zu finden sind, ist die Volumenreduktion besonders
ausgeprägt in evolutionär jüngeren Regionen, die auch in der Lebensspanne erst
spät heranreifen, wie dem präfrontalen Cortex, daneben auch in sogenannten
heteromodalen Assoziationsgebieten, in denen die Informationen verschiedener
Sinnesorgane zusammenlaufen (Salat et al., 2004). Verglichen damit verläuft die
Volumenabnahme in den Hirnregionen, in denen sensorische Informationen primär verarbeitet werden, langsamer und beginnt auch später. Mit multivariaten
Methoden kann man Muster in diesen regionalen Effekten erkennen. Dabei sieht
man eine Verminderung der strukturellen Interaktionen von Regionen, die dem
sogenannten „default mode network" angehören (Spreng & Turner, 2013), und
eine Verminderung insbesondere der Interaktionen von weiter auseinanderliegenden Regionen (Montembeault et al., 2012). Diese strukturellen Veränderungen
bilden eine Basis für die weiter unten diskutierten funktionellen Besonderheiten
des alternden Gehirns.

Das Volumen vieler subkortikaler Hirnregionen, wie des Striatums, nimmt
linear mit dem Alter ab, es gibt aber auch Regionen beispielsweise des Hirnstamms, oder auch der Hippocampus, die lange Zeit stabil bleiben und dann
im hohen Alter rasch abnehmen (Ziegler et al., 2012). Die weiße Substanz des
Gehirns, in der sich die Verbindungen zwischen Hirnregionen befinden, schien in
frühen Studien von dieser Volumenabnahme weniger betroffen. Allerdings besteht
inzwischen auf der Grundlage von Analysen von strukturellen MRT-Aufnahmen
im longitudinalen Kontext Konsens darüber, dass sich auch hier Volumenabnahmen finden (Resnick et al., 2003). Interessanterweise sind Veränderungen in der
weißen Substanz ein stärkerer Prädiktor von kognitiven Veränderungen im Alter

als solche der grauen Substanz. Hier spielen auch Läsionen aufgrund von Durch-
blutungsstörungen eine mit dem Alter zunehmende Rolle, die entsprechend mit
kardiovaskulären Risikofaktoren verknüpft sind (Raz et al., 2007). Auch entzündliche Prozesse, sowie chronischer Stress, wirken sich negativ aus (Kennedy &
Raz, 2015).

Diese relativ subtilen Veränderungen der Struktur induzieren Veränderungen
der Funktion der Nervenzellen selbst (hier insbesondere in Prozessen, die mit
der Plastizität in Verbindung stehen, wie der sogenannten „long-term potentia-
tion") (Burke & Barnes, 2006), dann aber auch in der Art und Weise, in der
Nervenzellen funktionell zusammenarbeiten, die insbesondere mit Methoden der
funktionellen Bildgebung untersucht werden kann. In der Hirnfunktion finden
sich verminderte Unterschiede zwischen der rechten und linken Hemisphäre,
die als Ausdruck einer reduzierten Spezialisierung im Alter gedeutet werden,
sowie eine stärkere Aktivierung frontaler Hirnregionen, insbesondere bei komplexen Aufgaben, die man als kompensatorisch deutet und im Zusammenhang mit
einer verminderten Fähigkeit älterer Menschen sieht, die notwendigen speziali-
sierten Hirnfunktionen – Schaltkreise für eine gegebene Aufgabe zu rekrutieren
(Spreng & Turner, 2019). Mit anderen Worten: für ein gegebenes kognitives
Leistungsniveau müssen die hierfür nötigen Hirnareale stärker aktiviert und gege-
benenfalls auch noch weitere Hirnareale rekrutiert werden. Hierfür spricht auch,
dass die präfrontale Aktivierung mit der Leistungsfähigkeit in den untersuchten
kognitiven Aufgaben korreliert (Eyler et al., 2011).

Neben diesem durchgehenden Muster einer stärkeren Aktivierung präfrontaler
Regionen lassen sich weitere spezifische Veränderungen der Funktion im Alter
zeigen, die im Zusammenhang mit den jeweiligen kognitiven Funktionen stehen
(Spreng et al., 2010). Grundsätzlich kann man festhalten, dass neben der stärkeren
Aktivierung auch eine Hinzunahme anderer Hirnregionen (verglichen mit densel-
ben Leistungen bei jungen Probanden) zu konstatieren ist, ein Phänomen, dass
man auch als „neuronale Dedifferenzierung" bezeichnet hat (Park et al., 2001).
Dies ist auch das Phänomen, das dann typischerweise auch zu einer Verminderung der Lateralisierung der Hirnaktivierung im Alter führt (Grady et al., 1994),
da gerade bei höheren kognitiven Funktionen homologe Hirnareale beider Hemi-
sphären oft funktionell spezialisiert sind. Diese funktionellen Veränderungen, die
mit im Alter typischerweise leicht zunehmenden Einschränkungen insbesondere
in Gedächtnis- und Umstellungsleistungen einhergehen, stellen jedoch nicht das
Bild einer einheitlichen und durchgehenden Verschlechterung im Alter dar; so
ist zum Beispiel die Fähigkeit, Emotionen zu regulieren, im Alter gegenüber

der Fähigkeit junger Erwachsener und zumal Adoleszenter besser, wahrscheinlich entsprechend einer verbesserten präfrontalen Regulation einer für negative
Emotionen zentral wichtigen Hirnregion, der Amygdala (Jacques et al., 2009).

Gesunde Lebensführung für ein gesundes Gehirn im Alter

Diesen biologischen altersbezogenen Veränderungen entgegen stehen Aspekte der
Lebensführung, die für die Hirnplastizität und Hirngesundheit gerade im Alltag
förderlich sind (Mora, 2013). Exemplarisch seien hier genannt Kognitionstraining,
gesunde Diät, ausreichende Bewegung und gelingende soziale Interaktionen.

Bezogen auf Kognitionstraining kann man sowohl in experimentellen Model-
len (Nagern) als auch beim Menschen zeigen, dass kognitive Stimulation
die Gedächtnisleistung und die Lernfähigkeit verbessert (Mora, 2013). Damit
korrespondiert eine vermehrte Generierung neuer Nervenzellen in bestimmten
Hirnregionen und eine höhere Anzahl und Verästelung von Dendriten, auf denen
die synaptischen Verbindungen zwischen Nervenzellen oft enden, und die For-
mierung neuer Synapsen. Diese ausgeprägt positiv plastischen Veränderungen
sind teilweise vermittelt durch Erhöhung von Nervenwuchsfaktoren wie dem
Brain-derived neurotrophic factor (BDNF). BDNF scheint auch eine Rolle zu
spielen bei den inzwischen gut belegten positiven Effekten von niedrigkalorischer
Ernährung auf das Alter (Prolla & Mattson, 2001). Die Rede ist hier von einer
erheblichen Verminderung der Nahrungsaufnahme (Verminderung der Energiezu-
fuhr um 20–40 %), die vermutlich multifaktoriell positiv auf Alterseffekte bei
Versuchstieren, einschließlich Affen und Menschen, einwirkt. Bezogen auf das
Gehirn hat die Kalorienrestriktion positive Effekte auf die Gedächtnisleistung, die
Lernfähigkeit, darüber hinaus aber auch auf den allgemeinen Metabolismus. In
Versuchstieren findet sich wiederum eine Vermehrung der Synapsenbildung und
der Regenerierung neuer Nervenzellen im Hippocampus, einer Hirnregion, die
für die Gedächtnisleistung besonders wichtig ist. In anderen Teilen des Gehirns,
wie dem frontalen und temporalen Cortex, finden sich keine neuen Nervenzellen,
aber eine Verlangsamung der oben beschriebenen typischen Altersveränderungen
(Maswood et al., 2004).

Auch regelmäßige Bewegung, insbesondere aerober Sport, hat einen positiven Effekt auf das Gehirn, auch dies lässt sich an den kognitiven Leistungen
ablesen (Hillman et al., 2008). Besonders der Hippocampus scheint von solcher
Aktivität besonders zu profitieren und neue Nervenzellen zu bilden. Viele Nervenwuchsfaktoren, darunter wiederum BDNF (Prolla & Mattson, 2001), sind in
diesen Effekt eingebunden, den man auch bei Patienten findet und der für die

Behandlung kognitiver Störungen bei zahlreichen Erkrankungen wie bspw. auch der Schizophrenie, geprüft wird (Pajonk et al., 2010).

Schließlich und endlich sind gelingende soziale Beziehungen von entscheidender Wichtigkeit für ein gesundes Altern und tatsächlich auch für die Lebenserwartung der Menschen als solche.Im alternden Gehirn kann man insbesondere einen Effekt sozialer Interaktion auf die Verbesserung der Gehirnantwort auf Stress nachweisen. Vor allem chronischer Stress führt über die Erhöhung von Hormonen, den Glukokortikoiden, zu nachteiligen Veränderungen, bspw. wiederum im Hippocampus (Hibberd et al., 2000). Solche Veränderungen lassen sich durch ein anregendes soziales Umfeld wiederum umkehren.

Demenzen

Alle solche Faktoren helfen allerdings denen nur wenig, die von altersassoziierten Erkrankungen wie Demenzen betroffen sind. Entsprechend richtet sich hier die Hoffnung auf eine genauere Untersuchung der zugrunde liegenden pathophysiologischen Veränderungen im alternden Gehirn und deren medikamentöse Beeinflussung. Im Zentrum des Interesses steht hier insbesondere die Alzheimersche Erkrankung. Auch wenn sich gegenwärtig über 100 Medikamente hierfür in der klinischen Prüfung befinden (Cummings et al., 2019), hat sich leider in der Forschung der letzten Jahre noch keine Therapie finden lassen, die den Verlauf der Erkrankung grundsätzlich ändert. Hier werden deshalb, neben den momentan noch vorwiegend untersuchten Schwerpunkten an Proteinen und ihrem Metabolismus anzusetzen, die für die sogenannten Alzheimer-Plaques verantwortlich sind, andere Ziele, wie bspw. das Tau-Protein, geprüft. Allerdings hat die jüngst erfolgte Mitteilung, dass aducanumab, eine gegen Plaques gerichtete Therapie, entgegen erster Analysen doch eine Verbesserung des Verlaufs der kognitiven Funktionen zeigte, auch für diese Therapieform zu neuen Hoffnungen, aber auch zu Skepsis geführt (Servick, 2019).

Bis diese Forschung zu einem wesentlichen Ergebnis führt, sind die oben diskutierten Lebensstil-Faktoren umso wichtiger; so konnte man z. B. zeigen, dass das Erlernen einer weiteren Sprache auch bei einer später an Demenz Erkrankten das Auftreten der ersten Symptome um mehrere Jahre verzögern kann. Auch ausreichender Schlaf ist wichtig, weil sich vor kurzem herausgestellt hat, dass sich das Gehirn im Schlaf von Alzheimer-Plaques reinigen kann. Insgesamt haben diese Aspekte des gesunden Lebensstils offenbar einen merklichen Effekt: auch wenn die Zahl von Demenzerkrankungen im Rahmen des demographischen Wandels zunimmt, nimmt die Inzidenz von Demenzen in den Industrieländern seit mehreren Jahren ab (Prince et al., 2016).

Literatur

Burke, S. N., & Barnes, C. A. (2006). Neural plasticity in the ageing brain. *Nature Reviews Neuroscience, 7*(1), 30.

Cummings, J., Lee, G., Ritter, A., Sabbagh, M., & Zhong, K. (2019). Alzheimer's disease drug development pipeline: 2019. *Alzheimer's & Dementia: Translational Research & Clinical Interventions, 5,*, 272–293.

Eyler, L. T., Sherzai, A., Kaup, A. R., & Jeste, D. V. (2011). A review of functional brain imaging correlates of successful cognitive aging. *Biological Psychiatry, 70*(2), 115–122. https://doi.org/10.1016/j.biopsych.2010.12.032

Grady, C. L., Maisog, J. M., Horwitz, B., Ungerleider, L. G., Mentis, M. J., Salerno, J. A., & Haxby, J. V. (1994). Age-related changes in cortical blood flow activation during visual processing of faces and location. *Journal of Neuroscience, 14*(3), 1450–1462.

Hibberd, C., Yau, J. L., & Seckl, J. R. (2000). Glucocorticoids and the ageing hippocampus. *The Journal of Anatomy, 197*(4), 553–562.

Hillman, C. H., Erickson, K. I., & Kramer, A. F. (2008). Be smart, exercise your heart: Exercise effects on brain and cognition. *Nature Reviews Neuroscience, 9*(1), 58.

Jacques, P. L. S., Bessette-Symons, B., & Cabeza, R. (2009). Functional neuroimaging studies of aging and emotion: Fronto-amygdalar differences during emotional perception and episodic memory. *Journal of the International Neuropsychological Society, 15*(6), 819–825.

Kennedy, K. M., & Raz, N. (2015). Normal Aging of the Brain. Human *Brain Mapping* (S. 603–617).

Maswood, N., Young, J., Tilmont, E., Zhang, Z., Gash, D. M., Gerhardt, G. A., & Lane, M. A. (2004). Caloric restriction increases neurotrophic factor levels and attenuates neurochemical and behavioral deficits in a primate model of Parkinson's disease. *Proceedings of the National Academy of Sciences, 101*(52), 18171–18176.

Mather, M., & Harley, C. W. (2016). The locus coeruleus: Essential for maintaining cognitive function and the aging brain. *Trends in cognitive sciences, 20*(3), 214–226.

Montembeault, M., Joubert, S., Doyon, J., Carrier, J., Gagnon, J.-F., Monchi, O., & Brambati, S. M. (2012). The impact of aging on gray matter structural covariance networks. *NeuroImage, 63*(2), 754–759.

Mora, F. (2013). Successful brain aging: Plasticity, environmental enrichment, and lifestyle. *Dialogues in Clinical Neuroscience, 15*(1), 45.

Pajonk, F.-G., Wobrock, T., Gruber, O., Scherk, H., Berner, D., Kaizl, I., & Meyer, T. (2010). Hippocampal plasticity in response to exercise in schizophrenia. *Archives of General Psychiatry, 67*(2), 133–143.

Park, D. C., Polk, T. A., Mikels, J. A., Taylor, S. F., & Marshuetz, C. (2001). Cerebral aging: Integration of brain and behavioral models of cognitive function. *Dialogues in Clinical Neuroscience, 3*(3), 151.

Prince, M., Ali, G.-C., Guerchet, M., Prina, A. M., Albanese, E., & Wu, Y.-T. (2016). Recent global trends in the prevalence and incidence of dementia, and survival with dementia. *Alzheimer's research & therapy, 8*(1), 23.

Prolla, T. A., & Mattson, M. P. (2001). Molecular mechanisms of brain aging and neuro-degenerative disorders: Lessons from dietary restriction. *Trends in Neurosciences, 24,* 21–31.

Raz, N., Rodrigue, K. M., Kennedy, K. M., & Acker, J. D. (2007). Vascular health and longi-tudinal changes in brain and cognition in middle-aged and older adults. *Neuropsychology, 21*(2), 149.

Resnick, S. M., Pham, D. L., Kraut, M. A., Zonderman, A. B., & Davatzikos, C. (2003). Lon-gitudinal magnetic resonance imaging studies of older adults: A shrinking brain. *Journal of Neuroscience, 23*(8), 3295–3301.

Salat, D. H., Buckner, R. L., Snyder, A. Z., Greve, D. N., Desikan, R. S., Busa, E., & Fischl, B. (2004). Thinning of the cerebral cortex in aging. *Cereb Cortex, 14*(7), 721–730.

Servick, K. (2019). Doubts persist for claimed Alzheimer's drug. *Science (New York, N.Y.), 366*(6471), 1298–1298. https://doi.org/10.1126/science.366.6471.1298

Spreng, R. N., & Turner, G. R. (2013). Structural covariance of the default network in healthy and pathological aging. *Journal of Neuroscience, 33*(38), 15226–15234.

Spreng, R. N., & Turner, G. R. (2019). Structure and function of the aging brain. In G. R. Samanez-Larkin (Ed.), *The aging brain: Functional adaptation across adulthood* (pp. 9–43). American Psychological Association.

Spreng, R. N., Wojtowicz, M., & Grady, C. L. (2010). Reliable differences in brain activity between young and old adults: A quantitative meta-analysis across multiple cognitive domains. *Neuroscience & Biobehavioral Reviews, 34*(8), 1178–1194.

Ziegler, G., Dahnke, R., Jäncke, L., Yotter, R. A., May, A., & Gaser, C. (2012). Brain structural trajectories over the adult lifespan. *Human Brain Mapping, 33*(10), 2377–2389.

Komorbidität und Funktionalität – Determinanten oder Ausdruck des individuellen biologischen Alters

Jürgen M. Bauer

Seit Jahrtausenden ist es eine Sehnsucht der Menschheit unsterblich zu werden und sich die ewige Jugend zu bewahren. Gerade in den letzten Jahren hat die Wissenschaft diesem Ansinnen auf vielfältige Weise Hoffnung gegeben. Einzelne Wirkstoffe wie Resveratol, NAD, DHEA und Metformin sowie Kombinationen aus diesen Substanzen sollen die Alterungsvorgänge verlangsamen oder sogar eine Verjüngung ermöglichen (Pollack et al., 2017; Mitchell SJ et al., 2018; Fahy et al., 2019). Gegenwärtig existiert jedoch noch eine große Kluft zwischen den von manchen Wissenschaftlern vertretenen Hypothesen und der vorhandenen Evidenz, welche auf den Ergebnissen ausreichend großer Studien zur Wirkung dieser Substanzen am Menschen beruhen sollte. Zudem erscheint es in Anbetracht der Komplexität des menschlichen Alterns durchaus fraglich, ob es jemals gelingen wird, letzteres durch sehr zirkumskripte Interventionen nachhaltig zu beeinflussen.

In den letzten Jahren wurde deutlich, dass der genetischen Determinierung gegenüber individuellen Lebensstilfaktoren nur eine untergeordnete Bedeutung für das biologische Altern zukommt. Der Beitrag genetischer Faktoren zur Lebensspanne wird gegenwärtig mit Werten zwischen 10 und 20 % angenommen. Beim Menschen sind die für das Altern verantwortlichen genetischen Muster zudem komplex und nicht auf wenige umschriebene Veränderungen beschränkt (Melzer et al., 2020). Wesentliche molekulare Alterungsmechanismen sind Tab. 1 zu entnehmen (López-Otín et al., 2013; Jylhävä J et al., 2017). Dabei bieten sich aufgrund der starken Abhängigkeit der Alterungsprozesse von Lebensstil- und

J. M. Bauer (✉)
Geriatrisches Zentrum am Universitätsklinikum Heidelberg, Heidelberg, Deutschland
E-mail: juergen.bauer@bethanien-heidelberg.de

© Der/die Autor(en) 2022
A. D. Ho et al. (Hrsg.), *Altern: Biologie und Chancen,* Schriften der Mathematisch-naturwissenschaftlichen Klasse 27,
https://doi.org/10.1007/978-3-658-34859-5_10

Tab. 1 Molekulare Mechanismen des Alterns	Stammzellermüdung
	Veränderungen der interzellulären Kommunikation
	Instabilitäten des Genoms
	Verkürzung der Telomere
	Epigenetische Veränderungen
	Verlust der Proteostase
	Deregulation des nutritiven Sensings
	Mitochondriale Dysfunktion
	Zelluläre Seneszenz

Umweltfaktoren vielfältige Möglichkeiten zur Etablierung von Interventionen, die weniger auf eine Lebensverlängerung als auf eine Verlängerung der gesunden Lebensspanne zielen. Hier liegt die wahre Herausforderung für die Zukunft unserer durch die aktuelle demographische Entwicklung geforderten Gesellschaft (Olshansky SJ, 2018). In diesem Kontext kommt dem Erhalt der Funktionalität gegenüber der Prophylaxe und Therapie von Krankheiten im engeren Sinne eine mindestens ebenso große Bedeutung zu. Es stellt sich zudem die Frage, in welchem Ausmaß Funktionalität und Komorbidität Ausdruck des individuellen Alterns sind oder ob selbige nicht eher unser Altern bestimmen.

Eine verbreitete Definition des Alterns beschreibt es als eine progressive, generalisierte Verschlechterung der individuellen Funktionalität, aus welcher eine erhöhte Vulnerabilität gegenüber Umgebungsbelastungen resultiert und welche mit einem erhöhten Morbiditäts-und Mortalitätsrisiko einhergeht. Hinsichtlich der Morbidität des älteren Erwachsenen gilt es zu berücksichtigen, dass insbesondere in der Hochaltrigkeit ein gegenüber dem jüngeren und mittleren Erwachsenenalter verändertes Krankheitsspektrum zu beobachten ist. Es handelt sich dabei um eine Verschiebung hin zu chronisch verlaufenden, degenerativen Erkrankungen. Beispielhaft seien die Osteoporose, die Atherosklerose, die Sarkopenie (altersassoziierter Verlust an Muskelmasse und –kraft) und die Demenz erwähnt. Mit steigendem Alter erhöht sich zudem die Prävalenz der Multimorbidität, sodass sich eine isolierte Betrachtung des Einflusses einzelner Erkrankungen auf das Altern und die Entwicklung der Funktionalität schwierig gestaltet. Da sich auf individueller Ebene sowohl die Muster als auch der jeweilige Schweregrad der Komorbiditäten unterscheiden und sich diese vor dem Hintergrund der Organalterung entwickeln, liegt in der älteren Bevölkerung eine ausgesprochene Heterogenität des physischen Phänotyps vor. Aufgrund dieser Heterogenität der älteren Population ist es offensichtlich, dass das chronologische Alter eines älteren Menschen nur eingeschränkt mit seiner Funktionalität und Morbidität sowie seiner Lebenserwartung korreliert.

Die Wissenschaft versucht daher seit geraumer Zeit das biologische Alter älterer Menschen anhand von Biomarkern zu bestimmen. Dies hat unter anderem das Ziel, die Wirksamkeit von gegen das Altern gerichteten Substanzen hinsichtlich der Verlangsamung altersbedingter degenerativer Veränderungen auch bei einer beschränkten Studiendauer ausreichend sicher beurteilen zu können. Zum anderen wird versucht, auf der Grundlage des individuellen biologischen Alters das Patientenrisiko und den potentiellen Nutzen vor der Durchführung von invasiven medizinischen Maßnahmen wie Operationen oder Chemotherapien besser abzuwägen. Letzteres ist für eine verantwortungsvolle Beratung von älteren, oftmals fragilen Patienten vor diagnostisch-therapeutischen Entscheidungen von wesentlicher Bedeutung. Für die Bestimmung des biologischen Alters stehen verschiedene methodische Ansätze zur Verfügung. Zum einen sind dies molekulare Biomarker. Beispiele sind die Messung der DNA-Methylierung bestimmer Genloci, die Erfassung der Telemorlänge oder auch die kombinierte Analyse verschiedener molekularer Biomarker (Sebastiani et al., 2017) (Tab. 2). Trotz zuletzt vielversprechender Studienergebnisse existieren noch zahlreiche offene Fragen, die zunächst beantwortet werden müssen, bevor einer oder mehrere dieser Ansätze einer routinemäßigen Nutzung im Kontext medizinischer Fragestellungen zugeführt werden können (Bell et al., 2019; Field et al., 2018). Gegenwärtig ist es noch unklar, welche Methodik sich hier durchsetzen wird.

Neben molekularen Markern können auch klinische Parameter für die Bestimmung des biologischen Alters herangezogen werden. Im Rahmen dieses Ansatzes ist es jedoch erforderlich, ältere Patienten umfassend, nahezu holistisch zu betrachten und dabei sowohl die Art und Schwere der individuellen Komorbiditäten als auch ihre Funktionalität zu erfassen. Letztere wiederum unterliegt einer komplexen Interaktion verschiedener Domänen wie Mobilität, Kognition, Emotionalität und der sozioökonomischen Situation (Abb. 1).

Das geriatrische Assessment ist als ein adäquates Instrument zu betrachten, welches die differenzierte Erfassung der individuellen funktionellen Defizite und Ressourcen erlaubt. Es umfasst die validierte Evaluation der folgenden Dimensionen mithilfe etablierter Testverfahren:

- Aktivitäten des täglichen Lebens,
- Mobilität und Sturzgefährdung
- Kognition
- Emotionalität

Abb. 1 Einflussfaktoren auf die Alltagsfunktionalität älterer Personen (Gryglewska et al., 2017)

Tab. 2 Methoden zur Prädiktion des biologischen Alters (Jylhävä et al, 2017)	
	DNA Methylierung
	Telomerenlänge
	Genetische Expression
	Analyse der Glykosilierung
	Proteomics
	Metabolomics
	Kombination von Biomarkern

- Ernährungsstatus
- soziale Situation.

Es existiert bereits eine große Zahl an Studien, welche den Wert des geriatrischen Assessments belegen (Ellis G et al., 2017).

Das theoretische Konstrukt der Frailty stellt in diesem Zusammenhang einen weiteren vielversprechenden methodischen Ansatz dar (Hoogendijk EO et al., 2019). Bei Frailty handelt es sich um ein eigenständiges geriatrisches Syndrom, dem ein dynamisches multidimensionales Konzept zugrunde liegt, welches physische, kognitive, psychologische und soziologische Komponenten aufweist. Ältere Personen weisen bei Vorliegen einer Frailty verminderte funktionelle Reserven und eine reduzierte Widerstandskraft gegenüber internen und externen Stressoren auf. Als Beispiel der ersteren kann das Auftreten einer Krankheit oder eines

altersassoziierten funktionellen Defizits (z. Bsp. eine Seh- oder Hörstörung) angeführt werden, als Beispiele für die letzteren so unterschiedlichen Einflüsse wie
die Verordnung eines neuen Medikamentes, der Verlust eines nahen Angehörigen
oder ein Wohnortwechsel. Frailty wird dabei als Kontinuum verstanden, welches von subklinischen Formen bis zur Schwelle einer Behinderung reicht. Den
letzteren Fall betrachtet man als Vollbild einer Frailty. Zudem ließ sich für die
Entstehung einer Frailty der Einfluss zahlreicher Lebensstilfaktoren wie Gewicht,
Genussmittelkonsum und Einkommen als relevant nachweisen (Clegg, 2013). Aus
dieser Beschreibung des Frailty-Konzeptes ergibt sich daher eine deutliche Nähe
zum Konzept des biologischen Alters.

Bis heute existiert kein internationaler Konsensus bezüglich der Diagnose
einer Frailty. Die international am weitesten verbreiteten Frailty-Diagnosen stellen jedoch der physische Phänotyp nach Fried und der Frailty-Index nach
Rockwood dar (Fried, 2001; Rockwood, 2005). Die originalen Frailty-Kriterien
nach Fried sind der Tab. 3 zu entnehmen. Die Frailty-Prävalenz steigt mit zunehmenden Alter und beträgt bei > 65-Jährigen im Bevölkerungsmittel etwa 10 %
(Collard et al., 2012). Die theoretisch vollzogene Abgrenzung gegenüber dem
Vorliegen einer Behinderung und/oder der Multimorbidität gelingt im Alltag nur
bedingt, wie bereits die Studie von Fried et al., aber auch Nachfolgearbeiten zeigten. Es ist daher nachvollziehbar, dass der Frailty-Index nach Rockwood (FI) auf
der Listung von Funktionsdefiziten und Komorbiditäten basiert. In einer ersten
Version wurden deren 70 gelistet. Der FI berechnet sich, indem man die Zahl der
bei einer älteren Person vorhandenen funktionellen Defizite und Komorbiditäten
durch deren maximal mögliche Zahl dividiert. Er erwies sich in verschiedenen
Settings als ein Instrument mit hoher prädiktiver Validität bezüglich Komplikationen, Institutionalisierung, Krankenhauswiederaufnahmen und Mortalität (Theou,
2018). Aufgrund der großen Zahl der abzufragenden Items wurde seine ursprüngliche Form als zu aufwendig betrachtet. Die Autoren erstellten daraufhin eine
im Umfang verringerte Version mit nur noch 38 Items, die sich als ähnlich
prädiktiv erwies. Letzere ist gegenwärtig weltweit in wissenschaftlichen Studien weit verbreitet. Weder die Frailty-Kriterien nach Fried noch der FI sind
jedoch für den klinischen Alltag tauglich. Gegenwärtig werden daher alternative
Diagnoseverfahren entwickelt, welche bei akzeptabler Praktikabilität eine ausreichend hohe Validität aufweisen. Unter den Frailty-Kriterien nach Fried erwies
sich die Ganggeschwindigkeit als wertvollster Parameter (Studenski, 2011), der
zukünftig vermutlich auch isoliert zur Anwendung kommen dürfte. Auf der Basis
des FI und der in den Hausarztpraxen verfügbaren Routinedatensätze wurde
in Großbritannien ein elektronischer Frailty-Index entwickelt, der zukünftig ein

Tab. 3 Frailty-Kriterien nach Fried (Fried et al., 2001)	• Gewichtsverlust > *5 kg pro Jahr*
	• Erschöpfung *CES-D depression scale (2 Fragen)*
	• Schwäche *Handkraftmessung: niedrigste 20 % in einer repräsentativen Alterskohorte*
	• Ganggeschwindigkeit *über 5 m: langsamste 20 % in einer repräsentativen Alterskohorte*
	• Niedrige körperliche Aktivität *kcal/Woche: niedrigste 20 % in einer repräsentativen Alterskohorte*
	Prefrailty: 1–2 Kriterien **Frailty:** > 2 Kriterien

automatisiertes Frailty-Screening ermöglichen wird (Hollinghurst, 2019; Brundle, 2019).

Wie bereits dargelegt, gelingt es in der Regel nicht, eine vollständige Abgrenzung zwischen Frailty und Komorbidität vorzunehmen. Es ist vielmehr davon auszugehen, das im höheren Alter regelhaft eine Wechselwirkung zwischen beiden Entitäten besteht, wobei der Umfang der selbigen unterschiedlich ausfällt, wie eine Arbeit von Ngyuen et al. zeigte (Ngyuen et al., 2019). Hier konnte nachgewiesen werden, dass die Mortalität von Patienten mit Frailty stark von der individuellen Komorbidität beeinflusst wird. In der untersuchten kanadischen Population von > 65-Jährigen war die höchste Sterblichkeit bei Frailty-Patienten mit neuropsychiatrischen Erkrankungen zu beobachten.

Die Relevanz unterschiedlicher Komorbiditäten für eine Verschlechterung der Funktionalität und für negative Gesundheitsereignisse ist im Alter äußerst verschieden. In Studien, die versuchen, diese Beziehung zu analysieren, ergibt sich zudem das Problem, den Schweregrad einer Erkrankung klassifizieren zu müssen, da es zum Beispiel einen erheblichen Unterschied macht, ob eine chronische Niereninsuffizienz als beginnend und somit leicht einzustufen ist oder ob es sich um einen Patienten handelt, der eine schwere chronische Niereninsuffizienz aufweist und damit vor der Dialysepflichtigkeit steht. Die metabolischen Konsequenzen und damit die Auswirkungen auf den Gesamtorganismus sind damit grundverschieden.

In jüngeren Lebensjahren liegt meist nur eine akute oder chronische Erkrankung vor. Daher ist deren Einfluss in dieser Population wesentlich einfacher zu analysieren als in einer älteren mit der Gleichzeitigkeit mehrerer akuter und chronischer Erkrankungen. Multimorbidität ist im Alter nahezu die Regel.

Eine aktuelle Definition beschreibt Multimorbidität als jedwede Kombination einer chronischen Erkrankung mit mindestens einer weiteren Erkrankung (akut oder chronisch) (Le Reste, 2013). Es wurden zahlreiche Komorbiditätsscores entwickelt, welche die prognostische Relevanz der individuell vorhandenen Kombinationen von Komorbiditäten erfassen sollen. In diese numerischen Scores geht sowohl die Zahl der Komorbidiäten als auch der diesen zugeordnete Bedeutungsgrad ein. Letzterer entspricht allerdings nicht der Ausprägung der Komorbidität auf individueller Ebene, sondern er wird lediglich generalisiert für alle an dieser Komorbidität erkrankten Patienten vergeben. Es überrascht daher nicht, dass selbige Scores als nicht ausreichend prognostisch präzise bewertet wurden. Prinzipiell lässt sich feststellen, dass bei Vorliegen von chronischen Erkrankungen im Alter eine stärkere Abnahme der Leistung in Funktionstests wie Handkraft und Ganggeschwindigkeit vorhanden ist und mit steigender Zahl der Komorbiditäten das Risiko für das Auftreten einer Behinderung zunimmt (Newman, 2016; Yokota, 2016).

Resümee

Zum einen prädisponiert die regelhaft zu beobachtende Organalterung einschließlich der aus ihr resultierenden Funktionseinbußen im höheren Lebensalter für das Auftreten von akuten und chronischen Erkrankungen (Vetrano et al., 2018). Beispielhaft sei auf das Auftreten einer Sarkopenie (altersassoziierter Verlust an Muskelmasse und Muskelkraft) und das aus ihr resultierende erhöhte Sturzrisiko sowie die erhöhte Wahrscheinlichkeit einer Fraktur (Schenkelhals-, Humerus- und Radiusfraktur) verwiesen. Zum anderen ist der Einfluss individueller Komorbiditäten auf die Funktionalität im Alter stärker ausgeprägt. Dabei gilt es zu berücksichtigen, dass dieser je nach dem vorliegenden Erkrankungsspektrum und dem Schwergrad der einzelnen Erkrankungen sehr unterschiedlich ausfällt. Beispielhaft seien auf die chronische Niereninsuffizienz und die chronische Herzinsuffizienz verwiesen.

So durchdringen sich Komorbidität und Funktionalität wechselseitig. Sie haben damit beide wesentlichen Einfluss auf die Entwicklung des individuellen biologischen Alters. So gilt es nun für die medizinisch-biologische Forschung herauszufinden, welche Ansätze es jenseits der Behandlung der individuellen Komorbidität zukünftig vermögen, den Verlauf der Funktionalität im Alter günstig zu beeinflussen. Bislang sind hier körperliches Training und eine optimierte Ernährung als Standards anzusehen. Ob neue medikamentöse und hormonelle Ansätze die an sie gestellten Erwartungen erfüllen, müssen zukünftige Studien zeigen.

Literatur

Bell, C. G., Lowe, R., Adams, P. D., Baccarelli, A. A., Beck, S., Bell, J. T., Christensen, B. C., Gladyshev, V. N., Heijmans, B. T., Horvath, S., Ideker, T., Issa, J. J., Kelsey, K. T., Marioni, R. E., Reik, W., Relton, C. L., Schalkwyk, L. C., Teschendorff, A. E., Wagner, W., Rakyan, V. K. (2019). DNA methylation aging clocks: Challenges and recommendations. *Genome Biology, 20,* 249.

Brundle, C., Heaven, A., Brown, L., Teale, E., Young, J., West, R., & Clegg, A. (2019). Convergent validity of the electronic frailty index. *Age and Ageing, 48,* 152–156.

Clegg, A., Young, J., Iliffe, S., Rikkert, M. O., & Rockwood, K. (2013). Frailty in elderly people. *Lancet, 381,* 752–762.

Collard, R. M., Boter, H., Schoevers, R. A., & Oude Voshaar, R. C. (2012). Prevalence of frailty in community-dwelling older persons: A systematic review. *Journal of the American Geriatrics Society, 60,* 1487–1492.

Ellis, G., Gardner, M., Tsiachristas, A., Langhorne, P., Burke, O., Harwood, R. H., Conroy, S. P., Kircher, T., Somme, D., Saltvedt, I., Wald, H., O'Neill, D., Robinson, D., & Shepperd, S. (2017). Comprehensive geriatric assessment for older adults admitted to hospital. *Cochrane Database System Review, 9,* CD006211.

Fahy, G. M., Brooke, R. T., Watson, J. P., Good, Z., Vasanawala S. S., Maecker, H., Leipold, M. D., Lin, D. T. S., Kobor, M. S., Horvath, S. (2019). Reversal of epigenetic aging and immunosenescent trends in humans. *Aging Cell, 18,* e13028.

Field, A. E., Robertson, N. A., Wang, T., Havas, A., Ideker, T., & Adams, P. D. (2018). DNA methylation clocks in aging: Categories, causes, and consequences. *Molecular Cell, 71,* 882–895.

Fried, L. P., Tangen, C. M., Walston, J., Newman, A. B., Hirsch, C., Gottdiener, J., Seeman, T., Tracy, R., Kop, W. J., Burke, G., & McBurnie, M. A. (2001). Cardiovascular health study collaborative research group. Frailty in older adults: evidence for a phenotype. *The Journal of Gerontology Series A Biological Sciences Medical Sciences, 56,* M146–56.

Gryglewska, B., Piotrowicz, K., & Grodzicki, T. (2017). Ageing, multimorbidity, and daily functioning. In J. P. Michel, L. B. Beattie, F. C. Martin, & J. D. Walston (Hrsg.), *Oxford textbook of geriatric medicine* (3. Aufl.). Oxford University

Hollinghurst, J., Fry, R., Akbari, A., Clegg, A., Lyons, R. A., Watkins, A., & Rodgers, S. E. (2019). External validation of the electronic frailty index using the population of Wales within the secure anonymised information linkage databank. *Age and Ageing, 48,* 922–926.

Hoogendijk, E. O., Afilalo, J., Ensrud, K. E., Kowal, P., Onder, G., & Fried, L. P. (2019). Frailty: Implications for clinical practice and public health. *Lancet, 394,* 1365–1375.

Jylhävä, J., Pedersen, N. L., & Hägg, S. (2017). Biological age predictors. *EBioMedicine, 21,* 29–36.

Le Reste, J. Y., Nabbe, P., Lazic, D., Assenova, R., Lingner, H., Czachowski, S., Argyriadou, S., Sowinska, A., Lygidakis, C., Doerr, C., Claveria, A., Le Floch, B., Derriennic, J., Van Marwijk, H., & Van Royen, P. (2016). How do general practitioners recognize the definition of multimorbidity? A European qualitative study. *The European Journal of General Practice, 22,* 159–168.

López-Otín, C., Blasco, M. A., Partridge, L., Serrano, M., & Kroemer, G. (2013). The hallmarks of aging. *Cell, 153,* 1194–1217.

Melzer, D., Pilling, L. C., & Ferrucci, L. (2020). The genetics of human ageing. *Nature Reviews Genetics, 21*, 88–101.

Mitchell, S. J., Bernier, M., Aon, M. A., Cortassa, S., Kim, E. Y., Fang, E. F., Palacios, H. H., Ali, A., Navas-Enamorado, I., Di Francesco, A., Kaiser, T. A., Waltz, T. B., Zhang, N., Ellis, J. L., Elliott, P. J., Frederick, D. W., Bohr, V. A., Schmidt, M. S., Brenner, C, & de Cabo, R. (2018). Nicotinamide improves aspects of healthspan, but not lifespan, in Mice. *Cell Metabolism, 27*, 667–676.

Newman, A. B., Sanders, J. L., Kizer, J. R., Boudreau, R. M., Odden, M. C., Zeki Al Hazzouri, A., & Arnold, A. M. (2016). Trajectories of function and biomarkers with age: The CHS All Stars Study. *International Journal of Epidemiology, 45*, 1135–1145.

Ngyuen, Q. D., Wu, C., Odden, M. C., & Kim, D. H. (2019). Multimorbidity patterns, frailty, and survival in community-dwelling older adults. *Journals of Gerontology. Series A, Biological Sciences and Medical Sciences, 74*, 1265–1270.

Olshansky, S. J. (2018). From lifespan to healthspan. *JAMA, 320*, 1323–1324.

Pollack, R. M., Barzilai, N., Anghel, V., Kulkarni, A. S., Golden, A., O'Broin, P., Sinclair, D. A., Bonkowski, M. S., Coleville, A. J., Powell, D., Kim, S., Moaddel, R., Stein, D., Zhang, K., Hawkins, M., & Crandall, J. P. (2017). Resveratrol improves vascular function and mitochondrial number but not glucose metabolism in older adults. *Journals of Gerontology. Series A, Biological Sciences and Medical Sciences, 72*, 1703–1709.

Rockwood, K., Song, X., MacKnight, C., Bergman, H., Hogan, D. B., McDowell, I., & Mitnitski, A. (2005). A global clinical measure of fitness and frailty in elderly people. *CMAJ, 173*, 489–495.

Sebastiani, P., Thyagarajan, B., Sun, F., Schupf, N., Newman, A. B., Montano, M., & Perls, T. T. (2017). Biomarker signatures of aging. *Aging Cell, 16*, 329–338.

Studenski, S., Perera, S., Patel, K., Rosano, C., Faulkner, K., Inzitari, M., Brach, J., Chandler, J., Cawthon, P., Connor, E. B., Nevitt, M., Visser, M., Kritchevsky, S., Badinelli, S., Harris, T., Newman, A. B., Cauley, J., Ferrucci, L., & Guralnik, J. (2011). Gait speed and survival in older adults. *JAMA, 305*, 50–58.

Theou, O., Squires, E., Mallery, K., Lee, J. S., Fay, S., Goldstein, J., Armstrong, J. J., & Rockwood, K. (2018). What do we know about frailty in the acute care setting? *A scoping review. BMC Geriatrics, 18*, 139.

Vetrano, D. L., Rizzuto, D., Calderón-Larrañaga, A., Onder, G., Welmer, A. K., Bernabei, R., Marengoni, A., & Fratiglioni, L. (2018). Trajectories of functional decline in older adults with neuropsychiatric and cardiovascular multimorbidity: A Swedish cohort study. *PLoS Med, 15*, e1002503.

Yokota, R. T., Van der Heyden, J., Nusselder, W. J., Robine, J. M., Tafforeau, J., Deboosere, P., & Van Oyen, H. (2016). Impact of chronic conditions and multimorbidity on the disability burden in the older population in Belgium. *Journals of Gerontology. Series A, Biological Sciences and Medical Sciences, 71*, 903–909.

Das Altern somatischer Stammzellen und Zuckerstoffwechsel

Die Kunst Blutstammzellen gesund zu pflegen

Laura Poisa-Beiro und Anthony D Ho

Äußerlich ist das Altern durch Hautfalten und graue Haare gekennzeichnet. Unter der Haut ist es ein tiefgreifender Prozess aller Organe und Zellen des Körpers. Dabei spielt die Regenerationsfähigkeit der somatischen Stammzellen in dem Alterungsprozess eine entscheidende Rolle.

Die Abnahme der Immunabwehrlage und die Neigung zur Krebserkrankungen sind zum Beispiel gekoppelt mit dem Alterungsprozess des Menschen. Hierfür spielt wiederum die sich verändernde Funktionstüchtigkeit der weißen Blutkörperchen im Laufe des Lebens die Schlüsselrolle. Die Blutkörperchen leiten sich von den hämatopoetischen Stammzellen (hematopoietic stem cells, HSC) ab. Zeitlebens tragen die HSC Sorge dafür, dass geschädigte weiße Blutkörperchen wie z. B. die Granulozyten, die eine Lebensdauer von nur ca. 7 bis 8 h aufweisen, ständig ersetzt werden. Eine fundamentale Ursache der mit dem Altern einhergehenden Immunschwäche ist also auf die Abnahme der Funktionstüchtigkeit der HSC zurückzuführen. Aus Untersuchungen in Tiermodellen haben in den letzten Jahren weltweit Wissenschaftler Kenntnisse über die Verbindung zwischen der Regenerationsfähigkeit der HSC und der Immunschwäche im Altern erlangt (Geiger et al., 2013; Liang et al., 2005; Morrison et al., 1996; Pang et al., 2011; Ho et al., 2005; Rossi et al., 2005; Wagner et al., 2008a, b, 2009). In wie weit solche Erkenntnisse aus Tiermodellen auf die Situation im Menschen übertragbar sind, bleibt allerdings offen (Pang et al., 2011).

L. Poisa-Beiro (✉) · A. D. Ho
Medizinische Klinik V, Universität Heidelberg, Heidelberg, Deutschland
E-mail: laura.poisa@med.uni-heidelberg.de

A. D. Ho
E-mail: anthony_dick.ho@urz.uni-heidelberg.de

© Der/die Autor(en) 2022
A. D. Ho et al. (Hrsg.), *Altern: Biologie und Chancen,* Schriften der Mathematisch-naturwissenschaftlichen Klasse 27,
https://doi.org/10.1007/978-3-658-34859-5_11

An menschlichen HSC als Modell für das Altern somatischer Stammzellen haben Wissenschaftler aus unserer Arbeitsgruppe im Klinikum der Universität Heidelberg und aus dem European Molecular Biology Laboratory (EMBL) die molekularen Grundlagen des Alterungs-Prozesses untersucht. Wir haben zeigen können, dass HSC älterer Menschen verstärkt Zucker verbrauchen – wobei sich eine verblüffende Parallele zu Krebszellen zeigt, die ebenfalls einen erhöhten Zucker-Stoffwechsel aufweisen (Hennrich et al., 2018).

Untersuchung des gesamten Proteoms menschlicher Blutstammzellen

Wir haben die aus dem Knochenmark gewonnenen HSC von 59 gesunden Probanden im Alter zwischen 20 und 60 Jahren dahingehend untersucht, wie sich die Zellproteine in den Blutstammzellen im Laufe des Lebens verändern. Die Gesamtheit der Proteine, das Proteom, der HSC wurde mithilfe moderner Massen-Spektrometrie untersucht. Unter den zahlreichen qualitativen und quantitativen Veränderungen der Protein-Zusammensetzung bei den HSC (CD34 + Zellen), die sich mit zunehmendem Alter erkennen lassen, hebt sich insbesondere eine Steigerung des Zucker-Stoffwechsels mit dem Altern hervor (siehe Abb. 1). Diese Veränderung im zellulären Stoffwechsel alternder HSC ist bisher weder im Mausmodell noch beim Menschen beschrieben.

Verschiebung der Lymphozyten-Bildung zu Gunsten von Granulozyten im Alter

Eng gekoppelt mit der Veränderung im Zucker-Stoffwechsel ist außerdem eine Verschiebung der Ausreifung bei alternden Blutstammzellen zu Gunsten der Granulozyten und auf Kosten der Lymphozyten festzustellen (siehe Abb. 2) (Pang et al., 2011; Hennrich et al., 2018; Doulatov et al., 2010). Unter den weißen Blutzellen gelten die so genannten Granulozyten als „Fußsoldaten", wohingegen die Lymphozyten die „Kommandanten" darstellen. Die Lymphozyten koordinieren die Aktionen des Immunsystems, um Eindringlinge bei Infektionen zu bekämpfen sowie entartete Körperzellen, d. h. Zellen mit Mutationen (Krebszellen), zu beseitigen. Mit zunehmendem Alter eines Menschen verschiebt sich also die Balance in der Zellbildung und es werden mehr Granulozyten und weniger Lymphozyten aus den HSC abgeleitet (Hennrich et al., 2018; Doulatov et al., 2010). Damit verläuft die Abwehr im Alter weniger kontrolliert, was der Körper mit einer

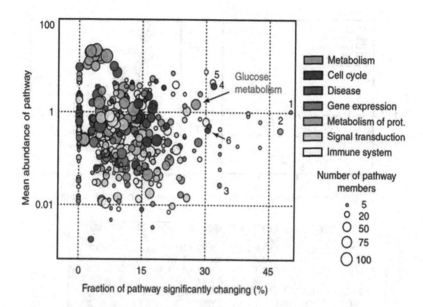

Abb. 1 Veränderungen der Proteine und Enzyme in den Stoffwechselwegen der Knochen-markzellen im Laufe des Lebens. Nur signifikante Veränderungen werden hier dargestellt. Es hebt sich insbesondere eine Steigerung des Zuckerstoffwechsels mit dem Altern hervor (aus Ref. Hennrich et al. 2018)

verstärkten Bildung von Granulozyten auszugleichen versucht. Hierfür benötigt er verstärkt DNA-Bausteine und Energie, weshalb eine Subpopulation der HSC mehr Zucker verbraucht.

Alterierte Blutstammzellen sind mit erhöhtem Zuckerstoffwechsel verbunden

Durch die Einzelzell-Analyse der gesamten, exprimierten Ribonukleinsäure (des Transkriptoms) haben wir außerdem zeigen können, dass die Veränderungen sich nur auf einen Bruchteil und nicht auf die Gesamtheit der HSC beziehen (Poisa-Beiro et al., 2020). Die Verschiebung spezifischer Blutstammzellen zur myeloischen Differenzierung ist also eng gekoppelt mit einem erhöhten Zucker-Stoffwechsel (Hennrich et al., 2018). Daraus leitet sich die Hypothese

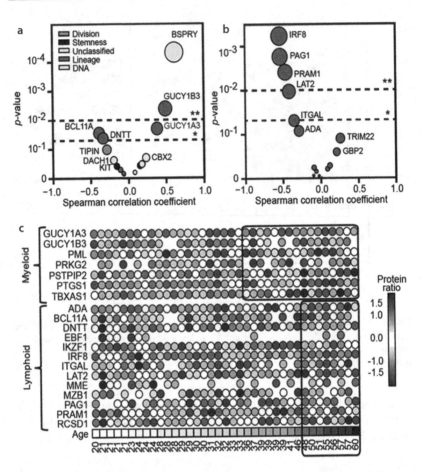

Abb. 2 Veränderungen der für die Lymphopoese verantwortlichen Proteine und Enzyme im Vergleich zu den für Granulopoese und Thrombopoese verantwortlichen Proteinen und Enzymen mit dem Alterungsprozeß des Menschen. **a** „Scatter plot" der Korrelation zwischen Spearman's rank correlation coefficient (x-axis) und Signifikanz (p value) der spezifisch in HSC exprimierten Proteine (y-axis). **b** „Scatter plot" in Analogie zu **a** aber mit Lymphopoese-assoziierten Proteine im Vergleich zu Myelopoese (Blutplättchen, Erythozyten und Granulozyten. **c** Signifikante Veränderungen der entsprechenden Proteine und Enzyme mit dem Altern. Die quantifizierte Menge bei jedem Probanden wird durch die Ringe dargestellt. Das Alter des entsprechenden Probanden wird unten aufgelistet. Die Farbe gibt die entsprechenden Erhöhung beziehungsweise die Abnahme mit dem Lebensalter wieder. Die relative Intensität wird gegen einen internen Standard gemessen, (TMT protein ratio). Rot = Zunahme, Bau = Abnahme (Aus Ref. Henrich et al. 2018)

ab, dass sich altersbedingt veränderte HSC durch den Zuckerstoffwechsel von den restlichen, normalen HSC trennen lassen.

Mit einer speziellen Methode konnten wir den Glykogengehalt, was den Zuckerstoffwechsel wiederspiegelt, in den einzelnen HSC sichtbar machen und quantifizieren. Damit haben wir gezeigt, dass sich der erhöhte Zuckerstoffwechsel nur bei einem Bruchteil der HSC nachweisen lässt. Damit haben wir außerdem demonstrieren können, dass der Glykogen-Gehalt in den einzelnen HSC von jungen Probanden (<30 Jahre) verhältnismäßig homogen verteilt ist. Im Kontrast ist der Glykogen-Gehalt bei ca. 10–30 % der HSC bei älteren Probanden erhöht und somit in den Subpopulationen der HSC mehr heterogen verteilt (Poisa-Beiro et al. 2020).

Mit unserer Methode haben wir zum ersten Mal die Möglichkeit geschaffen, die für den Alterungsprozess verantwortlichen Subpopulationen in den HSC in ausreichender Menge für eine Multi-Omics-Analyse zu isolieren. Die moderne Technologie der Genom-, Transkriptom-, und Metabolom-Untersuchungen auf Einzelzell-Ebene wird dann in einem weiteren Schritt dazu beitragen, die Unterschiede in den Zucker-Stoffwechselwegen zwischen alterierten HSC und normalen HSC als Ansatzpunkte für therapeutische Interventionen ausfindig zu machen.

Stoffwechsel alternder Blutstammzellen zeigt Parallelen zu Krebszellen

Einen erhöhten Glukose-Verbrauch hatte Otto Warburg (siehe Abb. 3) bei Krebszellen in den 1920er Jahren beschrieben und dieser ist seither als Warburg-Effekt bekannt (Warburg, 1925). Dieser besagt, dass gesunde Körperzellen Energie gewinnen, indem sie Zucker verbrennen und dabei Sauerstoff verbrauchen. Krebszellen dagegen produzieren Energie durch Vergärung. Unter damaligem Kenntnisstand glaubte Warburg, dass ein Leben ohne Sauerstoff die Ursache für Krebs sei. Daher sei der Ansatzpunkt für eine Krebstherapie in der Wiederherstellung der Zellatmung mit Sauerstoff zu finden.

Im heutigen „post-genomischen" Zeitalter hat die Hypothese von Warburg an Bedeutung verloren und ist fast in Vergessenheit geraten. Moderne Untersuchungen haben molekulare Veränderungen im Genmaterial als Ursache für die Krebsentstehung identifiziert. Aber gerade haben Genom- und Transkriptom-Untersuchungen bei Krebszellen verdeutlicht, dass zwar Mutationen an DNA zu Krebserkrankungen führen, jedoch bedarf es eines Zusammenwirkens von vielen

Mutationen, um eine Krebserkrankung auszulösen. Diese Mutationen alle zu korrigieren oder zu bekämpfen hat sich inzwischen als illusorisch erwiesen (Heiden et al., 2009).

Eingriff in den Zuckerstoffwechsel als Angriffspunkt

Dagegen sind es nur wenige Stoffwechselwege, mit denen sowohl normale als auch entartete Zellen Energie generieren und Rohstoffe für die Zellvermehrung produzieren. Der Verdienst von Warburg ist, dass er eine grundsätzlich andere Art der Energiegewinnung als den Unterschied zwischen gesunden Zellen und Krebszellen identifiziert hat. Die Manipulation der in Krebszellen überaktiven Signalwege bietet sich zum Beispiel als therapeutischer Ansatz an. Ein Enzym des Energiestoffwechsels bzw. der Glykolyse, Phosphoinositol-3-kinase (PI3K) stellt ein gutes Beispiel dar. Diese ist typischerweise bei vielen Tumorzellen, z. B. Brustkrebs, malignen Lymphomen, durch Tumor-Wachstumsfaktoren aktiviert. Die aktive PI3K kann dann Membranlipide phosphorylieren, die wiederum die AKT Signalwege aktivieren, die proapoptotischen Proteine der BCL-Proteine inhibieren, und dementsprechend zu vermehrter Proliferation sowie verminderter Apoptose der betroffenen Zellen führen (deBerardinis et al., 2008). Inzwischen haben sich zwei Inhibitoren der PI3K, Idelalisib und Copanlisib als klinisch wirksam bei vorbehandelten, niedrig-malignen Lymphomen erwiesen und diese wurde schon vor 8 bzw. vor 2 Jahren von den Gesundheitsbehörden zugelassen (Dreyling et al., 2017; Gopal et al., 2014). Weitere PI3K-Inhibitoren wie z. B. Duvelisib befinden sich zurzeit in der klinischen Erprobung (Dreyling et al., 2017). Ein anderes Beispiel ist ein Inhibitor für das Enzym Isozitrat Dehydrogenase 2 (IDH2), der bereits im Jahr 2018 für vorbehandelte Akute Myeloische Leukämie von der „European Medicines Evaluation Agency" (EMEA) zugelassen wurde (Stein et al., 2017).

Dass ein erhöhter Glukose-Metabolismus auch bei alternden HSC zu finden ist, war für uns eine Überraschung (Hennrich et al., 2018). Basierend auf demselben Prinzip wie bei Krebszellen könnte es vorstellbar sein, dass wir die selektive Proliferation alterierter HSC durch Hemmung des Zuckerstoffwechsels beeinflussen können, und somit die Entfaltung normaler HSC wieder im Gang setzen können.

Abb. 3 Otto Warburg
(1883-1970). (Quelle :
Archiv der
Max-Planck-Gesellschaft,
Berlin-Dahlem)

Klonale Hämatopoese von unbestimmtem Potenzial im Alter

Klonale Hämatopoese von unbestimmtem Potenzial (clonal hematopoiesis of indeterminate potential, CHIP) ist eine neue Entität in der Medizin, die nur durch die Genomuntersuchung ermöglicht, herauskristallisiert und definiert wird (Beerman et al., 2010; Jaiswal et al., 2014, 2017; Young et al., 2016; Zink et al., 2017). Es handelt sich um den Nachweis von somatischen Mutationen in Blut- oder Knochenmarkzellen ohne Symptome oder ohne Erfüllung anderer Kriterien für eine Bluterkrankung. Die Prävalenz von CHIP nimmt mit dem Alter exponentiell zu. Laut Literaturangaben liegt die Häufigkeit bei Siebzigjährigen, je nach Sensitivität der Sequenzierungsmethoden, bei 10 % bis 60 % in (Jaiswal et al., 2014, 2017; Beerman et al., 2010; Young et al., 2016; Zink et al., 2017).

Bei gesunden Individuen geht man davon aus, dass die HSC gleichmä-ßig zur Blutbildung beitragen. Bei Patienten mit akuter myeloischer Leukämie (AML-Patienten) übernimmt eine Blutstammzelle fast die gesamte, krankhafte

Blutbildung, also eine vollständige, klonale Hämatopoese. Diese ist mit schweren Ausreifungsstörungen und der Verdrängung normaler Blutbildung verbunden. Bei CHIP ist die klonale Hämatopoese klinisch gar nicht bemerkbar und die Mutationen nur bei einem Bruchteil der HSC nach zu weisen. Die am häufigsten mutierten Gene sind solche, die auch bei AML- und Myelodysplasie (MDS)-Patienten am häufigsten mutiert sind: DNMT3A, TET2, ASXL1 (Beerman et al., 2010; Jaiswal et al., 2014, 2017). Das Risiko, eine maligne hämatologische Erkrankung zu entwickeln, ist mit einer Rate von 0,5 bis 1 % pro Jahr jedoch gering. Dennoch ist die Gesamtmortalität für Patienten mit CHIP signifikant erhöht. Es zeigte sich ein erhöhtes Risiko sowohl für kardiovaskuläre Todesfälle (Jaiswal et al., 2017) als auch für die Entwicklung einer hämatologischen, insbesondere einer myeloischen Neoplasie. Diese Ergebnisse deuten darauf hin, dass CHIP ein Indikator für den Alterungsprozess darstellt.

Schlussfolgerung

Unsere Untersuchungen haben gezeigt, dass die altersbedingten Veränderungen sowohl die Verschiebung des Ausreifungspotenzials als auch des gesteigerten Metabolismus, auf einem Bruchteil und nicht auf die Gesamtheit der alternden HSC zurückzuführen sind (Poisa-Beiro et al. 2020). Darüber hinaus hat die Analyse des Transkriptoms auf Einzelzellebene der HSC bestätigt, dass die Verschiebung des Ausreifungspotenzials zur myeloischen Vorstufen mit einem erhöhten Zucker-Stoffwechsel eng verbunden ist (Hennrich et al., 2018). Es liegt sehr nahe, dass diese Subpopulation eventuell mit der klonalen Hämatopoese assoziiert ist (Jaiswal et al., 2014, 2017; Young et al., 2016; Zink et al., 2017).

Daraus leitet sich unsere Hypothese ab, dass sich die alterierten HSC Subpopulation durch Veränderungen im Zuckerstoffwechsel von den übrigen, normalen HSC unterscheiden lassen. Mit einer weiteren, von uns entwickelten Methode haben wir nun zeigen können, dass der Anteil solcher alterierter HSC mit dem Alter zunimmt (Poisa-Beiro et al. 2020). Damit haben wir die Möglichkeit geschaffen, die für den Alterungsprozess verantwortlichen Subpopulationen von HSC durch den Unterschied im Zuckerstoffwechsel in ausreichender Menge für Multi-Omics-Analyse zu isolieren. Die moderne Technologie der Genom-, Transkriptom-, und Metabolom-Untersuchungen auf Einzelzell-Ebene wird dann in einem weiteren Schritt dazu beitragen, die Unterschiede in den Stoffwechselwegen zwischen alterierten HSC und normalen HSC als Ansatzpunkte für therapeutische Interventionen zu identifizieren.

In den letzten Jahren haben wir gelernt, wie wir den Unterschied im Zuckerstoffwechsel zwischen normalen Zellen und Krebszellen nutzen können, um durch Blockierung der krebsspezifischen Zucker-Stoffwechselwege die Tumorzellen auszuhungern (Dreyling et al., 2017; Gopal et al., 2014; Stein et al., 2017). Durch die Isolierung von einer Subpopulation von HSC, die für die altersbedingten Veränderungen verantwortlich ist und die sich im Zuckerstoffwechsel von den restlichen normalen Zellen der Hämatopoese unterscheiden lässt, könnten wir wahrscheinlich, in Analogie zur Krebsbehandlung, das Gleichgewicht der Hämatopoese durch Eingriffe in den Zuckerstoffwechsel wieder herstellen. Durch kontrollierte Hemmung des Zuckerstoffwechsels, z.B durch Ernährung, Verhaltensregeln, oder durch Medikamente, können wir dieses Ziel erreichen.

Literatur

Beerman, I., et al. (2010). Functionally distinct hematopoietic stem cells modulate hematopoietic lineage potential during aging by a mechanism of clonal expansion. *Proceedings of the National Academy of Sciences, 107*, 5465–5470.

DeBerardinis, R. J., Lum, J. J., Hatzivassiliou, G., & Thompson, C. B. (2008). The biology of cancer: Metabolic reprogramming fuels cell growth and proliferation. *Cell Metabolism, 7*, 11–20.

Doulatov, S., et al. (2010). Revised map of the human progenitor hierarchy shows the origin of macrophages and dendritic cells in early lymphoid development. *Nature Immunology, 11*, 585–593.

Dreyling, M., Santoro, A., Mollica, L., et al. (2017). Phosphatidylinositol 3-kinase inhibition by copanlisib in relapsed or refractory indolent lymphoma. *Journal of Clinical Oncology, 35*, 3898–3905.

Geiger, H., de Haan, G., & Florian, M. C. (2013). The ageing haematopoietic stem cell compartment. *Nature Reviews Immunology, 13*, 376–389.

Gopal, A. K., Kahl, B. S., de Vos, S., et al. (2014). PI3K inhibition by idelalisib in patients with relapsed indolent lymphoma. *The New England Journal of Medicine, 370*, 1008–1018.

Heiden, M. G. V., Cantley, L. C., & Thompson, C. B. (2009). Understanding the Warburg effect: The metabolic requirements of cell proliferation. *Science, 324*, 1029–1033.

Hennrich, M. L., et al. (2018). Cell-specific proteome analyses of human bone marrow reveal molecular features of age-dependent functional decline. *Nature Communications, 9*, 4004.

Ho, A. D., Wagner, W., & Mahlknecht, U. (2005). Stem cells and ageing. The potential of stem cells to overcome age-related deteriorations of the body in regenerative medicine. *EMBO Reports., 6*, 35–38.

Jaiswal, S., et al. (2014). Age-related clonal hematopoiesis associated with adverse outcomes. *The New England Journal of Medicine, 371*, 2488–2498.

Jaiswal, S., et al. (2017). Clonal hematopoiesis and risk of atherosclerotic cardiovascular disease. *The New England Journal of Medicine, 377*, 111–121.

Liang, Y., Van Zant, G., & Szilvassy, S. J. (2005). Effects of aging on the homing and engraftment of murine hematopoietic stem and progenitor cells. *Blood, 106*, 1479–1487.

Morrison, S. J., Wandycz, A. M., Akashi, K., Globerson, A., & Weissman, I. L. (1996). The aging of hematopoietic stem cells. *Nature Medicine, 2,* 1011–1016.

Pang, W. W., et al. (2011). Human bone marrow hematopoietic stem cells are increased in frequency and myeloid-biased with age. *Proceedings of the National Academy of Sciences, 108,* 20012–20017.

Poisa-Beiro, L. et al. (2020). Glycogen accumulation, central carbon metabolism, and aging of hematopoietic stem and progenitor cells. *Scientific reports, 10,* 11597. https://doi.org/10.1038/S41598-020-68396-2.

Rossi, D. J., et al. (2005). Cell intrinsic alterations underlie hematopoietic stem cell aging. *Proceedings of the National Academy of Sciences, 102,* 9194–9199.

Stein, E. M., DiNardo, C. D., Pollyea, D. A., et al. (2017). Enasidenib in mutant IDH2 relapsed or refractory acute myeloid leukemia. *Blood, 130,* 722–731.

Wagner, W., Horn, P., Bork, S., & Ho, A. D. (2008a). Aging of hematopoietic stem cells is regulated by the stem cell niche. *Experimental Gerontology, 43*(11), 974–980.

Wagner, W., Horn, P., Castoldi, M., Diehlmann, A., Bork, S., & Saffrich, R., et al. (2008b). Replicative senescence of mesenchymal stem cells – a continuous and organized process. *PLoS ONE, 5,* e2213.

Wagner, W., Bork, S., Horn, P., Krunic, D., Walenda, T., & Diehlmann, A., et al. (2009). Aging and replicative senescence have related effects on human stem and progenitor cells. *PLoS ONE, 4*(6), e5846.

Warburg, O. H. (1925). Ueber den stoffwechsel der Carcinomzelle. *Wiener Klinische Wochenschrift, 4,* 534–536.

Young, A. L., et al. (2016). Clonal haematopoiesis harbouring AMLassociated mutations is ubiquitous in healthy adults. *Nature Communications, 7,* 12484.

Zink, F., et al. (2017). Clonal hematopoiesis, with and without candidate driver mutations, is common in the elderly. *Blood, 130,* 742–752.

Biotechnische Verfahren zur Erhaltung und Verbesserung der Lebensqualität im Alter

Gehirn-Computer Schnittstellen zur Verbesserung von Lebensqualität und sozialer Teilhabe

Surjo R. Soekadar

Gehirn-Computer-Schnittstellen zur Steuerung robotischer Systeme

Allein in Deutschland erleiden jedes Jahr hunderttausende Menschen einen Schlaganfall in dessen Folge es zu schweren Lähmungen kommen kann (Busch et al., 2013). Bereits heute sind Schlaganfälle die führende Ursache für Langzeitbehinderung im Erwachsenenalter (WHO, 2012) und es ist davon auszugehen, dass die Anzahl der Betroffenen aufgrund demographischer Faktoren in den nächsten Jahren erheblich zunehmen wird (Feigin et al., 2016). Oft sind die Betroffenen nicht mehr in der Lage, Alltagstätigkeiten, wie Essen und Trinken oder die tägliche Körperpflege, ohne fremde Hilfe durchzuführen (Kwakkel et al., 2003; Rosamond et al., 2008). Insbesondere der Verlust der Hand- und Fingerfunktion kann zu erheblichen Einbußen der Lebensqualität und sozialen Teilhabe führen. Aktuell werden die direkten und indirekten (sozialen) Kosten durch Schlaganfälle allein in Deutschland auf über 10 Mrd. € jährlich geschätzt (Kolominsky-Rabas et al., 2006; Winter et al., 2008).

Die Wiederherstellung der Bewegungsfähigkeit nach Schlaganfall, aber auch nach traumatischen Verletzungen des Nervensystems (z. B. einer Rückenmarksverletzung oder Plexus-Ausriss), ist daher aus sozio-ökonomischer sowie medizinischer Sicht von großer Relevanz. Trotz zahlreicher medizinischer Fortschritte existiert jedoch derzeit keine etablierte Behandlungsstrategie, um die

S. R. Soekadar (✉)
AG Klinische Neurotechnologie, Klinik für Psychiatrie und Psychotherapie (CCM),
Charité – Universitätsmedizin Berlin, Berlin, Deutschland
E-mail: surjo.soekadar@charite.de

© Der/die Autor(en) 2022
A. D. Ho et al. (Hrsg.), *Altern: Biologie und Chancen,* Schriften
der Mathematisch-naturwissenschaftlichen Klasse 27,
https://doi.org/10.1007/978-3-658-34859-5_12

Bewegungsfähigkeit chronisch Gelähmter wiederherzustellen und schwere Lähmungen infolge eines Schlaganfalls oder einer Rückenmarksverletzung effektiv
zu therapieren.

Neurotechnologische Systeme, die auf der Basis neurobiologischer Erkenntnisse, z. B. den Mechanismen synaptischer Plastizität oder kortikaler Reorganisation, aufbauen, versprechen nun aber völlig neue Behandlungsansätze, die im
Folgenden skizziert werden.

Grundlage dieser neuen Ansätze sind sog. Gehirn-Computer-Schnittstellen
(engl. brain-computer interfaces, BCIs), die es ermöglichen, elektrische, magne-
tische oder metabolische Hirnaktivität auszulesen und in nahezu Echtzeit in
Steuersignale externer Geräte oder Computer zu übersetzen. Die Hirnaktivität
kann hierbei entweder *nicht-invasiv*, d. h. von der Kopfoberfläche, oder *inva-
siv*, d. h. durch Implantation von Elektroden in das Körperinnere, gemessen
werden. Im Bereich der nicht-invasiven Ansätze sind derzeit sechs Arten von
Hirnsignalen für BCI-Anwendungen etabliert worden: 1) Die Regulation von sog.
sensorimotorische Rhythmen (SMR, 8–15 Hz) (Soekadar et al., 2011), 2) Die
Regulation von langsamen kortikalen Hirnpotentialen (sog. slow cortical potentials, SCP) (Birbaumer et al., 1999), 3) Die Erfassung von sog. ereigniskorrelierten
Potentialen (event-related potentials, ERP) (Farwell & Donchin, 1988), 4) Die
Erfassung von visuell oder auditorisch evozierten steady-state Potentialen (sog.
steady-state visual evoked potentials, SSVEP, or auditory steady-state responses, ASSR) (Baek et al., 2013; Muller-Putz et al., 2005), 5) Die Regulation
der Blutoxygenierung (sog. blood oxygenation level-dependent contrast imaging)
im Magnetresonanztomographen (MRT) (Liew et al., 2016; Ruiz et al., 2013),
sowie 6) Regulation von Oxy/Desoxy-Hämoglobinkonzentration oberflächlicher
kortikaler Areale, die mittels funktioneller Nah-Infrarot-Spektroskopie (fNIRS)
gemessen werden kann (von Lühmann et al., 2015). Im Bereich der invasiven
Methoden spielen insbesondere die Aufzeichnung der sog. Lokalen Feldpotentiale
(local field potential, LFP) (Flint et al., 2012) sowie der sog. spikes und multi-unit
activity (Bansal et al., 2012) eine wichtige Rolle (Bouton et al., 2016; Hochberg
et al., 2012). So konnten mittels implantierbarer BCIs schwerst-gelähmte Schlaganfallüberlebende beispielsweise einen Roboterarm steuern, um einen Kaffee zu
trinken oder um einen Schokoladenriegel zu greifen und zum Mund zu führen
(Ajiboye et al., 2017; Collinger et al., 2013).

Die Steuerung solch komplexer Bewegungen in drei Dimensionen mittels
Hirnaktivität erfordert jedoch die Implantation von mindestens 100 leitenden
Silizium-Nadeln (dem sog. *Utah Array*) in die Großhirnrinde und ist damit
nicht für den breiten Einsatz bei den etwa 1,3 Mio. Schlaganfallüberlebenden
in Deutschland geeignet. Die Hauptprobleme beim Einsatz von implantierbaren

BCIs liegen zum einen in dem erhöhten Risiko von Infektionen und Blutungen und zum anderen im Fehlen geeigneter und zertifizierter robotischer Assistenz-Systeme für den Alltag. Zudem sind die implantierbaren BCIs bisher nicht für den langfristigen Einsatz zertifiziert. Im Gegensatz dazu lassen sich nicht-invasive BCIs praktisch risikolos einsetzen, da die Hirnsignale von der Kopfoberfläche abgeleitet werden und die Elektroden jederzeit entfernt werden können. Der Einsatz dieser nicht-invasiven BCIs im Alltag ist jedoch aufgrund der geringen Signalqualität besonders herausfordernd. So lässt sich zwar mit einer Genauigkeit von etwa 60–80 % feststellen, ob eine Bewegungsabsicht vorliegt oder nicht, aber nicht, welche Bewegung beabsichtigt wird (die sog. beabsichtigte Bewegungs-trajektorie). 2016 ist es jedoch erstmals gelungen, ein nicht-invasives hybrides BCI zur Steuerung eines Hand-Exoskeletts (ein sog. *brain/neural hand exoske-leton*, B/NHE) einzusetzen, mit dessen Hilfe Querschnittsgelähmten in einem Restaurant selbstständig essen und trinken (Soekadar et al., 2016) konnten.

Voraussetzung für den zuverlässigen Einsatz dieser nicht-invasiven neuralen Schnittstelle in Alltagsumgebungen war die Kombination von EEG-Signalen mit dem sog. Elektrookulogramm (EOG). Mittels EOG lassen sich bestimmte will-kürliche Augenbewegungen zuverlässig identifizieren und in die Steuerung eines sogenannten Exoskeletts, d. h. einer motorisierten Stützstruktur, einbeziehen (Wit-kowski et al., 2014). Die Absicht, die gelähmte Hand zu schließen wurde mittels EEG ausgelesen, während die Hand-Öffnung erst erfolgte, wenn eine bestimmte Augenbewegung (sog. maximale horizontale Okuloversion, HOV) erkannt wurde. Die geringe Klassifikationsgenauigkeit aus dem EEG Signal konnte so durch die hohe Klassifikationsgenauigkeit des EOG Signals (95–100 %) kompensiert wer-den. Die EOG Steuerung erlaubte es den Probanden zudem, Schließbewegungen des Exoskeletts innerhalb weniger hundert Millisekunden zu unterbrechen (sog. Veto-Funktion), bzw. die Hand zielgerichtet zu öffnen. Das System wurde in den Rollstuhl der Querschnittsgelähmten integriert und war so in verschiedenen Alltagssituationen, u. a. in einem Restaurant, einsetzbar. Mittels des neural-gesteuerten Exoskeletts konnte die Handfunktion der Querschnittsgelähmten zu fast 90 % wiederhergestellt werden. Dies erlaubte ihnen unterschiedliche All-tagstätigkeiten, z. B. das Schreiben mit einem Stift oder Halten eines Buches, erstmals wieder selbstständig auszuführen.

Gehirn-Computer Schnittstellen zur Anregung von Neuroplastizität

Neben der Möglichkeit, die Lebensqualität und soziale Teilhabe mittels neuralem Exoskelett im Alltag zu verbessern, konnte noch ein weiterer Effekt festgestellt werden: Eine erste randomisierte und placebokontrollierte Studie an 32 Schlaganfallüberlebenden mit chronischen, kompletten Fingerlähmungen zeigte, dass der tägliche Einsatz eines neural-gesteuerten Hand-Exoskeletts zu einer funktionellen und strukturellen Reorganisation des zentralen Nervensystems sowie einer Verbesserung der Finger-Motorik führen kann (Broetz et al., 2010). Hierbei wurde die elektrische Aktivität der vom Schlaganfall betroffenen motorischen Areale verwendet, um die gelähmte Hand mittels neuralem Exoskelett zu öffnen und zu schließen. Während dieser Zusammenhang zwischen Hirnaktivität und Fingerbewegung für die Hälfte der teilnehmenden Schlaganfallüberlebenden galt (Experimental-Gruppe), erhielt die andere Hälfte ein sogenanntes sham-Feedback, d. h. die Bewegung des Exoskeletts hatte keinen direkten Bezug zur Hirnaktivität (Kontroll-Gruppe). Nach vier Wochen täglichen Trainings wiesen die Teilnehmer in der Experimental-Gruppe gegenüber der Kontroll-Gruppe eine Verbesserung ihre Finger- und Handfunktion auf. Diese Verbesserung korrelierte mit einer sog. Re-Lateralisierung, d. h. einer Verschiebung der Hirnaktivität in Richtung der trainierten, zuvor geschädigten, motorischen Areale. Mittlerweile konnten diese Ergebnisse in zahlreichen weiteren klinischen Studien mit insgesamt über 230 Patienten repliziert werden (Cervera et al., 2018). Die genauen Mechanismen dieser BCI-abhängigen Erholungsprozesse sind noch weitgehend ungeklärt. Es wird angenommen, dass die Übersetzung der Bewegungsabsicht in eine tatsächliche Bewegung der gelähmten Hand über Hebb'sches Lernen zu einer Verstärkung des sog. *sensorimotorischen Loops* führt (Soekadar et al., 2015). Ein anderes Erklärungsmodell argumentiert über die Normalisierung der aufgabenbezogenen Hirnaktivierung, die über die regelmäßige Verwendung des BCI erreicht wird: während Schlaganfallüberlebende mit schweren Fingerlähmungen meist beide Hirnhemisphären aktivieren, führe die wiederholte BCI-Nutzung über die zunehmende Re-Lateralisierung zu einer Normalisierung der Netzwerkaktivität, wodurch maladaptive neuroplastische Prozesse positiv beeinflusst würden. Als mögliches drittes Erklärungsmodell wäre auch denkbar, dass die willkürliche Steuerung des Hand-Exoskeletts die Selbstwirksamkeitserwartung der Schlaganfallüberlenden steigert und insgesamt zu einem vermehrten Einsatz des gelähmten Armes sowie der Hand im Alltag führt. Es sind also noch zahlreiche Forschungsfragen zu klären, unter anderem auch, wie lange und in welcher Intensität trainiert werden sollte und welche Schlaganfallüberlebenden von dieser Therapieform besonders profitieren und welche nicht. Der Einsatz digitaler Werkzeuge mit entsprechenden Sensoren, die das Verhalten der Schlaganfallüberlebenden in ihrem Alltag objektivieren, kann bei der Beantwortung dieser Fragen eine wichtige, ergänzende Rolle spielen.

Das Potential von BCI, verlorengegangene Funktionen des Nervensystems wiederherzustellen, wurde unter anderem auch in einer Arbeit von Nikolaus Wenger (Charité – Universitätsmedizin Berlin) sehr anschaulich demonstriert. Zuvor gelähmte Ratten, die ihre Hinterbeine aufgrund einer Rückenmarksverletzung nicht mehr bewegen konnten, erhielten einen Rückenmarksstimulator, der in Abhängigkeit der Aktivität bestimmter motorischer Hirnzellen aktiviert wurde. Nach kurzer Trainingszeit konnten die Ratten wieder selbstständig mit ihren Hinterbeinen laufen (Wenger et al., 2016). Dasselbe Prinzip wurde in einer Nachfolgestudie bei querschnittsgelähmten Menschen eingesetzt. Hier wurde allerdings kein implantierbares BCI verwendet, sondern periphere Biosignale, die anzeigten, ob eine Laufbewegung beabsichtigt wurde oder nicht (z. B. Verlagerung des Körperschwerpunktes durch Inklination des Oberkörpers), in ein entsprechendes Signal zur Steuerung des Stimulators übersetzt. Wurde eine Laufabsicht festgestellt, stimulierte ein epidurales Elektrodengrid mit mehreren Kontakten die relevanten Rückenmarkssegmente, um eine Lokomotionsbewegung der Beine auszulösen (Wagner et al., 2018). Bemerkenswerterweise führte die mehrmonatige Verwendung des Stimulators, ähnlich wie die wiederholte Verwendung des neuralen Hand-Exoskelett bei Schlaganfallüberlebenden, zu einer Erholung der motorischen Funktionen bei Querschnittslähmung: Ein Studienteilnehmer konnte nach mehrmonatigem Training auch bei ausgeschalteter Rückenmarkstimulation selbstständig und ohne Hilfsmittel laufen. Dies ist am ehesten dadurch zu erklären, dass die adaptive Stimulation unterhalb der Rückenmarksläsion zu einer Neu-Verschaltung zwischen Gehirn, den verbliebenen absteigenden Nervenfasern und den Motor-Neuronen zu den Beinmuskeln (lower motor neuron, LMN) geführt hat.

Eine wichtige Voraussetzung, um solcherart Neuroplastizität mittels BCI anzuregen, besteht in einer ausreichenden Motivation, das häufig mehrmonatige Training konsequent durchzuführen. Je näher das Training an entsprechenden Alltagsfunktionen orientiert ist, desto höher die Motivation und wahrscheinlicher die Generalisierung der erlernten Fähigkeiten in den Alltag. Daher wurde zuletzt ein integrativer Ansatz vorgeschlagen, der sowohl die *assistive* also auch *rehabilitative* Dimension von BCIs kombiniert (Soekadar et al., 2015, 2019). Die Integration des BCI in Alltagsumgebungen spielt hierbei eine zentrale Rolle. Hierbei muss gewährleistet sein, dass das BCI System intuitiv und benutzerfreundlich, d. h. ohne fremde Hilfe, eingesetzt werden kann.

Neurale Hand-Exoskelette in Alltagsumgebungen

Der derzeit am besten etablierte, nicht-invasive BCI-Ansatz zur intuitiven Steuerung von Bewegungen basiert auf der Ableitung elektrischer Hirnoszillationen über dem Motorkortex (Abb. 1), deren Amplituden sich in Abhängigkeit einer Bewegungs-Vorstellung oder -Absicht charakteristisch verändern (Soekadar et al., 2015). Zur Ableitung der elektrischen Hirnaktivität mittels EEG werden Oberflächenelektroden eingesetzt, die sich in Bezug auf ihre Anwenderfreundlichkeit und Signalqualität sehr voneinander unterscheiden. Über Jahrzehnte wurden EEG-Ableitungen fast ausschließlich mittels Feucht- oder Nass-Elektroden auf Basis von Silberchlorid durchgeführt. Während Nass-Elektroden auf Basis von Silberchlorid eine ausgezeichnete Signalqualität erreichen können, bedürfen sie des Einsatzes von Elektrolyt-Paste oder Gel. Der zeitliche Aufwand für die Präparation kann mehrere Minuten pro Elektrode betragen und das Gel muss nach der Anwendung aus den Haaren herausgelöst bzw. ausgewaschen werden. Dies ist

EEG / EOG Elektroden
Aufzeichnung von Biosignalen

Kabelloser Tabletcomputer
*Echtzeit Signalverarbeitung
und Übersetzung in Kontroll-Signal*

Kontroll-Box & Aktuator
*Bewegungskontrolle des
Hand-Exoskeletts*

Hand-Exoskelett
Ausführung von Greifbewegungen

Abb. 1 Neurale Steuerung eines individualisierten Hand-Exoskeletts mittels Elektroenzephalographie (EEG) und Elektrookulographie (EOG). Die Signale werden an einen tragbaren und kabellosen Tablett-Computer gesendet, dort in entsprechende Steuerbefehle übersetzt und an das Hand-Exoskelett übertragen

insbesondere für Schlaganfallüberlebenden mit Halbseitenlähmung mühsam und aufwendig.

Dagegen können sogenannte Trocken-Elektroden innerhalb weniger Minuten ohne aufwendige Präparation angelegt werden. Hier ist die erreichbare Signalqualität im Vergleich zu Feucht-Elektroden meist jedoch deutlich geringer. Zudem benötigen Trockenelektroden einen recht hohen Anpress-Druck. Dadurch sind entsprechende Systeme nicht sehr angenehm zu tragen. Vielversprechender sind dagegen sog. Polymer- oder Textil-Elektroden, die Tragekomfort mit guter Signalqualität verbinden (Soekadar et al., 2016; Toyama et al., 2012). Die Präparationszeit dieser Elektroden liegt bei wenigen Minuten. Das Anbringen der Elektroden sollte idealerweise auch halbseitengelähmten Schlaganfallüberlebenden ohne fremde Hilfe möglich sein. Doch bisher etablierte EEG-Systeme bestehen in der Regel aus einem Hauben- bzw. Kappen-System, das sich mit einer Hand nicht anlegen lässt. Hier würde die konsequente Entwicklung von Headset-Systemen eine wichtige Voraussetzung schaffen, dass BCI-Systeme auch in Alltagsumgebungen und ohne fremde Hilfe von Schlaganfallüberlebenden eingesetzt werden können.

Während vor einigen Jahren noch stationäre Rechner für BCI-Anwendungen erforderlich waren, so können die notwendigen Funktionen mittlerweile auch von Smartphones oder tragbaren Tablet-Computern übernommen werden. Hierzu werden die aufgezeichneten Biosignale (z. B. EEG, EOG, peripherphysiologische Biosignale, etc.) digitalisiert und über eine Funkverbindung an die Rechnereinheit übertragen. Dort werden die Biosignale klassifiziert und als Steuersignale per Funkverbindung an ein robotisches System weitergeleitet. Im Falle eines Schlaganfallüberlebenden kann das Kontrollsignal beispielsweise an ein motorisiertes Hand-Exoskelett weitergeleitet und dort in das Öffnen oder Schließen der gelähmten Hand übersetzt werden. Hierdurch wird den Schlaganfallüberlebenden ermöglicht, auch wieder Tätigkeiten durchzuführen für die beide Hände notwendig sind (bimanuelle Alltagstätigkeiten). Im Falle von hohen Rückenmarksverletzungen mit Lähmungen beider Hände können mittels eines solchen hybridem BCI-Systems auch zwei Exoskeletten erfolgreich gesteuert werden (Nann et al. 2020).

Neben der zuverlässigen Aufzeichnung von Biosignalen in Alltagsumgebungen sowie Miniaturisierung der notwendigen Hardware, besteht eine besondere Herausforderung darin, das Exoskelett den physiologischen und anatomischen Besonderheiten gelähmter Personen (u. a. Spastik, Atrophie, Verkürzung der Bänder und Sehnen, reduzierte Sensibilität, allgemeiner Osteoporose der gelähmten Extremität) anzupassen. Hierfür ist eine hohe Individualisierung der Bauteile notwendig. Die Passgenauigkeit der Bauteile ist wesentliche Voraussetzung, dass

Schlaganfallüberlebende bereit sind, das System über mehrere Stunden im Alltag einzusetzen. Die notwendige Individualisierung wurde in den letzten Jahren maßgeblich durch die Entwicklung des 3D-Drucks vorangetrieben. So lassen sich Bauteile zu verhältnismäßig geringen Kosten individuell anpassen. Neben Exoskeletten auf Basis von 3D-Druckelementen, sind auch sog. Soft-Exoskelette sehr vielversprechend (Mohammadi et al., 2018; Singh et al., 2019). Hierbei werden innovative Textilien eingesetzt und mit aktiven oder passiven Mechanismen zur Unterstützung von Bewegungsabläufen kombiniert. Neben der vereinfachten Anziehbarkeit und dem höhere Tragekomfort gegenüber rigiden Stütz-Elementen, besteht ein weiterer Vorteil in dem geringen Gewicht des Systems. Insbesondere wenn ganze Gliedmaßen mittels äußerer Stützstrukturen aktiv bewegt werden sollen, müssen erhebliche Kräfte aufgewendet werden, wodurch sich das Verletzungsrisiko erhöht. Das Gewicht der hierfür notwendigen Elektromotoren kann zudem sehr schnell dazu führen, dass die resultierende Konstruktion für den Einsatz im Alltag nicht praktikabel ist. Soft-Exoskelette sind dagegen deutlich leichter und weisen ein eher geringeres Verletzungsrisiko auf.

Da es aktuell nicht möglich ist, komplexe Bewegungsabläufe oder einzelne Fingerbewegungen in Alltagsumgebungen mittels nicht-invasiver Methoden auszulesen (Soekadar et al., 2007), kann eine höherdimensionale und komplexere Steuerung eines assistiven robotischen Systems nur durch Einbeziehung kontextspezifischer Parameter erfolgen. Diese *Kontextsensitivität* ist somit neben der Erkennung von Handlungsabsichten eine wesentliche Voraussetzung, um neuralgesteuerte Assistenz-Systeme in Alltagsumgebungen zu integrieren. Insbesondere neuere Methoden zur Objekt- und Mustererkennung auf Basis von convolutional neural networks (CNN) erlauben in diesem Zusammenhang eine Optimierung der Greifbewegungen an die speziellen Umstände im Alltag (Bhattacharjee, 2019). Hierbei ermöglicht z. B. eine integrierte visuelle Objekterkennung die Anpassung des robotischen Systems an die Ausrichtung und Beschaffenheit des Objektes (Form, Größe, geschätztes Gewicht). Gegenüber dem zuverlässigen Erkennen relevanter situativer Aspekte auf der Basis entsprechender Sensorik stellt die korrekte Klassifikation von Handlungsabsichten jedoch eine wesentlich größere Herausforderung dar. Zwar erlaubt die Inferenz über Biosignale, Berücksichtigung wiederholter Verhaltensmuster sowie bestimmter kontextspezifischer Faktoren eine gewisse Verbesserung in der Klassifikationsgenauigkeit von beabsichtigter Bewegungstrajektorien, doch sind entsprechende Systeme aufgrund der hohen Komplexität und Variabilität menschlichen Verhaltens immer noch sehr fehleranfällig. Daher ist die Implementierung einer zuverlässigen Veto-Funktion unabdingbar (Clausen et al., 2017). Nur so kann ein gewisses Maß an Sicherheit in der Anwendung neural-gesteuerter Exoskelette in Alltagsumgebungen gewährleistet werden. Die Fehleranfälligkeit in der Steuerung neuraler Exoskelette weiter zu reduzieren wäre nicht nur für assistive Anwendungen, sondern auch für die Effektivität rehabilitativer Systeme von entscheidender Bedeutung. Der Einsatz von Neuroprothesen sowie neural-gesteuerter Exoskelette in Alltagsumgebungen stellt zudem besondere Anforderungen an die Datensicherheit sowie den Schutz der Privatsphäre und setzt die Klärung relevanter haftungsrechtlicher Fragestellungen voraus (Clausen et al., 2017). Zudem sind auch bestimmte neuroethische Aspekte zu berücksichtigen (Soekadar & Birbaumer, 2015; Soekadar et al., 2021), u. a. ethische Aspekte bei der Informations-Gewinnung, -Verarbeitung sowie -Umsetzung (Clausen, 2008).

Ausblick in die Zukunft: Gehirn-Computer Schnittstellen in der medizinischen Versorgung 2030

Neural-gesteuerte Exoskelette werden zwar aktuell nur im Rahmen klinischer Studien eingesetzt, doch ist davon auszugehen, dass diese neue Technologie innerhalb der nächsten zehn Jahre schrittweise in die Krankenversorgung integriert wird. Die erheblichen Investitionen in Neurotechnologie und Sensortechnik lassen weitere wichtige Impulse für die Weiterentwicklung und Verbesserung von Gehirn-Computer-Schnittstellen erwarten. Zum Beispiel ist es vor kurzem gelungen, neuromagnetische Felder von wenigen femtoTesla mittels optisch-gepumpter Magnetometer (OPM) bei Zimmertemperatur zu messen (Boto et al., 2018). Diese neue, nicht-invasive Methode erlaubt nicht nur oszillatorische Hirnaktivität in bisher unerreichter räumlicher Auflösung aufzuzeichnen, sondern benötigt auch keine Ionen-Brücke, bzw. keinen direkten elektrischen Kontakt zur Kopfoberfläche. Dadurch ist es theoretisch denkbar, die Bewegung einzelner Finger ohne Implantation von Elektroden aus der neuromagnetischen Aktivität des Gehirns zu dekodieren. Zusammen mit den Fortschritten im Bereich der digitalen Medizin und des Maschinellen Lernens versprechen solche technologischen Durchbrüche die Entwicklung völlig neuer Behandlungskonzepte für Schwerst-Gelähmte, für die bisher keine effektive Behandlungsoption existierte. Aufgrund des unmittelbaren Nutzens sowie regulatorischer Gegebenheiten werden zunächst insbesondere assistive Anwendungen Verbreitung finden. Der Einsatz nicht-invasiver neuraler Schnittstellen wird aufgrund ihrer begrenzten Zuverlässigkeit vor allem dann erfolgen, wenn keine anderen geeigneten Biosignale (insbesondere elektromyographische Aktivität) vorhanden sind, um eine intuitive Steuerung zu ermöglichen. Die Entwicklung dieser Assistenz-Systeme bilden eine wichtige Voraussetzung, um auch die zugrunde liegenden Mechanismen möglicher Neurorehabilitationseffekte umfassend und an einer ausreichend großen Patientenpopulation untersuchen zu können (Simon et al. 2021). Hierbei spielt der Austausch sowie die Verfügbarkeit von Forschungsdaten im Sinne des Open Data Ansatzes eine wichtige Rolle (Liew et al., 2018).

Die durch den regelmäßigen BCI-Einsatz angestoßenen neuroplastischen Prozesse, die bei Schlaganfallüberlebenden sowie Querschnittsgelähmten zu einer Erholung verlorengegangener motorischer Funktionen führten, sind mit hoher Wahrscheinlichkeit nicht auf die motorische Domäne beschränkt. Es ist anzunehmen, dass auch andere Hirnfunktionen, wie z. B. das Arbeitsgedächtnis oder die kognitive und affektive Kontrolle, mittels BCI verbessert werden können. Diese Hirnfunktionen spielen bei einer ganzen Reihe von psychischen Störungen, wie Depression, Sucht oder bei neurodegenerativen Erkrankungen eine wichtige Rolle. Das entscheidende Problem bei der Entwicklung solcher BCIs besteht allerdings darin, dass bisher unklar ist, welche spezifische Hirnaktivität (bzw. Netzwerkaktivität) mittels BCI trainiert werden muss. Eine Möglichkeit, um den kausalen Zusammenhang zwischen Hirnaktivität einerseits und Hirnfunktion sowie Verhalten andererseits aufzudecken, besteht im Einsatz einer frequenz- und phasenspezifischen transkraniellen elektrischen oder magnetischen Stimulation (TES/TMS). Wichtige Voraussetzung ist allerdings, dass die Hirnaktivität auch während der Stimulation zuverlässig gemessen werden kann, um stimulationsabhängige Veränderungen der Hirnaktivität den Veränderungen von Hirnfunktion und Verhalten zuordnen zu können. In diese Richtung wurden mittlerweile eine Reihe vielversprechender Strategien entwickelt (Garcia-Cossio et al., 2016; Soekadar et al., 2013; Witkowski et al., 2016; Haslacher et al. 2021). Damit wurden die Grundlagen geschaffen, die neurophysiologischen Substrate kognitiver Funktionen auf individueller Ebene systematisch zu untersuchen. Sind diese einmal identifiziert, könnte ein entsprechend ausgelegtes klinisches BCI-System die bereits etablierten therapeutischen Verfahren auf Basis psychopharmakologischer sowie psychosozialer Ansätze komplementär ergänzen. Durch den Einsatz digitaler Werkzeuge (z. B. Apps, Smartwatches, mobiles EEG) ließen sich, wie auch bei neurologischen Erkrankungen, Krankheitsverläufe objektivieren und forschungsbasierte Krankheitsmodelle etablieren. Die hier beschriebenen technologischen Fortschritte versprechen, dass klinische BCIs in absehbarer Zeit nicht nur einen wesentlichen Beitrag zur Verbesserung von Lebensqualität und sozialer Teilhabe Schwerst-Gelähmter leisten werden, sondern auch eine wichtige Rolle in der Behandlung psychischer Erkrankungen spielen könnten.

Literatur

Ajiboye, A. B., Willett, F. R., Young, D. R., Memberg, W. D., Murphy, B. A., Miller, J. P., & Kirsch, R. F. (2017). Restoration of reaching and grasping movements through brain-controlled muscle stimulation in a person with tetraplegia: A proof-of-concept demonstration. *Lancet, 389*(10081), 1821–1830. https://doi.org/10.1016/S0140-6736(17)30601-3

Baek, H. J., Kim, H. S., Heo, J., Lim, Y. G., & Park, K. S. (2013). Brain-computer interfaces using capacitive measurement of visual or auditory steady-state responses. *Journal of Neural Engineering, 10*(2), 024001. https://doi.org/10.1088/1741-2560/10/2/024001 10.1088/1741-2560/10/2/024001

Bansal, A. K., Truccolo, W., Vargas-Irwin, C. E., & Donoghue, J. P. (2012). Decoding 3D reach and grasp from hybrid signals in motor and premotor cortices: Spikes, multiunit activity, and local field potentials. *Journal of Neurophysiology, 107*(5), 1337–1355. https://doi.org/10.1152/jn.00781.2011

Bhattacharjee, T., Lee, G., Song, H., & Srinivasa, S. S. . (2019). Towards robotic feeding: Role of haptics in fork-based food manipulation. *IEEE Robotics and Automation Letters, 4*, 1485–1492.

Birbaumer, N., Ghanayim, N., Hinterberger, T., Iversen, I., Kotchoubey, B., Kubler, A., & Flor, H. (1999). A spelling device for the paralysed. *Nature, 398*(6725), 297–298. https://doi.org/10.1038/18581

Boto, E., Holmes, N., Leggett, J., Roberts, G., Shah, V., Meyer, S. S., & Brookes, M. J. (2018). Moving magnetoencephalography towards real-world applications with a wearable system. *Nature, 555*(7698), 657–661. https://doi.org/10.1038/nature26147

Bouton, C. E., Shaikhouni, A., Annetta, N. V., Bockbrader, M. A., Friedenberg, D. A., Nielson, D. M., & Rezai, A. R. (2016). Restoring cortical control of functional movement in a human with quadriplegia. *Nature, 533*(7602), 247–250. https://doi.org/10.1038/nature17435

Broetz, D., Braun, C., Weber, C., Soekadar, S. R., Caria, A., & Birbaumer, N. (2010). Combination of brain-computer interface training and goal-directed physical therapy in chronic stroke: A case report. *Neurorehabilitation and Neural Repair, 24*(7), 674–679. https://doi.org/10.1177/1545968310368683

Busch, M. A., Schienkiewitz, A., Nowossadeck, E., & Gosswald, A. (2013). Prevalence of stroke in adults aged 40 to 79 years in Germany: Results of the German Health Interview and Examination Survey for Adults (DEGS1). *Bundesgesundheitsblatt, Gesundheitsforschung, Gesundheitsschutz, 56*(5–6), 656–660. https://doi.org/10.1007/s00103-012-1659-0

Cervera, M. A., Soekadar, S. R., Ushiba, J., Millan, J. D. R., Liu, M., Birbaumer, N., & Garipelli, G. (2018). Brain-computer interfaces for post-stroke motor rehabilitation: A meta-analysis. *Annals of Clinical Translational Neurology, 5*(5), 651–663. https://doi.org/10.1002/acn3.544

Clausen, J. (2008). Moving minds: Ethical aspects of neural motor prostheses. *Biotechnology Journal, 3*(12), 1493–1501. https://doi.org/10.1002/biot.200800244

Clausen, J., Fetz, E., Donoghue, J., Ushiba, J., Sporhase, U., Chandler, J., & Soekadar, S. R. (2017). Help, hope, and hype: Ethical dimensions of neuroprosthetics. *Science, 356*(6345), 1338–1339. https://doi.org/10.1126/science.aam7731

Collinger, J. L., Wodlinger, B., Downey, J. E., Wang, W., Tyler-Kabara, E. C., Weber, D. J., & Schwartz, A. B. (2013). High-performance neuroprosthetic control by an individual with tetraplegia. *Lancet, 381*(9866), 557–564. https://doi.org/10.1016/S0140-673 6(12)61816-9

Farwell, L. A., & Donchin, E. (1988). Talking off the top of your head: Toward a mental prosthesis utilizing event-related brain potentials. *Electroencephalography and Clinical Neurophysiology, 70*(6), 510–523. https://doi.org/10.1016/0013-4694(88)90149-6

Feigin, V., Roth, G., Naghavi, M., Parmar, P., Krishnamurthi, R., Chugh, S., & Ng, M. (2016). Global burden of diseases, injuries and risk factors study 2013 and stroke experts writing group. Global burden of stroke and risk factors in 188 countries, during 1990–2013: A systematic analysis for the global burden of disease study 2013. *Lancet Neurol, 15*(9), 913–924.

Flint, R. D., Ethier, C., Oby, E. R., Miller, L. E., & Slutzky, M. W. (2012). Local field potentials allow accurate decoding of muscle activity. *Journal of Neurophysiology, 108*(1), 18–24. https://doi.org/10.1152/jn.00832.2011

Garcia-Cossio, E., Witkowski, M., Robinson, S. E., Cohen, L. G., Birbaumer, N., & Soekadar, S. R. (2016). Simultaneous transcranial direct current stimulation (tDCS) and whole-head magnetoencephalography (MEG): Assessing the impact of tDCS on slow cortical magnetic fields. *NeuroImage, 140*, 33–40. https://doi.org/10.1016/j.neuroimage.2015.09.068

Haslacher, D., Nasr, K., Robinson, S. E., Braun, C., & Soekadar, S. R. (2021). Stimulation artifact source separation (SASS) for assessing electric brain oscillations during transcranial alternating current stimulation (tACS). *NeuroImage, 228,* 117571. https://doi.org/10.1016/j.neuroimage.2020.117571.

Hochberg, L. R., Bacher, D., Jarosiewicz, B., Masse, N. Y., Simeral, J. D., Vogel, J., & Donoghue, J. P. (2012). Reach and grasp by people with tetraplegia using a neurally controlled robotic arm. *Nature, 485*(7398), 372–375. https://doi.org/10.1038/nature11076

Kolominsky-Rabas, P. L., Heuschmann, P. U., Marschall, D., Emmert, M., Baltzer, N., Neundorfer, B., & Krobot, K. J. (2006). Lifetime cost of ischemic stroke in Germany: Results and national projections from a population-based stroke registry: The Erlangen Stroke Project. *Stroke, 37*(5), 1179–1183. https://doi.org/10.1161/01.STR.0000217450.21310.90

Kwakkel, G., Kollen, B. J., van der Grond, J., & Prevo, A. J. (2003). Probability of regaining dexterity in the flaccid upper limb: Impact of severity of paresis and time since onset in acute stroke. *Stroke, 34*(9), 2181–2186. https://doi.org/10.1161/01.STR.0000087172.163 05.CD

Liew, S. L., Rana, M., Cornelsen, S., de Barros, F., Filho, M., Birbaumer, N., Sitaram, R., & Soekadar, S. R. (2016). Improving Motor Corticothalamic Communication After Stroke Using Real-Time fMRI Connectivity-Based Neurofeedback. *Neurorehabilitation and Neural Repair, 30*(7), 671–675. https://doi.org/10.1177/1545968315619699

Liew, S. L., Anglin, J. M., Banks, N. W., Sondag, M., Ito, K. L., Kim, H., & Stroud, A. (2018). A large, open source dataset of stroke anatomical brain images and manual lesion segmentations. *Scientific Data, 5,* 180011. https://doi.org/10.1038/sdata.2018.11

Mohammadi, A., Lavranos, J., Choong, P., & Oetomo, D. (2018). Flexo-glove: A 3D printed soft exoskeleton robotic glove for impaired hand rehabilitation and assistance. *Conference Proceedings: Annual International Conference of the IEEE Engineering in Medicine and Biology Society, 2018,* 2120–2123. https://doi.org/10.1109/EMBC.2018.8512617

Muller-Putz, G. R., Scherer, R., Brauneis, C., & Pfurtscheller, G. (2005). Steady-state visual evoked potential (SSVEP)-based communication: Impact of harmonic frequency components. *Journal of Neural Engineering, 2*(4), 123–130. https://doi.org/10.1088/1741-2560/2/4/008

Nann, M., Peekhaus, N., Angerhöfer, C., & Soekadar, S. R. (2020). *Feasibility and Safety of Bilateral Hybrid EEG/EOG Brain/Neural-Machine Interaction. Frontiers in human neuroscience, 14,* 580105. https://doi.org/10.3389/fnhum.2020.580105.

Rosamond, W., Flegal, K., Furie, K., Go, A., Greenlund, K., Haase, N., & Kissela, B. (2008). American Heart Association Statis- tics Committee and Stroke Statistics Subcommittee. Disease and stroke statistics—2008 update: A report from the American Heart Association Statistics Committee and Stroke Statistics Subcommittee. *Circulation, 117*(4), e25–e146.

Ruiz, S., Lee, S., Soekadar, S. R., Caria, A., Veit, R., Kircher, T., & Sitaram, R. (2013). Acquired self-control of insula cortex modulates emotion recognition and brain network connectivity in schizophrenia. *Human Brain Mapping, 34*(1), 200–212. https://doi.org/10.1002/hbm.21427

Simon, C., Bolton, D., Kennedy, N. C., Soekadar, S. R., & Ruddy, K. L. (2021). Challenges and Opportunities for the Future of Brain-Computer Interface in Neurorehabilitation. *Frontiers in neuroscience, 15,* 699428. https://doi.org/10.3389/fnins.2021.699428.

Singh, N., Saini, M., Anand, S., Kumar, N., Srivastava, M. V. P., & Mehndiratta, A. (2019). Robotic exoskeleton for wrist and fingers joint in post-stroke neuro-rehabilitation for low-resource settings. *IEEE Transactions on Neural Systems and Rehabilitation Engineering.* https://doi.org/10.1109/TNSRE.2019.2943005

Soekadar, S., & Birbaumer, N. (2015). Brain–Machine interfaces for communication in complete paralysis: Ethical implications and challenges. In J. L. Clausen, N. (Hrsg.), *Handbook of neuroethics* (S. 705–724). Springer.

Soekadar, S., Chandler, J., Ienca, M., & Bublitz, C. (2021). *On The Verge of the Hybrid Mind. Morals and Machines, 1*(1), 30–43.

Soekadar, S. R., Haagen, K., & Birbaumer, N. (2007). Brain-Computer Interfaces (BCI): Restoration of movement and thought from neuroelectric and metabolic brain activity. In A. Schuster (Hrsg.), *Intelligent computing everywhere* (S. 229–252). Springer.

Soekadar, S. R., Witkowski, M., Mellinger, J., Ramos, A., Birbaumer, N., & Cohen, L. G. (2011). ERD-based online brain-machine interfaces (BMI) in the context of neurorehabilitation: Optimizing BMI learning and performance. *IEEE Transactions on Neural Systems and Rehabilitation Engineering, 19*(5), 542–549. https://doi.org/10.1109/TNSRE.2011.2166809

Soekadar, S. R., Witkowski, M., Cossio, E. G., Birbaumer, N., Robinson, S. E., & Cohen, L. G. (2013). In vivo assessment of human brain oscillations during application of transcranial electric currents. *Nature Communications, 4,* 2032. https://doi.org/10.1038/ncomms3032

Soekadar, S. R., Birbaumer, N., Slutzky, M. W., & Cohen, L. G. (2015). Brain-machine interfaces in neurorehabilitation of stroke. *Neurobiol Dis, 83,* 172–179. https://doi.org/10.1016/j.nbd.2014.11.025

Soekadar, S. R., Witkowski, M., Vitiello, N., & Birbaumer, N. (2015). An EEG/EOG-based hybrid brain-neural computer interaction (BNCI) system to control an exoskeleton for the paralyzed hand. *Biomed Tech (Berl), 60*(3), 199–205. https://doi.org/10.1515/bmt-2014-0126

Soekadar, S. R., Witkowski, M., Gómez, C., Opisso, E., Medina, J., Cortese, M., .& Vitiello, N. (2016). Hybrid EEG/EOG-based brain/neural hand exoskeleton restores fully independent daily living activities after quadriplegia. *Science Robotics, 1*(1).

Soekadar, S. R., Nann, M., Crea, S., Trigili, E., Gómez, C., Opisso, E., Cohen, L.C., Birbaumer, N., & Vitiello, N. (2019). Restoration of finger and arm movements using hybrid brain/neural assistive technology in everyday life environments. In N. M.-K. C. Guger & B. Allison (Hrsg.), *Brain-computer interface research* (Bd. 1, S. 53–61): Springer.

Toyama, S., Takano, K., & Kansaku, K. (2012). A non-adhesive solid-gel electrode for a non-invasive brain-machine interface. *Frontiers in Neurology, 3*(114), 114. https://doi.org/10.3389/fneur.2012.00114

von Lühmann, A., Herff, C., Heger, D., & Schultz, T. (2015). Toward a wireless open source instrument: Functional near-infrared spectroscopy in mobile neuroergonomics and BCI applications. *Frontiers in Human Neuroscience, 9,* 617. https://doi.org/10.3389/fnhum.2015.00617

Wagner, F. B., Mignardot, J. B., Le Goff-Mignardot, C. G., Demesmaeker, R., Komi, S., Capogrosso, M., & Courtine, G. (2018). Targeted neurotechnology restores walking in humans with spinal cord injury. *Nature, 563*(7729), 65–71. https://doi.org/10.1038/s41586-018-0649-2

Wenger, N., Moraud, E. M., Gandar, J., Musienko, P., Capogrosso, M., Baud, L., & Courtine, G. (2016). Spatiotemporal neuromodulation therapies engaging muscle synergies improve motor control after spinal cord injury. *Nature Medicine, 22*(2), 138–145. https://doi.org/10.1038/nm.4025

WHO. (2012). *World health report*. Retrieved from Geneva.

Winter, Y., Wolfram, C., Schoffski, O., Dodel, R. C., & Back, T. (2008). Long-term disease-related costs 4 years after stroke or TIA in Germany. *Nervenarzt, 79*(8), 918–920, 922–914, 926. https://doi.org/10.1007/s00115-008-2505-3

Witkowski, M., Cortese, M., Cempini, M., Mellinger, J., Vitiello, N., & Soekadar, S. R. (2014). Enhancing brain-machine interface (BMI) control of a hand exoskeleton using electrooculography (EOG). *Journal of Neuroengineering and Rehabilitation, 11*(1), 165. https://doi.org/10.1186/1743-0003-11-165

Witkowski, M., Garcia-Cossio, E., Chander, B. S., Braun, C., Birbaumer, N., Robinson, S. E., & Soekadar, S. R. (2016). Mapping entrained brain oscillations during transcranial alternating current stimulation (tACS). *NeuroImage, 140,* 89–98. https://doi.org/10.1016/j.neuroimage.2015.10.024

Lebensqualität im Alter durch Hirnschrittmacher und Neuroprothesen

Alireza Gharabaghi

Mit dem Begriff Neuroprothetik lassen sich ganz unterschiedliche Geräte und Instrumente definieren: i) eine klassische Prothese, d. h. der Ersatz einer fehlenden Gliedmaße, die durch neuronale Signale gesteuert wird und die von Amputierten verwendet werden kann; ii) Systeme, die beeinträchtigte, aber noch vorhandene Körperteile unterstützen, ähnlich einer Roboterorthese oder einem Exoskelett – ein Ansatz, der im Rahmen von Hirn-Maschine-Schnittstellen angewendet wird, iii) Geräte, die mit zentralen neuronalen Strukturen verbunden sind, um Signale aufzunehmen oder elektrische Impulse zu applizieren, wie z. B. Hirnschrittmacher, die das Gehirn stimulieren, um pathologische Symptome zu lindern wie beispielsweise bei Patienten mit der Parkinson-Krankheit (Gharabaghi, 2016). Letztere Anwendung – auch als Tiefe Hirnstimulation (deep brain stimulation: DBS) bezeichnet – hat sich in den letzten drei Jahrzehnten zur erfolgreichsten neuroprothetischen Anwendung zur Behandlung neurologischer Erkrankungen und zur Verbesserung der Lebensqualität v. a. im Alter entwickelt. (Deuschl et al., 2006; Lhommée et al., 2018; Schuepbach et al., 2013, 2019).

Insbesondere die DBS des subthalamischen Hirnkerns (subthalamic nucleus: STN) ist eine gut etablierte und wirksame Therapie zur Behandlung der motorischen Symptome der Parkinson-Krankheit (PD) (Limousin et al., 1998). Unter vielen Faktoren, die zum klinischen Nutzen der STN-DBS beitragen, wie Patientenauswahl, Stimulationsprogrammierung, Medikamentenanpassung und Krankheitsprogression (Farris & Giroux, 2013), ist die richtige Platzierung der

A. Gharabaghi (✉)
Institut für Neuromodulation und Neurotechnologie, Universitätsklinikum Tübingen, Tübingen, Deutschland
E-mail: alireza.gharabaghi@uni-tuebingen.de

© Der/die Autor(en) 2022
A. D. Ho et al. (Hrsg.), *Altern: Biologie und Chancen,* Schriften der Mathematisch-naturwissenschaftlichen Klasse 27,
https://doi.org/10.1007/978-3-658-34859-5_13

DBS-Elektroden wahrscheinlich der entscheidende Faktor (Nickl et al., 2019); so kann bei etwa der Hälfte aller Patienten, die über suboptimale Ergebnisse ihrer DBS-Therapie klagen, festgestellt werden, dass eine fehlerhafte Elektrodenplatzierung vorliegt (Okun et al., 2005), die nicht nur die therapeutische Wirksamkeit einschränkt, sondern auch zu motorischen und/oder nichtmotorischen Nebenwirkungen führen kann (Witt et al., 2012). Dies unterstreicht die Notwendigkeit einer korrekten Positionierung der Elektroden während der STN-DBS-Operationen, wie wir zuvor auch an anderer Stelle beschrieben haben (Milosevic et al., 2020).

Techniken der DBS-Implantation

Der klassische Ansatz zur Bestimmung der optimalen Implantationsstelle für die DBS-Makroelektrode ist ein mehrstufiger Prozess. Die Position wird in einem ersten Schritt auf der Grundlage einer Fusion von präoperativen MRT- und CT-Bildern bestimmt, die in Verbindung mit stereotaktischen Atlanten verwendet werden, um die stereotaktischen Koordinaten der Zielposition zu bestimmen (Brunenberg et al., 2011). Das radiologisch definierte anatomische Ziel wird dann durch ein intraoperatives elektrophysiologisches Kartierungsverfahren in Kombination mit einer Teststimulation vor der endgültigen Implantation der DBS-Makroelektrode bestätigt. Die Mikroelektroden-Ableitung (MER) der neuronalen Zell-Aktivität ist hierbei der elektrophysiologische Goldstandard, der zur Identifizierung des Implantationsziels verwendet wird. Dieses Verfahren umfasst die Abgrenzung anatomischer Strukturen entlang der Implantations-Trajektorie auf der Grundlage charakteristischer neuronaler Feuereigenschaften der Nervenzellen (Hutchison et al., 1998), den oszillatorischen Mustern in der Zielregion (Weinberger et al., 2006), und dem neuronalen Antwortverhalten bei aktiven oder passiven Bewegungen der kontralateralen Gliedmaßen (Abosch et al., 2002).

Obwohl die elektrophysiologische Bestätigung der Zielposition als ein wichtiger Schritt angesehen wird (Lee et al., 2018; Lhommée et al., 2018), verzichten einige Zentren auf MER-Kartierungsverfahren zugunsten einer Reduzierung der Operationszeit, einer Erhöhung der Toleranz durch die operierten Patienten, aufgrund eines Mangels an spezialisiertem Personal oder Ressourcen und/oder aufgrund des möglichweise erhöhten Blutungsrisikos durch dieses Vorgehen mit MER-Mikroelektroden. Diese Zentren verlassen sich dann ausschließlich auf die Bildgebung. Diese rein bildgeführten Eingriffe haben den zusätzlichen Vorteil, dass sie unter Vollnarkose durchgeführt werden können, während bei elektrophysiologisch gesteuerten Eingriffen der Patient in der Regel wach ist. Die Folge des Verzichts auf elektrophysiologisches Mapping ist jedoch ein erhöhtes Risiko für eine suboptimale Elektrodenplatzierung (Montgomery Jr., 2012; Lozano et al., 2018; Bour et al., 2010). Um diese konträren Ansätze zu überbrücken, haben wir eine neuartige, automatisierte Methode der elektrophysiologisch informierten STN-DBS-Implantation eingeführt, die ohne den Einsatz von Mikroelektroden auskommt (Milosevic et al., 2020).

Bereits zuvor wurde die oszillatorische Aktivität von Neuronen-Verbänden als funktioneller Marker des Ein- und Austritts in den bzw. aus dem STN verwendet (Valsky et al., 2017). Diese oszillatorische Aktivität des lokalen Feldpotentials (LFP) wurde in vorangehenden Studien aus tiefpassgefilterten MERs abgeleitet. Die Studien zeigten, dass die räumliche Ausdehnung des STN durch eine erhöhte oszillatorische Aktivität im Beta-Frequenzband (13–30 Hz) (Alavi et al., 2013; Kolb et al., 2017; Kühn et al., 2005; Shamir et al., 2012; Thompson et al., 2018; Weinberger et al., 2006; Zaidel et al., 2010) und/oder durch hochfrequentes (>500 Hz) neuronales „Rauschen" charakterisiert werden kann. Auf der Basis dieser Vorbefunde, stellten wir die Hypothese auf und bestätigten diese empirisch, dass der Eintritt in und die Progression durch den STN durch eine erhöhte Beta-Oszillationsaktivität charakterisiert werden kann, die auch direkt über die DBS-Makroelektroden zu messen ist (Milosevic et al., 2020). Darüber hinaus zeigten wir, dass dynamische (Millimeter-für-Millimeter) Ableitungen mit der DBS-Makroelektrode eine klinisch relevante, LFP-basierten funktionelle Topologie der STN ermöglichen. So zeigten wir, dass elektrophysiologische Ableitungen mit den DBS-Makrokontakten die Beta-Frequenz-Aktivität reproduzierbar detektieren und zur intraoperativen Führung der Elektrodenplatzierung verwendet werden können. Da eine exzessive Beta-Synchronität von pathophysiologischer Relevanz ist (Brown, 2003), zeigten wir darüber hinaus, dass dieser methodische Ansatz auch für eine physiologisch-informierte Stimulationsprogrammierung verwendet werden konnte.

Die Vorteile dieses LFP-gesteuerten Mapping-Ansatzes während der DBS-Implantation liegen darin, dass das Verfahren automatisiert werden kann und die Interpretation der elektrophysiologischen Ergebnisse darüber hinaus intuitiv durch den Anwender erfolgen kann: Während ein solcher Ansatz grundsätzlich auch mit MERs möglich ist, kann die Verwendung der DBS-Makroelektrode das Risiko einer Blutung minimieren und ist darüber hinaus auch zeit- und kostensparend. Ein Nachteil dieses Ansatzes im Vergleich zu MER-gesteuerten Verfahren ist, dass MERs mehrere simultane Implantations-Trajektorien und damit mehr Informationen in der x- und y-Ebene bieten können (aber dadurch auch mit einem erhöhten Blutungsrisiko verbunden sind).

Ein Nachteil elektrophysiologisch geführter Ansätze im Allgemeinen (LFP oder MER) gegenüber rein bildgesteuerten Verfahren ist, dass der Patient in der Regel wach ist; elektrophysiologisch geführte Operationen im Wachzustand ermöglichen dafür jedoch eine robuste Überprüfung der Nebenwirkungsschwellen während der perioperativen Teststimulation und erlauben die gezielte Implantation von Stimulationskontakten in verschiedene Regionen entlang der dorsal-ventralen Achse, wie z. B. die Platzierung eines Stimulationskontaktes in der Zona incerta (Plaha et al., 2008) oder der Substantia nigra pars reticulata (SNr), um unterschiedliche Parkinson-Symptome spezifisch zu adressieren (Weiss et al., 2013). Daher schlagen wir vor, dass das vorgestellte LFP-basierte DBS-Makroelektroden-Mapping als Alternative zu oder in Verbindung mit MER-geführten Verfahren eingesetzt wird, aufgrund der Vorteile gegenüber Verfahren, die nur auf der Bildgebung beruhen. Dieser neuartige LFP-basierte Ansatz kann darüber hinaus besonders relevant werden, wenn nicht nur die lokale Physiologie (Knieling, et al., 2016), sondern auch Netzwerkverbindungen zur Ziel- und Therapieoptimierung berücksichtigt werden sollen (Kern et al., 2016; Naros et al., 2018; Weiss et al., 2015).

Ausweitung des Indikationsspektrums

Trotz dieser methodischen Verbesserungen gibt es im Hinblick auf die Parkinson-Krankheit immer noch therapeutische Herausforderungen (Breit et al., under review) Die häufigsten motorischen Symptome, wie Akinese/Bradykinesie, Muskelstarre und Tremor, werden im Allgemeinen durch Levodopa-Gabe und/oder tiefe Hirnstimulation des subthalamischen Nucleus gut beherrscht (Benabid et al., 1994; Kumar et al., 1998; Limousin et al., 1995; Lozano et al., 2017). Mit Fortschreiten dieser neurodegenerativen Erkrankung und dem anhaltenden Verlust dopaminerger Neuronen in der Substantia nigra pars compacta (Albin et al., 1989; DeLong, 1990) beginnen jedoch axiale motorische Symptome aufzutreten, einschließlich posturaler Instabilität und Gangstörungen. Diese Merkmale können zu Stürzen und verminderter Lebensqualität führen (Giladi et al., 2001; Kerr et al., 2010; Moore et al., 2007) und sind oft sowohl gegenüber einer Dopaminersatztherapie als auch gegenüber einer DBS therapierefraktär (Bloem et al., 2004; Ferraye et al., 2008).

Wie in früheren Arbeiten beschrieben (Breit et al., under review) ist der Gang ein hochkomplexes motorisches Verhalten, das zumindest teilweise durch absteigende Bahnen vermittelt wird, die durch den Hirnstamm zu bewegungsrelevanten zentralen Netzwerken im Rückenmark führen (Grillner, 2006; Takakusaki, 2017). Die an diesem Prozess beteiligten Hirnstammzentren sind Teil der mesencephalischen Bewegungsregion, zu der der pedunculopontine Kern (PPN) gehört

(Hamani et al., 2016). Es hat sich gezeigt, dass der PPN physiologische Muster aufweist, die mit der motorischen Planung und der Ganginitiierung zusammenhängen (Jahn et al., 2008; Karachi et al., 2010; Lau et al., 2015; Tattersall, et al., 2014). In Tierversuchen führte die niederfrequente Stimulation der erweiterten PPN-Region (PPNa) zu spontaner Fortbewegung, während Läsionen zu Gangdefiziten führten (Garcia-Rill et al., 1987; Karachi et al., 2010). In Parkinson-Tiermodellen weist der PPN einen pathologischen neuronalen Zellverlust und eine veränderte neuronale Aktivität auf (Hirsch et al., 1987; Orieux et al., 2000; Breit et al., 2001; Rinne et al., 2008; Aravamuthan et al., 2008; Pienaar et al., 2013). Daher wurde die Hypothese aufgestellt, dass die DBS der PPN-Region (PPNa) in der Lage sein könnte, die therapierefraktären Gang- und Standsymptome bei der Parkinson-Krankheit zu verbessern (Mazzone et al., 2005; Plaha & Gill, 2005). Die Ergebnisse klinischer Studien am Menschen sind jedoch uneinheitlich, sodass zahlreiche grundlegende Fragen bezüglich der Patientenauswahl und der Zielerreichung verbleiben. Darüber hinaus ist nicht bekannt, welcher Ansatz der PPNa-DBS (unilateral, bilateral oder in Kombination mit STN-DBS), am günstigsten sein könnte (Hamani et al., 2016; Windels et al., 2015; Mena-Segovia & Bolam, 2017; Thevathasan, et al., 2018; Nowacki et al., 2019).

Wir haben daher eine randomisierte, doppel-verblindete, cross-over Studie (Breit et al., under review) durchgeführt, die die Wirksamkeit der alleinigen (nicht in Kombination mit STN-DBS) bilateralen DBS der PPNa bei Patienten mit PD untersuchte. Die Ergebnisse legen nahe, dass die bilaterale PPNa-DBS in der Tat die axialen Symptome positiv beeinflusst. In einer randomisierten, doppel-verblindeten Studie einer anderen Gruppe wurde ebenfalls eine alleinige bilaterale PPNa-DBS eingesetzt; es wurden jedoch negative Ergebnisse berichtet. Um diese widersprüchlichen Befunde zwischen den Studien zu ergründen, untersuchten wir die millimeter-genau Elektrodenposition und das neuronale Muster entlang der Implantations-Trajektorie. Wir stellten die Hypothese auf und bestätigten schließlich empirisch, dass die variablen Therapie-Effekte zwischen den Patienten auf unterschiedliche Lokalisationen der implantierten DBS-Elektroden zurückzuführen waren. Hierzu ermittelten wir strukturelle und funktionelle Korrelate der therapeutischen Wirkung. Mit diesem Ansatz konnten wir neue Erkenntnisse zu den möglichen physiologischen und anatomischen Ursachen, die zu einer solchen Variabilität führen, gewinnen. Des Weiteren identifizierten wir genaue anatomische Orientierungs-Marken und neuronale Muster, die in zukünftigen Studien und einer optimierten Implantation und damit zu einer wirksamen und konsistenten Linderung axialer Symptome bei Parkinson-Patienten führen können.

Perspektiven der Forschung

Störungen des normalen zirkadianen Rhythmus und der Schlafzyklen sind Folgen des Alterns und können die Gesundheit tiefgreifend beeinträchtigen (Musiek & Holtzman, 2016). Es gibt zahlreiche Hinweise darauf, dass zirkadiane Störungen und Schlafstörungen nicht nur negative Auswirkungen auf die Symptomausprägung bei vielen neurodegenerativen Erkrankungen haben, sondern sogar deren Pathogenese schon früh im Verlauf der Erkrankungen beeinflussen können (Videnovic & Willis, 2016). Schlaf-Wach-Störungen (sleep–wake disturbances, SWD) sind eine frühe symptomatische Manifestation der prodromalen Parkinson-Krankheit und treten bei bis zu 90 % der Patienten im Verlauf der Erkrankung auf (Gros & Videnovic, 2020). Schlaflosigkeit, Schlaffragmentierung und exzessive Tagesschläfrigkeit sind die häufigsten Beeinträchtigungen des gestörten Schlaf-Wach-Zyklus bei der Parkinson-Krankheit. Sie sind eine Hauptursache für krankheitsbedingte Behinderungen und ein wichtiger krankheitsmodifizierender Faktor (Bohnen & Michele, 2019). Eine SWD führt zu einer schwerwiegenderen Ausprägung des klinischen Profils, zum beschleunigten Fortschreiten der Erkrankung, beeinträchtigt die therapeutischen Effekte und hat somit erhebliche Auswirkungen auf die Lebensqualität von PD-Patienten. Mehr als 60 % der PD-Patienten haben beispielsweise eine REM (rapid eye movement) -Schlafverhaltensstörung, die durch Veränderungen der Schlafarchitektur, traumauslösendes Verhalten und Alpträume in Verbindung mit dem REM-Schlaf gekennzeichnet ist (Bargiotas et al., 2019). Diese Parkinson-Patienten leiden unter schwereren motorischen und nicht-motorischen Symptomen als Patienten ohne diese Schlafstörung und zeigen einen beschleunigten kognitiven Abbau sowie psychiatrische Manifestationen wie Depression und Apathie (Bargiotas et al., 2019; Pagano et al., 2018; Schreiner et al., 2019). Dieser nachteilige Einfluss der SWD auf die Parkinson-Krankheit ist mit der regenerativen Funktion des ungestörten Schlafs verbunden. Der natürliche Schlaf bringt die synaptischen Verbindungen wieder ins Gleichgewicht (Tononi & Cirelli, 2014) und ist mit einer 60 %igen Zunahme des interstitiellen Raums verbunden. Dies führt zu einer erhöhten Clearance-Rate abnormaler Proteine und zur Entfernung potenziell neurotoxischer Abfallprodukte, die sich im Wachzustand als Folge der neuralen Aktivität ansammeln (Xie et al., 2013). Unausgeglichene synaptische Verbindungen, beeinträchtigte glymphatische und zelluläre Clearance abnormaler Proteine (wie α-Synuclein, Amyloid-β, TDP-43 oder phosphoryliertes Tau), Stress des endoplasmatischen Retikulums, nächtliche Desoxygenierung des Gehirns und entzündliche Prozesse sind potenzielle Mechanismen, die den Einfluss der SWD auf die Schwere und das Fortschreiten der PD-Symptome vermitteln. Interventionen, die die SWD wieder ins Gleichgewicht bringen, können daher das Potenzial haben, die Symptomlast relevant zu verringern und sogar das Fortschreiten der Parkinson-Erkrankung zu verlangsamen.

Allerdings sind Behandlungsmöglichkeiten und Interventionsstudien zur Behandlung von SWA bei der Parkinson-Erkrankung rar und nicht ausreichend belegt (Baumann, 2019). Medikamente, die sowohl bei Parkinson als auch für den Schlaf verschrieben werden können, sind beschränkt und limitieren den Nutzen der verfügbaren pharmakologischen Behandlungsstrategien. Natriumoxybat zum Beispiel hat positive Auswirkungen auf den Schlaf auch bei der Parkinson-Krankheit, kann aber mit behandlungsbedingten Komplikationen wie De-novo-Schlafapnoe und Parasomnie in Verbindung gebracht werden und erfordert daher eine spezielle Überwachung mit Polysomnographie (PSG) (Büchele et al., 2018). Es besteht daher ein großer Bedarf an nicht-pharmakologischen Therapie-Ansätzen für SWD bei Parkinson. Die Lichttherapie zum Beispiel ist eine gut verträgliche Behandlungsmodalität in der Schlafmedizin und kann eine praktikable Intervention zur Verbesserung der SWD sein. Bei PD-Patienten fehlen jedoch Behandlungseffekte, die auch mittels PSG nachgewiesen sind, um unspezifische Effekte auszuschließen (Videnovic et al., 2017). Darüber hinaus werden bei Parkinson spezialisierte retinale Ganglienzellen, die den Schlaf-Wach-Zyklus unterstützen, neurodegenerativ geschädigt; gleiches gilt für den suprachiasmatischen Kern als zentralem zirkadianen Schrittmacher. In diesem Zusammenhang kann die Tiefe Hirnstimulation als etablierte Behandlung motorischer Symptome bei Parkinson eine wirkungsvolle Intervention darstellen, um die gestörten neuronalen Schaltkreise und das Ungleichgewicht zwischen inhibitorischen und exzitatorischen neuronalen Populationen, die Schlafstörungen bei Parkinson vermitteln, neu zu gestalten (Gros & Videnovic, 2020). Der Einfluss der DBS auf den Schlaf ist jedoch noch nicht ausreichend erforscht, und die derzeitigen Ansätze erfordern deutliche Verbesserungen (Sharma et al., 2018). Daher sind neue DBS-Techniken und -Zielpunkte erforderlich, um das Potential dieser Technologie als exogener zirkadianer Modulator voll auszuschöpfen und die SWD bei Parkinson zu verbessern.

Literatur

Abosch, A., Hutchison, W. D., Saint-Cyr, J. A., Dostrovsky, J. O., & Lozano, A. M. (2002). Movement-related neurons of the subthalamic nucleus in patients with Parkinson disease. *Journal of neurosurgery, 97*(5), 1167–1172.

Alavi, M., Dostrovsky, J. O., Hodaie, M., Lozano, A. M., & Hutchison, W. D. (2013). Spatial extent of beta oscillatory activity in and between the subthalamic nucleus and substantia nigra pars reticulata of Parkinson's disease patients. *Experimental neurology, 245,* 60–71.

Albin, R. L., Young, A. B., & Penney, J. B. (1989). The functional anatomy of basal ganglia disorders. *Trends in neurosciences, 12*(10), 366.

Aravamuthan, B. R., Bergstrom, D. A., French, R. A., Taylor, J. J., Parr-Brownlie, L. C., & Walters, J. R. (2008). Altered neuronal activity relationships between the pedunculopontine nucleus and motor cortex in a rodent model of Parkinson's disease. *Experimental neurology, 213*(2), 268–280.

Bargiotas, P., Debove, I., Bargiotas, I., Lachenmayer, M. L., Ntafouli, M., Vayatis, N., & Bassetti, C. L. (2019). Effects of bilateral stimulation of the subthalamic nucleus in Parkinson's disease with and without REM sleep behaviour disorder. *Journal of Neurology, Neurosurgery & Psychiatry, 90*(12), 1310–1316.

Baumann, C. R. (2019). Sleep–wake and circadian disturbances in Parkinson disease: A short clinical guide. *Journal of Neural Transmission, 126*(7), 863–869.

Benabid, A. L., Pollak, P., Gross, C., Hoffmann, D., Benazzouz, A., Gao, D. M., & Perret, J. (1994). Acute and long-term effects of subthalamic nucleus stimulation in Parkinson's disease. *Stereotactic and functional neurosurgery, 62*(1–4), 76–84.

Bloem, B. R., Hausdorff, J. M., Visser, J. E., & Giladi, N. (2004). Falls and freezing of gait in Parkinson's disease: A review of two interconnected, episodic phenomena. *Movement disorders: Official journal of the Movement Disorder Society, 19*(8), 871–884.

Bohnen, N. I., & TM Hu, M. (2019). Sleep disturbance as potential risk and progression factor for Parkinson's disease. *Journal of Parkinson's disease, (Preprint),* 1–12.

Bour, L. J., Contarino, M. F., Foncke, E. M., de Bie, R. M., van den Munckhof, P., Speelman, J. D., & Schuurman, P. R. (2010). Long-term experience with intraoperative microrecording during DBS neurosurgery in STN and GPi. *Acta neurochirurgica, 152*(12), 2069–2077.

Breit, S., Bouali-Benazzouz, R., Benabid, A. L., & Benazzouz, A. (2001). Unilateral lesion of the nigrostriatal pathway induces an increase of neuronal activity of the pedunculopontine nucleus, which is reversed by the lesion of the subthalamic nucleus in the rat. *European journal of neuroscience, 14*(11), 1833–1842.

Breit, S., Milosevic, L., Naros, G., Cebi, I., Weiss, D., & Gharabaghi A. (under review). *Structural and functional correlates of clinical response to bilateral pedunculopontine stimulation for Parkinson's disease.*

Brown, P. (2003). Oscillatory nature of human basal ganglia activity: Relationship to the pathophysiology of Parkinson's disease. *Movement disorders: Official journal of the Movement Disorder Society, 18*(4), 357–363.

Brunenberg, E. J., Platel, B., Hofman, P. A., ter Haar Romeny, B. M., & Visser-Vandewalle, V. (2011). Magnetic resonance imaging techniques for visualization of the subthalamic nucleus: A review. *Journal of neurosurgery, 115*(5), 971–984.

Büchele, F., Hackius, M., Schreglmann, S. R., Omlor, W., Werth, E., Maric, A., & Baumann, C. R. (2018). Sodium oxybate for excessive daytime sleepiness and sleep disturbance in Parkinson disease: a randomized clinical trial. *JAMA neurology, 75*(1), 114–118.

DeLong, M. R. (1990). Primate models of movement disorders of basal ganglia origin. *Trends in neurosciences, 13*(7), 281–285.

Deuschl, G., Schade-Brittinger, C., Krack, P., Volkmann, J., Schäfer, H., Bötzel, K., & Gruber, D. (2006). A randomized trial of deep-brain stimulation for Parkinson's disease. *New England Journal of Medicine, 355*(9), 896–908.

Farris, S., & Giroux, M. (2013). Retrospective review of factors leading to dissatisfaction with subthalamic nucleus deep brain stimulation during long-term management. *Surgical neurology international, 4.*

Ferraye, M. U., Debu, B., Fraix, V., Xie-Brustolin, J., Chabardes, S., Krack, P., & Pollak, P. (2008). Effects of subthalamic nucleus stimulation and levodopa on freezing of gait in Parkinson disease. *Neurology, 70*(16 Part 2), 1431–1437.

Garcia-Rill, E., Houser, C. R., Skinner, R. D., Smith, W., & Woodward, D. J. (1987). Locomotion-inducing sites in the vicinity of the pedunculopontine nucleus. *Brain research bulletin, 18*(6), 731–738.

Gharabaghi, A. (2016). Closed-loop neuroprosthetics. In *Closed Loop Neuroscience Chapter 16* (216, S. 223–227). Academic Press, Elsevier.

Giladi, N., McDermott, M. P., Fahn, S., Przedborski, S., Jankovic, J., Stern, M., & Parkinson Study Group. (2001). Freezing of gait in PD: Prospective assessment in the DATATOP cohort. *Neurology, 56*(12), 1712–1721.

Grillner, S. (2006). Biological pattern generation: The cellular and computational logic of networks in motion. *Neuron, 52*(5), 751–766.

Gros, P., & Videnovic, A. (2020). Overview of sleep and circadian rhythm disorders in Parkinson disease. *Clinics in geriatric medicine, 36*(1), 119–130.

Hamani, C., Aziz, T., Bloem, B. R., Brown, P., Chabardes, S., Coyne, T., & Mazzone, P. A. (2016). Pedunculopontine nucleus region deep brain stimulation in Parkinson disease: Surgical anatomy and terminology. *Stereotactic and functional neurosurgery, 94*(5), 298–306.

Hirsch, E. C., Graybiel, A. M., Duyckaerts, C., & Javoy-Agid, F. (1987). Neuronal loss in the pedunculopontine tegmental nucleus in Parkinson disease and in progressive supranuclear palsy. *Proceedings of the National Academy of Sciences, 84*(16), 5976–5980.

Hutchison, W. D., Allan, R. J., Opitz, H., Levy, R., Dostrovsky, J. O., Lang, A. E., & Lozano, A. M. (1998). Neurophysiological identification of the subthalamic nucleus in surgery for Parkinson's disease. *Annals of Neurology: Official Journal of the American Neurological Association and the Child Neurology Society, 44*(4), 622–628.

Jahn, K., Deutschländer, A., Stephan, T., Kalla, R., Wiesmann, M., Strupp, M., & Brandt, T. (2008). Imaging human supraspinal locomotor centers in brainstem and cerebellum. *NeuroImage, 39*(2), 786–792.

Karachi, C., Grabli, D., Bernard, F. A., Tandé, D., Wattiez, N., Belaid, H., & Hartmann, A. (2010). Cholinergic mesencephalic neurons are involved in gait and postural disorders in Parkinson disease. *The Journal of clinical investigation, 120*(8), 2745–2754.

Kern, K., Naros, G., Braun, C., Weiss, D., & Gharabaghi, A. (2016). Detecting a cortical finger-print of Parkinson's disease for closed-loop neuromodulation. *Frontiers in neuroscience, 10,* 110.

Kerr, G. K., Worringham, C. J., Cole, M. H., Lacherez, P. F., Wood, J. M., & Silburn, P. A. (2010). Predictors of future falls in Parkinson disease. *Neurology, 75*(2), 116–124.

Knieling, S., Sridharan, K. S., Belardinelli, P., Naros, G., Weiss, D., Mormann, F., & Ghara-baghi, A. (2016). An unsupervised online spike-sorting framework. *International journal of neural systems, 26*(05), 1550042.

Kolb, R., Abosch, A., Felsen, G., & Thompson, J. A. (2017). Use of intraoperative local field potential spectral analysis to differentiate basal ganglia structures in Parkinson's disease patients. *Physiological reports, 5*(12), e13322.

Kühn, A. A., Trottenberg, T., Kivi, A., Kupsch, A., Schneider, G. H., & Brown, P. (2005). The relationship between local field potential and neuronal discharge in the subthalamic nucleus of patients with Parkinson's disease. *Experimental neurology, 194*(1), 212–220.

Kumar, R., Lozano, A. M., Kim, Y. J., Hutchison, W. D., Sime, E., Halket, E., & Lang, A. E. (1998). Double-blind evaluation of subthalamic nucleus deep brain stimulation in advanced Parkinson's disease. *Neurology, 51*(3), 850–855.

Lau, B., Welter, M. L., Belaid, H., Fernandez Vidal, S., Bardinet, E., Grabli, D., & Karachi, C. (2015). The integrative role of the pedunculopontine nucleus in human gait. *Brain, 138*(5), 1284–1296.

Lee, P. S., Crammond, D. J., & Richardson, R. M. (2018). Deep brain stimulation of the subthalamic nucleus and globus pallidus for Parkinson's disease. In *Current Concepts in Movement Disorder Management* (Bd. 33, S. 207–221). Karger Publishers.

Lhommée, E., Wojtecki, L., Czernecki, V., Witt, K., Maier, F., Tonder, L., & Witjas, T. (2018). Behavioural outcomes of subthalamic stimulation and medical therapy versus medical therapy alone for Parkinson's disease with early motor complications (EARLYSTIM trial): Secondary analysis of an open-label randomised trial. *The Lancet Neurology, 17*(3), 223–231.

Limousin, P., Krack, P., Pollak, P., Benazzouz, A., Ardouin, C., Hoffmann, D., & Benabid, A. L. (1998). Electrical stimulation of the subthalamic nucleus in advanced Parkinson's disease. *New England Journal of Medicine, 339*(16), 1105–1111.

Limousin, P., Pollak, P., Benazzouz, A., Hoffmann, D., Le Bas, J. F., Perret, J. E., & Broussolle, E. (1995). Effect on parkinsonian signs and symptoms of bilateral subthalamic nucleus stimulation. *The Lancet, 345*(8942), 91–95.

Lozano, A. M., Hutchison, W. D., & Kalia, S. K. (2017). What have we learned about movement disorders from functional neurosurgery? *Annual review of neuroscience, 40,* 453–477.

Lozano, C. S., Ranjan, M., Boutet, A., Xu, D. S., Kucharczyk, W., Fasano, A., & Lozano, A. M. (2018). Imaging alone versus microelectrode recording–guided targeting of the STN in patients with Parkinson's disease. *Journal of neurosurgery, 130*(6), 1847–1852.

Mazzone, P., Lozano, A., Stanzione, P., Galati, S., Scarnati, E., Peppe, A., & Stefani, A. (2005). Implantation of human pedunculopontine nucleus: A safe and clinically relevant target in Parkinson's disease. *NeuroReport, 16*(17), 1877–1881.

Mena-Segovia, J., & Bolam, J. P. (2017). Rethinking the pedunculopontine nucleus: From cellular organization to function. *Neuron, 94*(1), 7–18.

Milosevic, L., Scherer, M., Cebi, I., Guggenberger, R., Machetanz, K., Naros, G., Gharabaghi, A. (2020). *Online mapping with the deep brain stimulation lead: A novel targeting tool in Parkinson's disease. Movement disorders.*

Montgomery, E. B., Jr. (2012). Microelectrode targeting of the subthalamic nucleus for deep brain stimulation surgery. *Movement disorders, 27*(11), 1387–1391.

Moore, O., Peretz, C., & Giladi, N. (2007). Freezing of gait affects quality of life of peoples with Parkinson's disease beyond its relationships with mobility and gait. *Movement disorders: Official journal of the Movement Disorder Society, 22*(15), 2192–2195.

Musiek, E. S., & Holtzman, D. M. (2016). Mechanisms linking circadian clocks, sleep, and neurodegeneration. *Science, 354*(6315), 1004–1008.

Naros, G., Grimm, F., Weiss, D., & Gharabaghi, A. (2018). Directional communication during movement execution interferes with tremor in Parkinson's disease. *Movement Disorders, 33*(2), 251–261.

Nickl, R. C., Reich, M. M., Pozzi, N. G., Fricke, P., Lange, F., Roothans, J., & Matthies, C. (2019). Rescuing suboptimal outcomes of subthalamic deep brain stimulation in Parkinson disease by surgical lead revision. *Neurosurgery, 85*(2), E314–E321.

Novak, P., Daniluk, S., Ellias, S. A., & Nazzaro, J. M. (2007). Detection of the subthalamic nucleus in microelectrographic recordings in Parkinson disease using the high-frequency (> 500 Hz) neuronal background. *Journal of neurosurgery, 106*(1), 175–179.

Nowacki, A., Galati, S., Ai-Schlaeppi, J., Bassetti, C., Kaelin, A., & Pollo, C. (2019). Pedunculopontine nucleus: An integrative view with implications on deep brain stimulation. *Neurobiology of disease, 128*, 75–85.

Okun, M. S., Tagliati, M., Pourfar, M., Fernandez, H. H., Rodriguez, R. L., Alterman, R. L., & Foote, K. D. (2005). Management of referred deep brain stimulation failures: A retrospective analysis from 2 movement disorders centers. *Archives of neurology, 62*(8), 1250–1255.

Orieux, G., Francois, C., Feger, J., Yelnik, J., Vila, M., Ruberg, M., & Hirsch, E. C. (2000). Metabolic activity of excitatory parafascicular and pedunculopontine inputs to the subthalamic nucleus in a rat model of Parkinson's disease. *Neuroscience, 97*(1), 79–88.

Pagano, G., De Micco, R., Yousaf, T., Wilson, H., Chandra, A., & Politis, M. (2018). REM behavior disorder predicts motor progression and cognitive decline in Parkinson disease. *Neurology, 91*(10), 894–905.

Pienaar, I. S., Elson, J. L., Racca, C., Nelson, G., Turnbull, D. M., & Morris, C. M. (2013). Mitochondrial abnormality associates with type-specific neuronal loss and cell morphology changes in the pedunculopontine nucleus in Parkinson disease. *The American journal of pathology, 183*(6), 1826–1840.

Plaha, P., & Gill, S. S. (2005). Bilateral deep brain stimulation of the pedunculopontine nucleus for Parkinson's disease. *NeuroReport, 16*(17), 1883–1887.

Plaha, P., Khan, S., & Gill, S. S. (2008). Bilateral stimulation of the caudal zona incerta nucleus for tremor control. *Journal of neurology, neurosurgery & psychiatry, 79*(5), 504–513.

Rinne, J. O., Ma, S. Y., Lee, M. S., Collan, Y., & Röyttä, M. (2008). Loss of cholinergic neurons in the pedunculopontine nucleus in Parkinson's disease is related to disability of the patients. *Parkinsonism & Related Disorders, 14*(7), 553–557.

Schreiner, S. J., Imbach, L. L., Werth, E., Poryazova, R., Baumann-Vogel, H., Valko, P. O., & Baumann, C. R. (2019). Slow-wave sleep and motor progression in Parkinson disease. *Annals of Neurology, 85*(5), 765–770.

Schuepbach, W. M. M., Rau, J., Knudsen, K., Volkmann, J., Krack, P., Timmermann, L., & Falk, D. (2013). Neurostimulation for Parkinson's disease with early motor complications. *New England Journal of Medicine, 368*(7), 610–622.

Schuepbach, W. M., Tonder, L., Schnitzler, A., Krack, P., Rau, J., Hartmann, A., & Paschen, S. (2019). Quality of life predicts outcome of deep brain stimulation in early Parkinson disease. *Neurology, 92*(10), 1109–1120.

Shamir, R. R., Zaidel, A., Joskowicz, L., Bergman, H., & Israel, Z. (2012). Microelectrode recording duration and spatial density constraints for automatic targeting of the subthalamic nucleus. *Stereotactic and functional neurosurgery, 90*(5), 325–334.

Sharma, V. D., Sengupta, S., Chitnis, S., & Amara, A. W. (2018). Deep brain stimulation and sleep-wake disturbances in Parkinson disease: A review. *Frontiers in neurology, 9,* 697.

Takakusaki, K. (2017). Functional Neuroanatomy for Posture and Gait Control. *Journal of Movement Disorders, 10*(1), 1–17.

Tattersall, T. L., Stratton, P. G., Coyne, T. J., Cook, R., Silberstein, P., Silburn, P. A., & Sah, P. (2014). Imagined gait modulates neuronal network dynamics in the human pedunculopontine nucleus. *Nature neuroscience, 17*(3), 449.

Telkes, I., Jimenez-Shahed, J., Viswanathan, A., Abosch, A., & Ince, N. F. (2016). Prediction of STN-DBS electrode implantation track in Parkinson's disease by using local field potentials. *Frontiers in neuroscience, 10,* 198.

Telkes, I., Viswanathan, A., Jimenez-Shahed, J., Abosch, A., Ozturk, M., Gupte, A., & Ince, N. F. (2018). Local field potentials of subthalamic nucleus contain electrophysiological footprints of motor subtypes of Parkinson's disease. *Proceedings of the National Academy of Sciences, 115*(36), E8567–E8576.

Thevathasan, W., Debu, B., Aziz, T., Bloem, B. R., Blahak, C., Butson, C., & Joint, C. (2018). Pedunculopontine nucleus deep brain stimulation in Parkinson's disease: A clinical review. *Movement Disorders, 33*(1), 10–20.

Thompson, J. A., Oukal, S., Bergman, H., Ojemann, S., Hebb, A. O., Hanrahan, S., & Abosch, A. (2018). Semi-automated application for estimating subthalamic nucleus boundaries and optimal target selection for deep brain stimulation implantation surgery. *Journal of neurosurgery, 1*(aop), 1–10.

Tononi, G., & Cirelli, C. (2014). Sleep and the price of plasticity: From synaptic and cellular homeostasis to memory consolidation and integration. *Neuron, 81*(1), 12–34.

Valsky, D., Marmor-Levin, O., Deffains, M., Eitan, R., Blackwell, K. T., Bergman, H., & Israel, Z. (2017). Stop! border ahead: Automatic detection of subthalamic exit during deep brain stimulation surgery. *Movement Disorders, 32*(1), 70–79.

Videnovic, A., Klerman, E. B., Wang, W., Marconi, A., Kuhta, T., & Zee, P. C. (2017). Timed light therapy for sleep and daytime sleepiness associated with Parkinson disease: A randomized clinical trial. *JAMA neurology, 74*(4), 411–418.

Videnovic, A., & Willis, G. L. (2016). Circadian system—A novel diagnostic and therapeutic target in Parkinson's disease? *Movement Disorders, 31*(3), 260–269.

Weinberger, M., Mahant, N., Hutchison, W. D., Lozano, A. M., Moro, E., Hodaie, M., & Dostrovsky, J. O. (2006). Beta oscillatory activity in the subthalamic nucleus and its relation to dopaminergic response in Parkinson's disease. *Journal of neurophysiology, 96*(6), 3248–3256.

Weiss, D., Klotz, R., Govindan, R. B., Scholten, M., Naros, G., Ramos-Murguialday, A., & Gharabaghi, A. (2015). Subthalamic stimulation modulates cortical motor network activity and synchronization in Parkinson's disease. *Brain, 138*(3), 679–693.

Weiss, D., Walach, M., Meisner, C., Fritz, M., Scholten, M., Breit, S., & Krüger, R. (2013). Nigral stimulation for resistant axial motor impairment in Parkinson's disease? *A randomized controlled trial. Brain, 136*(7), 2098–2108.

Windels, F., Thevathasan, W., Silburn, P., & Sah, P. (2015). Where and what is the PPN and what is its role in locomotion? *Brain, 138*(5), 1133–1134.

Witt, K., Daniels, C., & Volkmann, J. (2012). Factors associated with neuropsychiatric side effects after STN-DBS in Parkinson's disease. *Parkinsonism & related disorders, 18,* 168–170.

Xie, L., Kang, H., Xu, Q., Chen, M. J., Liao, Y., Thiyagarajan, M.,Takano, T., & Nedergaard, M. (2013). Sleep drives metabolite clearance from the adult brain. *Science, 342*(6156), 373–377.

Zaidel, A., Spivak, A., Grieb, B., Bergman, H., & Israel, Z. (2010). Subthalamic span of β oscillations predicts deep brain stimulation efficacy for patients with Parkinson's disease. *Brain, 133*(7), 2007–2021.

Kulturelle und gesellschaftspolitische Aspekte

Auf dem Weg in die „Rentner-Demokratie"?

Manfred G. Schmidt

Welche politischen Folgen hat die Alterung der Bevölkerung?[1] Vergrößert sie die „latente Macht"[2] der Senioren? Beschreiten Staaten mit alternder Bevölkerung den Weg in eine neue Gerontokratie, eine Herrschaft von Senioren, durch Senioren und für Senioren? Entsteht daraus eine „Rentner-Demokratie", so die Mahnung des Bundespräsidenten Herzog im Jahre 2008?[3]

Beantwortet werden diese Fragen anhand der Bundesrepublik Deutschland. Sie eignet sich als Testfall, weil die Alterung ihrer Bevölkerung weit fortgeschritten ist: 21 % der Einwohner im Lande sind derzeit mindestens 65 Jahre alt – Tendenz steigend. Damit liegt Deutschlands Alterung mit Finnland auf dem dritten Platz hinter Italien und Japan, wo 23 bzw. 27 % der Bevölkerung Senioren sind.[4] Ferner ist Deutschlands Staatsverfassung demokratisch und hierdurch offen für die Anliegen einer so großen Zahl von Senioren. Zudem ist der Sozialstaat in Deutschland weit ausgebaut und könnte zu Gunsten der Älteren und zu Lasten der Jüngeren genutzt werden.

M. G. Schmidt (✉)
Institut für Politische Wissenschaft, Universität Heidelberg, Heidelberg, Deutschland
E-mail: manfred.schmidt@ipw.uni-heidelberg.de

[1] Dieser Beitrag aktualisiert und erweitert Schmidt (2012, 2015).

[2] Kohli et al. (1999, S. 502–504).

[3] Herzog (2008).

[4] Datenstand 2017 (Der Neue Fischer Weltalmanach 2017, S. 528–529).

© Der/die Autor(en) 2022
A. D. Ho et al. (Hrsg.), *Altern: Biologie und Chancen,* Schriften der Mathematisch-naturwissenschaftlichen Klasse 27,
https://doi.org/10.1007/978-3-658-34859-5_14

Demographischer Wandel und die Machtverteilung zwischen Jung und Alt

Für die gewachsene „latente Macht" der Senioren sprechen mittlerweile ihre beträchtliche Markt-, Organisations- und Staatsmacht.

Von der beachtlichen *Marktmacht* der wachsenden Zahl der Rentner – 17,5 Mio. sind es derzeit, 21 % der Wohnbevölkerung[5] – zeugt ihre Kaufkraft. Diese beläuft sich – tendenziell steigend – auf rund 11–12 % des Bruttoinlandsproduktes – gemessen an den öffentlichen Ausgaben für die Alterssicherung.

Auf *Organisationsmacht* weisen sodann die hohen, tendenziell weiter zunehmenden Seniorenanteile in Wohlfahrtsverbänden, Gewerkschaften und den meisten politischen Parteien. Auch die Beteiligung an Interessenverbänden bezeugt die politische Präsenz der Älteren.[6] Dass Senioren die Mitgliedschaft der Wohlfahrtsverbände dominieren, versteht sich fast von selbst. Doch auch in den Gewerkschaften sind die Älteren ein tendenziell wachsender und meist recht kampfeslustiger Teil der Mitglieder. Beispielsweise wuchs der Anteil der Rentner an den Mitgliedern der DGB-Gewerkschaften von 15 % 1970 auf über 20 % im Jahre 2002 – Tendenz steigend.[7]

Noch auffälliger ist die Altersstruktur der Parteimitglieder. In allen politischen Parteien in Deutschland sind die Jüngeren unter- und die Älteren überrepräsentiert, und zwar zunehmend. Der Anteil der mindestens 66-jährigen liegt in der CDU und der SPD bei über 42 %. Bei der CSU ist er mit 38 % und bei der Linkspartei mit 35 % etwas niedriger. Nur die FDP und die Grünen weichen von den anderen etablierten Parteien mit 6,6 bzw. 12,9 % deutlich ab.[8]

Die *Staatsmacht* der Senioren – insbesondere ihre Wählerstimmen – ist ebenfalls größer geworden. Mit der Alterung der Bevölkerung wächst nicht nur die absolute Zahl der Senioren, sondern auch ihr Anteil an den Wählern. Bei der Bundestagswahl von 2017 waren 36 % der Wahlberechtigten mindestens 60-jährig.[9] Zudem sind viele Ältere eifrige Wähler, was das Gewicht ihrer Stimmen weiter vergrößert: So lag die Wahlbeteiligung der 60–70-Jährigen bei der Bundestagswahl 2017 mit 80,1 % über dem Durchschnitt von 76,2. Deshalb stieg der Anteil

---

[5] Bundesamt für Statistik et al. (2018, S. 13, 16).

[6] Schroeder et al. (2011).

[7] Streeck (2007, S. 294); Skarpelis (2009, S. 331–333).

[8] Datenstand 2017. Berechnet aus Niedermayer (2019).

[9] Berechnet aus Der Bundestagswahlleiter (2018, S. 10–11).

der mindestens 60-Jährigen an allen aktiven Wählern 2017 auf 37 %.[10] Mehrheitlich stimmten die Älteren bei dieser Wahl erneut für die größeren Parteien: für die CDU/CSU votierten 39,5 % der mindestens 60-Jährigen und für die SPD 24,4 %, für die Grünen aber nur 5,1 %.[11]

Das Gewicht der Senioren in der Wählerschaft der meisten Parteien nimmt ebenfalls weiter zu: Bei der Bundestagswahl 2017 waren 37 % der CDU/CSU-Wähler und 36 % der SPD-Wähler mindestens 60 Jahre alt, bei der FDP immerhin 29 %. Bei der AfD, der Linken und den Grünen haben die älteren Wähler mit 23, 22 bzw. 17 % ein deutlich geringeres Gewicht.[12]

Die Alterung der Bevölkerung hat auch tiefe Spuren im Parlament und in der Regierung hinterlassen.[13] In der Legislative sind die jüngeren Altersgruppen unterrepräsentiert. Das Durchschnittsalter der Abgeordneten des Deutschen Bundestages beispielsweise liegt seit sechs Wahlperioden nahezu konstant knapp unter 50 Lebensjahren.[14] Älter sind die Führungsgruppen in der Exekutive: Das Durchschnittsalter der Bundesminister beispielsweise beträgt über 50 Jahre. Und Bundeskanzler oder Kanzlerin ist bislang niemand unter 51 Jahren geworden.

Von einer starken Position der Senioren bei der Verteilung öffentlicher Güter berichten Untersuchungen des Staatshandelns. Senioren gehören insbesondere zu den Nutznießern der Sozialpolitik.[15] Von ihr profitieren sie heute viel mehr als frühere Generationen. Zugute kommen den Senioren insbesondere aufwendige Leistungen der Alterssicherung und des Gesundheitswesens. Wer nach einer Maßzahl für den Finanzaufwand sucht, den die Sozialpolitik für Senioren in Deutschland bereitstellt, wird bei den öffentlichen Sozialausgaben für Alter und Hinterbliebene fündig. Diese betrugen laut Sozialbudget des Bundesarbeitsministeriums 2018 368 Mrd. EUR. Das entsprach 38,5 % aller öffentlichen Sozialausgaben und 10,9 % des Bruttoinlandsprodukts.[16] Damit hat Deutschland eine der weltweit höchsten Sozialleistungsquoten für Alter und Hinterbliebene.[17] Entsprechend aufwendig ist die Finanzierung der Alterssicherung. Rund 70 %

---

[10] Der Bundestagswahlleiter (2018, S. 11).

[11] Der Bundeswahlleiter (2018, S. 18).

[12] Forschungsgruppe Wahlen (2018, S. 109).

[13] Schindler (1999); Kempf & Merz (2001); Feldkampf (2011, 2018); Kempf et al. (2015).

[14] Feldkamp (2018, S. 21).

[15] Obinger & Schmidt (2019).

[16] Berechnungsbasis: BMAS (2019, S. 13, 16).

[17] Berechnet anhand des Anteils öffentlicher Sozialausgaben für Alter und Hinterbliebene am Bruttoinlandsprodukt (OECD 2018c). Siehe auch Abb. 1.

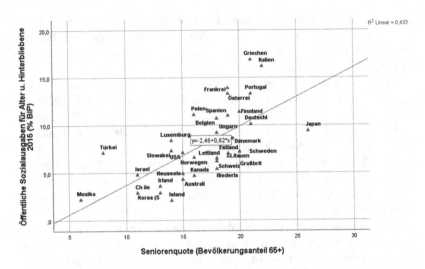

Abb. 1 Bevölkerungsanteil der mindestens 65-Jährigen und öffentliche Ausgaben für Alter und Hinterbliebene in OECD-Ländern Anmerkungen zu Schaubild 1: Datenstand 2015. Quellen: Sozialausgaben für Alter und Hinterbliebene: *OECD Social Expenditure Database, 2019.* Seniorenquote: *Der neue Fischer Weltalmanach 2017.* Frankfurt a. M.: Fischer, 2016, S. 616 ff.

ihrer Ausgaben finanzieren die Sozialbeiträge der Arbeitnehmer und ihrer Arbeitgeber, die restlichen 30 % stammen größtenteils aus dem Bundeszuschuss zur gesetzlichen Rentenversicherung. Ohne ihn läge der Beitragssatz der gesetzlichen Rentenversicherung weit über dem derzeitigen Stand von 18,6 % (2019).

Die Verteilung der Armutsrisiken signalisiert ebenfalls keine Benachteiligung der Senioren. Vor der Rentenreform von 1957 herrschte in der Arbeiterschaft noch panische Angst vor dem Alter. Mit gutem Grund: Jenseits der Altersgrenze drohte der Absturz in bittere Armut. Mittlerweile haben die Sozial- und die Steuerpolitik das Armutsrisiko der älteren Bevölkerung hierzulande drastisch verringert.

Andere Messlatten sozialstaatlicher Politik deuten ebenfalls auf beträchtliche Besserstellung der Älteren. Sollte das Verhältnis zwischen den Ausgaben für Alter und Hinterbliebene einerseits und für Bildung andererseits ein Maßstab für Alt-Jung-Unterschiede in den Staatsausgaben sein, bezeugen die Daten einen klaren Vorsprung der Alterssicherung vor dem Bildungswesen: Der Sozialproduktanteil der Alterssicherung ist mit derzeit 10,9 % rund zweieinhalbmal so hoch wie der bei 4,2 % liegende Anteil der öffentlichen Bildungsausgaben am Bruttoinlandsprodukt.[18] Auf Bevorzugung der Älteren verweist zudem die inverse Beziehung zwischen den öffentlichen Ausgaben für Alterssicherung und den Sozialausgaben für Kindererziehung im OECD-Länder-Vergleich: Je höher (niedriger) die Aufwendungen für das Alter, desto niedriger (höher) die Ausgaben für die Kindererziehung.[19]

Außerdem neigt die Politik in den Demokratien dazu, die ältere Bevölkerung bei finanziellen Sanierungsmaßnahmen zu schonen. Sind nicht die Staatsfinanzen auf erhebliche Kreditaufnahme geeicht – um den Preis beträchtlicher Lastenverlagerung auf die Schultern nachfolgender Generationen? Hatte sich die deutsche Sozialpolitik nicht lange geziert, die Alterssicherung von Expansions- auf Reduktionsgesetzgebungen umzustellen, die angesichts der Alterung der Bevölkerung und des seit Mitte der 1970er Jahre schwächeren Wirtschaftswachstums erforderlich waren? Ist nicht die 2013 gebildete dritte Große Koalition aus CDU, CSU und SPD mit ihrer „Rente ab 63" und der „Mütterrente" wieder in Richtung expansive Sozialpolitik marschiert? Und sieht nicht die 2018 geformte vierte Große Koalition erhebliche Rentenerhöhungen vor, unter ihnen eine „Respektrente" für jene Arbeitnehmer, denen sonst niedrige Altersrenten bevorstünden?

Die bislang erwähnten Zahlen bestätigen eine infolge der Alterung wachsende latente Macht der Senioren. Das gilt – wie gezeigt – für Fragen der Staatsmacht ebenso wie für die Verbands- und die Marktmacht.

Grenzen der Seniorenmacht

Allerdings gibt es auch Grenzen der Seniorenmacht. Besonders berichtenswert sind allein drei Tendenzen: reduzierte Marktmacht, gedämpfte Organisationsmacht und gedeckelte Staatsmacht.

Grenzen der Markt-, der Organisations- und der Staatsmacht

Gewiss ist die Marktmacht der Senioren größer als je zuvor in der Geschichte Deutschlands. Dennoch ist ihr Gewicht geringer als zunächst erwartet: 17,5 Mio. Rentner sind eine stattliche Zahl, aber keine Mehrheit. Ferner beträgt die Kaufkraft der 17,5 Mio. zwar 11 % des Sozialprodukts – doch ohne Chance, durch

---

[18] OECD (2018a, S. 266).
[19] Bonoli & Reber (2010).

Kaufkraftverweigerung konfliktfähig zu werden. Der finanzielle Spielraum dafür ist für die große Mehrzahl der Rentner zu eng.

Auch in den Verbänden, in denen viele Ältere Mitglieder geworden sind, stehen die Zeichen nicht auf „Rentner-Demokratie". Von Herrschaft der Rentner in den Gewerkschaften könne keine Rede sein, folgerte Wolfgang Streeck, ein Experte der Gewerkschaftsforschung, aus den vorliegenden Spezialstudien. Der Grund: Die Gewerkschaftsführungen heißen die Unterstützung der Senioren für gewerkschaftliche Aktivitäten willkommen, gewähren ihnen dafür aber nicht allzu viel Spielraum.[20] In die gleiche Richtung deuten die Befunde der Verbände-Studie von Schroeder et al. (2011): Die Rentner und Pensionäre in den Gewerkschaften sind, so heißt es dort, eine quantitativ „starke Randgruppe (…) mit schwachen Mitgliedschaftsrechten".[21]

Noch stärker grenzen sich die Führungsgruppen der politischen Parteien von den alternden Mitgliedschaften ab. Ihr Beweggrund ist der Parteienwettbewerb. Die Parteien müssen sich regelmäßig dem Wählerurteil stellen. Auch zwischen den Wahlen sind sie durch Umfragen zu ihren Wiederwahlchancen einem fortwährenden Bewährungsdruck ausgesetzt. Beides lässt die Parteiführungen danach streben, eine möglichst große Zahl von älteren *und* jüngeren Wählern zu mobilisieren – und nicht danach, die Interessen ihrer älteren Mitglieder und Wähler zu maximieren.

Der Wettbewerb um Wählerstimmen zwingt die Parteien zur wählergruppenübergreifenden Werbung, wenn sie nicht Ein-Ziel-Bewegungen sind, wie im Falle einer reinen Rentnerpartei. Somit kommt hinter dem Rücken der Mitwirkenden ein dynamisches Gleichgewicht zustande, das der „*invisible hand*" in Adam Smiths Lehre vom „Wohlstand der Nationen" ähnelt: Der demokratische Marktmechanismus erzeugt ein relatives Gleichgewicht zwischen Alt und Jung und wirkt gegen eine „Rentner-Demokratie".

In anderen Spitzenpositionen der Politik in Deutschland verhindern Stopp-Regeln ebenfalls gerontokratische Tendenzen. Die Amtsdauer von Richtern des Bundesverfassungsgerichtes beispielsweise wird durch Altersgrenzen – 68 Lebensjahre – und eine Höchstmandatsdauer von 12 Jahren geregelt. Amtsführung der Verfassungsrichter bis zum Lebensende, wie im US-amerikanischen *Supreme Court,* ist somit in Deutschland unmöglich.

---

[20] Streeck (2007, S. 296–297).
[21] Ähnlich Schroeder et al. (2011, S. 443).

Trotz fortgeschrittener Alterung der Bevölkerung gibt es heutzutage weder in Deutschland noch in anderen westlichen Ländern einflussreiche Seniorenparteien.[22] Und trotz weiter voranschreitender Alterung der Bevölkerung ist in der Moderne kein Verfassungsorgan in Sicht, das, wie in etlichen Staatsformen der Antike, einem einflussreichen Rat der Geronten, der Älteren oder der Greise, gleichkäme.

Zudem hat die Politik auf die Alterung der Bevölkerung reagiert – wenngleich zeitverzögert. Trotz aller Kritik an ihrer späten und halbherzigen Reaktion sind Anpassungen der Gesetzgebung zur Alterssicherung an den demographischen Wandel nicht zu übersehen. Davon zeugen allein schon die öffentlichen Ausgaben für Alter und Hinterbliebene in Deutschland. Diese Ausgaben sind beachtlich, doch hängt ihre Höhe eng mit der Alterung der Bevölkerung zusammen: Je höher der Bevölkerungsanteil der mindestens 65-jährigen Bevölkerung, desto tendenziell höher der Anteil der Ausgaben für die Alterssicherung am Bruttoinlandsprodukt. Dieser Trend kennzeichnet alle OECD-Mitgliedstaaten, wie das Abb. 1 zeigt. Die hohen Ausgaben für Alter und Hinterbliebene in Deutschland und anderen westlichen Ländern sind nicht nur das Werk einer spendablen Sozialpolitik; sie spiegeln auch einen starken demographischen Schub wider: den höheren Bevölkerungsanteil der mindestens 65-Jährigen, der Senioren. Allerdings werden die Senioren vor allem in den südeuropäischen Ländern finanziell noch stärker bedacht: Auch das zeigt das Abb. 1. Übertroffen wird Deutschlands Anteil der Alterssicherung am Sozialprodukt insbesondere von Griechenland, Italien, Portugal und Spanien. Die Ausgaben für die Alterssicherung liegen in diesen Ländern sogar relativ zu ihrer Seniorenquote oberhalb der Trendlinie, der Regressionsgeraden, im Abb. 1.

Ferner bezeugen neuere Zahlen eine Richtungsänderung: Der Anteil der Ausgaben für Alter und Hinterbliebene am Bruttoinlandsprodukt nimmt in Deutschland seit dem Höchststand von 2003/2004 bis zum Ende der Untersuchungsperiode (2018) wieder ab – und das bei einer zunehmenden Seniorenquote (Abb. 2)!

Die Hauptursache dieser Richtungsänderung liegt in einer Serie teils kleinerer, bisweilen mittelgroßer, selten großer Umbau- und Rückbaumaßnahmen in der Alterssicherung. Diese Maßnahmen verdrängten allmählich die Ausbaureformen, von denen die deutsche Alterssicherungspolitik insbesondere von 1957 bis Mitte der 1970er Jahre geprägt wurde. Einschnitte in der Alterssicherung unternahm nicht nur die wirtschaftsfreundliche bürgerlich-liberale Koalition, die Deutschland

---

[22] Goerres (2009); Vanhuysse & Goerres (2012); Bagenhol & Clark (2018).

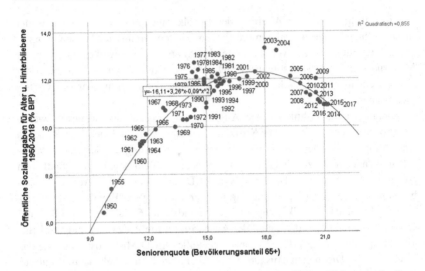

Abb. 2 Seniorenquote und öffentliche Ausgaben für Alter und Hinterbliebene in der Bundesrepublik Deutschland 1950–2018 Anmerkungen zu Schaubild 2:
Quellen: Sozialausgaben für Alter und Hinterbliebene 1950–1960: *Sozialbericht 1971* (Bundestags-Drucksache VI/2155, S. 72, 146, 151, 154 f.); 1961–2000: *Sozialbericht 2001* (Bundestags-Drucksache 14/8700, S. 227). 2001–2018: Sozialbudget-Schriften des Bundesministeriums für Gesundheit und Soziale Sicherung (2003) und seither des Bundesministerium für Arbeit und Soziales: *Sozialbudget 2003*, S. 41, *Sozialbudget 2009*, S. 14, *Sozialbudget 2014*, S. 16 und *Sozialbudget* 2018, S. 16. Seniorenquote: Bundesamt für Statistik et al. (2018, S. 15) und BMAS. *Sozialbericht 2009*, S. 247. Fehlende Daten wurden interpoliert.

von 1982 bis 1998 regierte.[23] Nach anfänglich expansiver Sozialpolitik beschloss auch die von 1998 bis 2005 amtierende rot-grüne Regierung Schröder sozialpolitische Umbau- und Rückbaumaßnahmen. Richtungsweisend wurde sogar der von Rot-Grün forcierte „Paradigmenwechsel"[24] von der rentenniveau- zur einnahmenorientierten Alterssicherung. Dieser Wechsel erforderte die zusätzliche Absicherung im Alter. Dafür sollte vor allem die kapitalgedeckte, subventionierte „Riester-Rente" geradestehen, die Rot-Grün einführte. Und die seit 1995 aufgebaute Pflegeversicherung, die fünfte Säule der Sozialversicherung, wirkte zudem bei der sozialen Sicherung der Pflegebedürftigen unter den Älteren mit.

Die Einschnitte und Umbaumaßnahmen der CDU/CSU- und der SPD-geführten Bundesregierungen summierten sich bis 2017 zu spürbaren Kürzungen

---

[23] Schmidt (2005).
[24] Schmähl (2001, S. 313).

der Renten der gesetzlichen Rentenversicherung und nachfolgend der Beamtenpensionen.[25] Insoweit konnten Experten der deutschen Politik bescheinigen, sie sei „bei der Eindämmung der Alterssicherungskosten recht erfolgreich"[26] gewesen, obwohl sie zahlreiche institutionelle Hindernisse und einflussreiche Gegenspieler überwinden musste. Mit diesen Kursänderungen wurde Deutschland, wie der internationale Vergleich zeigt, zu einem der Reformstaaten in der Rentenpolitik – gemessen an den Anpassungen der Alterssicherungssysteme an den demographischen Wandel und andere Herausforderungen wie schwächere wirtschaftliche Entwicklung, Finanzierungsschwierigkeiten und internationaler Standortwettbewerb.[27] Allerdings kamen alsbald Gegenbewegungen hinzu: So wich die dritte Große Koalition mit der „Rente ab 63" und der „Mütterrente" vom Kurs der Sanierungsreformen zugunsten einer erneut expansiven Sozialpolitik ab. Und Ähnliches wird in der 2018 gebildeten vierten Großen Koalition angestrebt – vor allem mit der Absicht, niedrige Altersrenten aufzustocken. Doch selbst die beträchtlichen Kosten dieser Reformen haben bislang den vom Schaubild 2 illustrierten Trend nicht grundlegend verändert.

Relative Entkoppelung von der Alterung: Parlament und Regierung

Wie die Politik sich vom demographischen Wandel entkoppeln kann, zeigt auch das Alter der Abgeordneten und der Minister. Zwar sind die jüngeren Altersgruppen in der Legislative und der Exekutive unterrepräsentiert und die mittleren und älteren Altersgruppen überrepräsentiert. Doch die Repräsentationsunterschiede sind nicht größer geworden. Davon zeugt das Durchschnittsalter der Bundestagsabgeordneten: Es stieg zu Beginn jeder Legislaturperiode von 50 Lebensjahren in der ersten Wahlperiode des Deutschen Bundestages (1949–1953) auf den Höchststand von 52 im vierten Bundestag (1961–65). Bis zum neunten Bundestag (1980–1983) sank es auf den Tiefststand von 47 Jahren und pendelt sich seither knapp unter 50 Jahren ein.[28]

Das Durchschnittsalter der Bundesminister zu Beginn der Legislaturperiode spricht ebenfalls gegen die These der Altenherrschaft: Es liegt mittlerweile knapp oberhalb von 50 Jahren – in der seit 2018 amtierenden vierten Großen Koalition

---

[25] Belege in Schmidt (2012).

[26] Schulze & Jochem (2007, S. 697), Übersetzung d. Verf.

[27] OECD (2011).

[28] Berechnet nach Schindler (1999, Bd. 1, S. 154); Feldkamp (2014, S. 6).

sind es 51 Jahre. Mehr als 55 Jahre betrug das Durchschnittsalter in den beiden
ersten Kabinetten Adenauer und im zweiten Kabinett von Rot-Grün (2002–2005).
Im internationalen Vergleich liegt Deutschland mit diesen Zahlen in der Mitte.

Das Alter der Bundeskanzler bezeugt ebenfalls keine gerontokratische Tendenzen. Adenauer war insoweit die Ausnahme. Bei seinem Amtsantritt im Jahre 1949
hatte der 73-Jährige eine viel größere Lebenserfahrung als alle Nachfolger. Ade-
nauers Nachfolger waren beim Amtsantritt allesamt jünger. Erhard löste Adenauer
1963 im Alter von 66 Jahren ab, Kiesinger wurde 62-jährig zum Bundeskanzler
gewählt, Brandt und Schmidt mit 55 Jahren. Kohl, Schröder und Merkel gehörten bei der Übernahme des Bundeskanzleramtes mit 52, 54 und 51 Jahren zu den
jüngsten Regierungschefs.

Arbeitslosigkeit von Jung und Alt im internationalen Vergleich

Die Chancen von Jung und Alt sind von Land zu Land unterschiedlich. Darüber informieren sowohl die zuvor erwähnten sozialpolitischen Daten, als auch
die Verteilung der Arbeitslosigkeitsrisiken. Einen lehrreichen Vergleich erlaubt
der *OECD Employment Outlook 2018,* der über die Arbeitslosenquoten der 15–
24-Jährigen und der 55–64-Jährigen in den OECD-Mitgliedstaaten und einigen
anderen Ländern unterrichtet.

Der Vergleich der Arbeitslosenquoten jüngerer und älterer Arbeitnehmer fördert berichtenswerte Ergebnisse zutage. Dreierlei sticht hervor (siehe Tab. 1).
Erstens ist in allen OECD-Mitgliedstaaten das Arbeitslosigkeitsrisiko der Älteren
erheblich geringer als das der Jüngeren. Zweitens variieren die Arbeitslosigkeitsrisiken der Älteren und der Jüngeren von Land zu Land, und zwar in großem
Maße. Drittens: Die Extremfälle sind Italien und Griechenland sowie Japan und
Deutschland. In Italien ist die Jugendarbeitslosigkeit fast sechsmal so hoch wie
die Arbeitslosenquote der Älteren. Krasse Unterschiede zwischen Jung und Alt
kennzeichnen auch Griechenland. Dort sind 2017 44 % der jüngeren und 18 % der
älteren Erwerbspersonen arbeitslos. In Japan und in Deutschland hingegen ist die
Jugendarbeitslosigkeit mit 4,6 bzw. 6,8 % 2017 niedriger als anderswo. Zugleich
ist der Unterschied zwischen den Arbeitslosenquoten der Älteren und der Jüngeren in Japan mit 2,0 Prozentpunkten kleiner als in allen anderen OECD-Ländern.
Aber auch Deutschland und die Niederlande haben mit einer Differenz von 3,4
Prozentpunkten relativ niedrige Jung-Alt-Unterschiede in der Arbeitslosigkeit.

Gemessen an Niveau und Differenz der Arbeitslosigkeit von Jung und Alt
schneidet Deutschland vergleichsweise vorteilhaft ab. Die Jugendarbeitslosigkeit

Tab. 1 Arbeitslosenquoten jüngerer und älterer Erwerbspersonen in ausgewählten OECD-Ländern, 2017

	Arbeitslosenquote der 15–24-Jährigen	Arbeitslosenquote der 55–64-Jährigen	Differenz der Arbeitslosenquoten von Jung und Alt
Japan	4,6	2,6	2,0
Deutschland	6,8	3,4	3,4
Niederlande	8,9	5,5	3,4
Schweiz	8,1	3,8	4,3
Tschechien	7,9	2,4	5,5
Österreich	9,8	4,2	5,6
Kanada	11,6	5,8	5,8
USA	9,2	3,1	6,1
Großbritannien	11,8	3,5	8,3
Australien	12,6	4,1	8,5
Polen	14,8	3,7	11,1
Schweden	17,8	5,1	12,7
Belgien	19,3	5,9	13,4
Frankreich	21,6	6,3	15,3
Spanien	38,6	15,3	23,3
Griechenland	43,6	18,1	25,5
Italien	34,7	5,8	28,9
Durchschnitt	*16,6*	*5,8*	*10,8*

Quelle: OECD (2018b, S. 276). Reihenfolge nach der Größe der Differenz zwischen den Arbeitslosenquoten der Jüngeren und der Älteren

ist niedriger als in den meisten anderen westlichen Ländern und der Unterschied zur Arbeitslosigkeit der Älteren vergleichsweise gemäßigt. Mitverantwortlich für dieses Leistungsprofil sind mindestens vier Bestimmungsfaktoren: die Existenz eines Berufsbildungssystems, das auch beschäftigungspolitisch Vorteile hat,[29] der Unterschied zwischen einer vergleichsweise leistungsstarken „koordinierten Marktwirtschaft" wie in Deutschland und weniger starken „unkoordinierten Marktökonomien" wie in den englischsprachigen Ländern und in Südeuropa,[30]

---

[29] Busemeyer (2015).

[30] Hall & Soskice (2001).

und ein vergleichsweise großer gewerblicher Sektor mit vorzeigbaren Beschäftigungschancen auch für jüngere Arbeitnehmer. Eine weitere Ursache ist die sozialstaatsfreundliche Parteienlandschaft in Deutschland und das dort tief verankerte Bestreben, Wählerstimmen in allen Altersgruppen zu gewinnen und die soziale Balance zwischen Alt und Jung zu wahren.

Politische Folgen der Alterung

Die politischen Folgen der Alterung der Bevölkerung in Deutschland sind spürbar. Mit ihr haben die Senioren mehr Markt- und Verbandsmacht gewonnen – und mit ihren Wählerstimmen mehr Staatsmacht. Von Exklusion oder nur Benachteiligung der älteren Bevölkerung kann nicht die Rede sein. Und Senilizid, Altentötung, die es in Jäger- und Sammlergesellschaften gab, ist heutzutage unvorstellbar.

Dennoch ist die vom Bundespräsidenten Herzog befürchtete „Rentner-Demokratie" nicht in Sicht. Weder sind die Senioren die einzige Macht im Staate noch sind sie auch nur die dominierende Kraft. Gewiss sind Jung und Alt in Spannungen verstrickt, aber nicht in unversöhnliche Konflikte. Selbst auffällige Spaltungen, wie Seniorenmehrheit für die bürgerlichen Parteien und Mehrheit der jüngeren Wähler für das nichtbürgerliche Lager, wirken nicht eruptiv.[31]

Obendrein lindern Anpassungen der Alterssicherung an das Älterwerden der Bevölkerung den potenziellen Konflikt zwischen Alt und Jung.[32] Das verdient besondere Beachtung, weil diese Anpassungen, wie die Heraufsetzung der Altersgrenze in der Rentenversicherung, wahlpolitisch riskante Umbau- und Rückbaumaßnahmen voraussetzen.

Literatur

Bagenhol, A., & Clark, A. (Hrsg.). 2018. Political Data Yearbook 2017. *European Journal of Political Research 57*(1).

BMAS (Bundesministerium für Arbeit und Soziales). (2018). *Sozialbericht 2017*. BMAS.

BMAS. (2019). *Sozialbudget 2018*. BMAS.

Bonoli, G., & Reber, F. (2009). The political economy of childcare in OECD countries: Explaining cross-national variation in spending and coverage rates. *European Journal of Political Research, 49*(1), 97–118.

---

[31] Mit Nachweisen Schmidt (2012, 2015).

[32] Die größeren Einschnitte in die Alterssicherung endeten im Wesentlichen mit dem Ausscheiden von Franz Müntefering aus dem Amt des Bundesministers für Arbeit und Soziales (Amtsdauer 22.11.2005–21.11.2007).

Busemeyer, M. R. (2015). *Skills and inequality. Partisan politics and the political economy of education reforms in western welfare states.* Cambridge University Press.

Bundesamt für Statistik (Destatis) et al. (Hrsg.). (2018). *Datenreport 2018.* Bundeszentrale für politische Bildung.

Der Bundeswahlleiter. (2018). *Die Bundestagswahl am 24. September 2017. Heft 4: Wahlbeteiligung und Stimmabgabe der Männer und Frauen nach Altersgruppen.* Statistisches Bundesamt.

Der Neue Fischer Weltalmanach 2017. (2016). Fischer.

Feldkamp, M. F. (2011). *Datenhandbuch zur Geschichte des Deutschen Bundestages: 1990 bis 2010.* Nomos.

Feldkamp, M. F. (2014). Deutscher Bundestag 1994 bis 2014: Parlaments- und Wahlstatistik für die 13. bis 18. Wahlperiode. *Zeitschrift für Parlamentsfragen, 45*(1), 3–16.

Feldkamp, M. F. (2018). Deutscher Bundestag 1998 bis 2017/2018: Parlaments- und Wahlstatistik für die 14. bis beginnende 19. Wahlperiode. *Zeitschrift für Parlamentsfragen, 49*(2), 207–222.

Forschungsgruppe Wahlen. (2017). *Bundestagswahl. Eine Analyse der Wahl vom 24. September 2017.* FGW.

Goerres, A. (2009). *The political participation of older people in Europe. The greying of democracies.* Macmillan.

Hall, P. A., & Soskice, D. A. (Hrsg.). (2001). *Varieties of capitalism. The institutional foundations of comparative advantage.* Oxford University Press.

Herzog, R. (2008). Rentner-Demokratie. *Frankfurter Allgemeine Zeitung, 86*(12. April 2008), 9.

Kaufmann, F-X. (1997). *Herausforderungen des Sozialstaats.* Suhrkamp.

Udo, K., & Merz, H.-G. (Hrsg.). (2001). *Kanzler und Minister 1949–1998. Biographisches Lexikon der deutschen Bundesregierungen.* Springer VS.

Kempf, U., Merz, H.-G., & Gloe, M. (Hrsg.). (2015). *Kanzler und Minister 2005–2013. Biografisches Lexikon der deutschen Bundesregierungen.* Springer VS.

Kohli, M., Sighard, N., & Jürgen, W. (1999). Krieg der Generationen? Die politische Macht der Älteren. In A. Niederfranke et al. (Hrsg.), *Funkkolleg Altern, Bd. 2, Lebenslagen und Lebenswelten, Soziale Sicherung und Altenpolitik* (S. 479–514). Leske + Budrich.

Niedermayer, O. (2019). Parteimitgliedschaften im Jahre 2018. *Zeitschrift für Parlamentsfragen, 50*(2), 385–410.

Obinger, H., & Schmidt, M. G. (Hrsg.). (2019). *Handbuch Sozialpolitik.* Springer VS.

OECD (Organisation of Economic Co-operation and Development). (2011). *Pensions at a glance (2011). Retirement-Iicome systems in OECD and G20 countries.* OECD.

OECD. (2018a). *Education at a glance 2018.* OECD.

OECD. (2018b). *Employment Outlook 2018.* OECD.

OECD. (2018c). *Social expenditure database.* OECD.

Schindler, P. (1999). *Datenhandbuch zur Geschichte des Deutschen Bundestages 1949 bis 1999* (Bd. 1). Nomos.

Schmähl, W. (2001). Alte und neue Herausforderungen nach der Rentenreform 2001. *Die Angestelltenversicherung, 48*(3), 313–322.

Schmidt, M. G. (Hrsg.). (2005). 1982–1989. Bundesrepublik Deutschland. Finanzielle Konsolidierung und institutionelle Reform. (Geschichte der Sozialpolitik und Deutschland seit 1945, Bd. 7. Hrsg. von Bundesministerium für Gesundheit und Soziale Sicherung/Bundesarchiv). Nomos.

Schmidt, M. G. (2012). Die Demokratie wird älter – Politische Konsequenzen des demographischen Wandel. In P. G. Kielmansegg & H. Häfner (Hrsg.), *Alter und Altern. Wirklichkeiten und Deutungen* (S. 163–186). Springer.

Schmidt, M. G. (2015). Auf dem Weg in die Gerontokratie? *Der Bürger im Staat, 65*(1), 86–94.

Schroeder, W., Munimus, B., & Rüdt, D. (2011). *Seniorenpolitik im Wandel. Verbände und Gewerkschaften als Interessenvertreter der älteren Generation.* Campus.

Schulze, I., & Jochem, S. (2007). Germany: Beyond policy gridlock. In E. M. Immergut, M. Karen, Anderson, & I. Schulze, (Hrsg.), *The handbook of west European pension politics* (S. 660–712). Oxford University Press.

Skarpelis, A. K. (2009). Alterung der Mitgliedschaft von Parteien und Gewerkschaften in Deutschland. In J. Kocka, M. Kohli, & W. Streeck (Hrsg.), *Altern: Familie, Zivilgesellschaft, Politik* (S. 323–336). Wissenschaftliche Verlagsgesellschaft.

Streeck, W. (2007). Politik in einer alternden Gesellschaft: Vom Generationenvertrag zum Generationenkonflikt? In P. Gruss (Hrsg.), *Zukunft des Alterns Die Antwort der Wissenschaft* (S. 279–304). Beck.

Vanhuysse, P., & Goerres, A. (2012). *Ageing populations in post-industrial democracies.* Routledge.

Erratum zu: Altern: Biologie und Chancen

Anthony D. Ho, Thomas W. Holstein und Heinz Häfner

Erratum zu:
A. D. Ho et al. (Hrsg.), *Altern: Biologie und Chancen*, Schriften der Mathematisch-naturwissenschaftlichen Klasse 27,
https://doi.org/10.1007/978-3-658-34859-5

Dieses Buch *Altern: Biologie und Chancen* herausgegeben von Anthony Ho, Thomas W. Holstein und Heinz Häfner wurde versehentlich ohne „Open Access" publiziert. Dies wurde nun korrigiert: Das Urheberrecht liegt nun bei den Herausgebern bzw. den Autoren. Dieses Buch wird nun unter der Creative Commons Namensnennung 4.0 International Lizenz veröffentlicht, welche die Nutzung, Vervielfältigung, Bearbeitung, Verbreitung und Wiedergabe in jeglichem Medium und Format erlaubt, sofern Sie den/die ursprünglichen Autor(en) und die Quelle ordnungsgemäß nennen, einen Link zur Creative Commons Lizenz beifügen und angeben, ob Änderungen vorgenommen wurden. Die in diesem Buch enthaltenen Bilder und sonstiges Drittmaterial unterliegen ebenfalls der genannten Creative Commons Lizenz, sofern sich aus der Abbildungslegende nichts anderes ergibt. Sofern das betreffende Material nicht unter der genannten Creative Commons Lizenz steht und die betreffende Handlung nicht nach gesetzlichen Vorschriften erlaubt ist, ist für die oben aufgeführten Weiterverwendungen des Materials die Einwilligung des jeweiligen Rechteinhabers einzuholen.

Die korrigierte Version des Buches ist unter erhältlich
https://doi.org/10.1007/978-3-658-34859-5

© Der/die Autor(en) 2022
A. D. Ho et al. (Hrsg.), *Altern: Biologie und Chancen*, Schriften der Mathematisch-naturwissenschaftlichen Klasse 27,
https://doi.org/10.1007/978-3-658-34859-5_15

Ergebnis und Auftrag

Paul Kirchhof

I. Altern als Gestaltungsauftrag

Wenn wir nun drei Tage in unserer Akademie über den Prozess des Alterns nachdenken, erleben wir erneut, dass mehr Wissen auch mehr Fragen aufwirft. Wir sind ein wenig stolz auf das, was die Forschung in der Medizin, der Biologie, den Behandlungs- und Digitaltechniken geleistet hat. Wir sind auch dankbar für die Zukunftsperspektiven, die uns Natur- und Geisteswissenschaften in ihrem Zusammenwirken für ein „gutes Leben" im Alter vorgetragen und vorgeschlagen haben. Wir sind aber vor allem bescheiden gegenüber dem, was wir wissen und was wir in Zukunft mehr wissen können.

Den Juristen hat als Ausgangspunkt des Alterns beeindruckt, dass die Leistungsfähigkeit des Gehirns etwa im Alter von achtzehn Jahren nachzulassen beginnt. In dieser Phase des Lebens spricht das Recht dem Menschen erstmalig die Wahl- und volle Vertragsfähigkeit zu. Dieses Recht beruht auf der Einsicht, dass die Urteilsfähigkeit dank Lebenserfahrung und Verantwortungsbereitschaft mit diesem Alter sich zu entfalten beginnt und letztlich in einer Altersweisheit mündet. Diese führt in vielen Kulturen dazu, die wichtigsten Gemeinschaftsentscheidungen einem Rat der Weisen vorzubehalten. Unser Recht kennt insbesondere bei der Zulassung zu öffentlichen Ämtern Altersvoraussetzungen, die mit wachsendem Alter eine bessere Eignung, Befähigung und fachliche

P. Kirchhof
Richter des Bundesverfassungsgerichts a.D.,
Universität Heidelberg,
Seniorprofessor distinctus,
Schillerstraße 4-8, D-69115 Heidelberg, Deutschland
e-mail: kirchhofp@jurs.uni-heidelberg.de

© Der/die Herausgeber bzw. der/die Autor(en) 2022   231
A. D. Ho et al. (Hrsg.), *Altern: Biologie und Chancen,* Schriften
der Mathematisch-naturwissenschaftlichen Klasse 27,
https://doi.org/10.1007/978-3-658-34859-5

Leistung für das jeweilige Amt erwarten. Auch die Gelassenheit scheint mit der Entwicklung des Lebens zu steigen, wenn die Familie gegründet und gefestigt, das Haus gebaut und die Karriereleiter erklommen ist. Die empirische Beobachtung des Gehirns gibt uns Teilantworten zum Phänomen des Alterns.

Wir haben gehört, dass jeder Mensch gerne älter werden, aber nicht alt sein möchte. Altern ist nicht nur ein Prozess der Erschöpfung, sondern auch der beständigen Lebensfreude, nicht nur Anlass für Rebellion, sondern auch für Erwartung und Zuversicht, nicht der verzweifelte Weg in den Untergang, sondern jeweils ein Schritt zur Erfüllung und Vollendung des Lebens. Der Mensch braucht Hoffnung bis zur letzten Stunde. Diese Hoffnung hat nicht zum Inhalt, das Ende des Lebens sei vermeidbar oder sollte durch Forschung vermeidbar werden. Ein grenzenloses Altern wäre eine „demographische Katastrophe". Die Hoffnung ist das urmenschliche Anliegen von Religionen und Weltanschauungen.

II. Impulse für weitere Forschung
Die vielen Impulse für Wissen, Verhaltensmaßstäbe und praktische Erfahrung, die wir diesem Symposion verdanken, möchte ich in 5 Fragen zu formulieren versuchen:

Wohin soll sich der Mensch entwickeln?

Die Frage des Alterns birgt in sich die Frage nach dem Ziel menschlichen Lebens. Der Mensch erhofft sich ein langes Leben, wird das Gute für sich beanspruchen und von sich verlangen, große Leistungen der Psyche und des Geistes von sich fordern, sein Leben nachhaltig von der Jugend bis zum Alter organisieren.

Das verbindliche Nachhaltigkeitskonzept unseres Gemeinwesens bietet die Verfassung. Sie nennt bestimmte Axiome, Tabus, Dogmen, die wir nicht aufgeben dürfen, ohne die Grundlage unserer Hochkultur zu verlieren. Am Anfang des Grundgesetzes steht der Satz: „Die Würde des Menschen ist unantastbar". In Art. 2 Abs. 2 GG folgt die Garantie des Rechts auf Leben und körperliche Unversehrtheit. Diese Garantien haben zur Folge, dass schon am Anfang des Lebens jeder Mensch, allein weil er Mensch ist, in der Rechtsgemeinschaft willkommen ist, am Ende des Lebens ein Zwang, sich zu verabschieden, schlechthin nicht in Betracht kommt. Zu den unverzichtbaren Rechtsprinzipien gehört auch die Friedensgarantie, wonach wir Konflikte allein in sprachlicher Auseinandersetzung, nicht mit Waffen, lösen. Todesstrafe und Völkermord sind verboten. Die Prinzipien von Freiheit, Gleichheit und Sicherheit prägen die Entwicklung des Menschen.

Wir denken den Menschen als zur Freiheit begabt, mit hinreichender Körperkraft, Urteils- und Einsichtsfähigkeit ausgestattet, um sein Leben selbstbestimmt zu gestalten. Doch der Mensch ist auch krank, alt und pflegebedürftig, arbeitslos und einsam. In dieser realen Unfreiheit ist er auf die Rechtsgemeinschaft, auf Hilfe durch den Nächsten und den Staat angewiesen. Dabei träumen wir nicht vom Jungbrunnen, auch nicht – das ist sehr deutlich geworden – von einer Wissenschaft, die alle unsere Probleme löst, wohl aber von einer Forschung, die den Menschen lehrt, seine Lebensbedingungen im Dienst von Würde, Selbstbestimmung und Lebensfreude stetig zu verbessern und darin beharrlich fortzuschreiten.

Auch das hohe Lebensalter lässt sich gestalten. Gesellschaft und Kultur müssen sich intensiver mit der Verletzlichkeit des Menschen, vor allem seiner körperlichen Funktionen auseinandersetzen. Zugleich aber darf der Mensch auf die großen Leistungen der Psyche und des Geistes vertrauen, die bei der Verarbeitung der Verletzlichkeit helfen und ermutigen. Menschen verfügen auch im hohen Lebensalter über ein bemerkenswertes, für das Humanvermögen wichtiges, seelisch-geistiges Potential. Sie nutzen dieses vor allem, wenn sie sich jungen Menschen widmen, wenn sie für andere Menschen sorgen und dabei anerkannt und gewürdigt werden. Die älteren Menschen wollen in der jungen Generation weiterleben. Eine derartige „Sorgekultur" ist bewusst zu entwickeln.

Wie soll sich der Mensch entwickeln?

Die Wissenschaft vom Altern bietet eine Fülle von Lebensklugheiten. Der Mensch soll seine Entwicklung nicht in zwei Phasen unterteilen – der glücklichen Jugend und dem Alter, in dem das Glück zusehends schwindet, sondern soll seinem Leben eine nachhaltige Entwicklung geben, die von Laufen, Lernen, Lachen und Lieben geprägt ist. Der Mensch wird stetig an sich arbeiten, seinen Körper trainieren, seine Person entfalten, seine Kultur pflegen und erhalten, sein Gedächtnis ständig neu fordern, aber auch die Kunst des Vergessens pflegen, um allen Unrat aus seinem Gedächtnis zu tilgen. Er wird bei seiner Ernährung die Kalorien verringern und das Rauchen unterlassen. Er wird auf Medikamente und Impfungen möglichst verzichten. Er wird sich hinreichend Schlaf gönnen, um sich zu erholen, aber auch im Traum die Ereignisse des Tages bewältigen. Er wird die Natur bewusst erleben, kann dadurch Schwermut, Verdrossenheit, Mutlosigkeit vorbeugen. Der älter werdende Mensch soll sich jungen Menschen widmen. Er wird Freundschaften pflegen, Kunst genießen, die Wissenschaft als ständigen geistigen Erneuerungsprozess erfahren. Er kann religiös über sich hinausdenken, in vielen Kulturen die Endlichkeit geistig zu überwinden suchen. Er wird die Kunst der Medizin nutzen, um dem natürlichen Prozess von Krankheit und Altern entgegenzuwirken, nicht nur durch Brille und neue Zähne, sondern auch durch Herz-, vielleicht auch durch Gehirnschrittmacher.

Der Mensch wird eine Familie gründen, erst die Kinder erziehen, dann die Enkel betreuen und den Generationenvertrag in gegenseitiger Verantwortung leben. Die „fitten Alten" können sich anderen Menschen präventiv und helfend zuwenden, der Jugend ihre Erfahrung mitgeben. Wird der Mensch selbst hilfsbedürftig, fängt ihn seine Familie auf, führt ihn nach einer Operation ins Leben zurück, pflegt ihn, vertritt ihn in Entscheidungen, wenn er selbst nicht mehr Entscheidungen treffen und sich nicht mehr äußern kann.

Die Kultur der ersten drei Lebensjahre bestimmt die gesamte Folgeentwicklung des Menschen. Die Stillzeiten sollen zugunsten der Kinder verlängert werden. Der Mensch ist ein Miteinander von Biologie, Kultur und persönlichen Entscheidungen. Die Person verändert sich mit der wirtschaftlichen Entwicklung, dem Gesundheitswesen, den Medien, der Bildung, dem Arbeitsumfeld. Doch jeder Mensch findet seinen eigenen Weg. Eine Frau über hundert Jahre verrät ihr Geheimnis: Keine Diät, keine Männer, abends Whisky.

Kalenderalter ist nicht Funktionsalter. Das Funktionsalter hängt von der geistigen Leistung, insbesondere der schnellen Informationsverarbeitung, von der Ernährung, Bildung, den Arbeitsbedingungen und den Werthaltungen ab. Ein körperliches Ausdauertraining reaktiviert das Gehirn. Arbeit kann klüger, gesünder, motivierter machen. Der Stoffwechsel von Stammzellen ändert sich mit dem Alter. Die Biomedizin kann die Lebenszeit verlängern, die Lebensqualität verbessern, ein besseres Altern ermöglichen, die Gesellschaft zusammenhalten. Auch das Altern ist nicht Schicksal, sondern lässt sich individuell leben – eigenverantwortlich, mutig, stets in Hoffnung.

Welche Rahmenbedingungen des Älterwerdens soll die Gesellschaft bieten?

Das durchschnittlich zu erwartende – steigende – Lebensalter und das persönliche Alterungsempfinden hängen wesentlich von den Rahmenbedingungen ab, in denen ein Mensch lebt. Erste Bedingung für ein gutes Leben ist der Frieden. Wir haben das Glück, unsere Häuser und die Universität in ein Friedensgebiet zu stellen, nicht im Kriegsgebiet leben zu müssen. Wir sollten uns ein Wohn- und Arbeitsumfeld suchen, das nicht durch Betonbauten verdunkelt und versperrt wird, sondern den Blick auf Garten, Wald und Landschaft eröffnet. Wir wollen in Würde und Freiheit leben. Statistische Daten zeigen, dass unter diesen

Voraussetzungen das individuelle Leben um 8 bis 10 Jahre verlängert werden kann.

Wenn gesagt worden ist, der Fall der Berliner Mauer und des Eisernen Vorhangs habe uns eine zusätzliche Lebenserwartung von durchschnittlich 7 Jahren gebracht, ist dieses ein markantes Zahlensignal, das auf die Bedeutung von Freiheit und Selbstverantwortung hinweist, mögen auch weitere Umstände – etwa der Ökologie oder Arbeitshygiene – hinzugetreten sein.

Freiheit meint vor allem auch Hilfe zur Selbsthilfe, die Entschlossenheit, sein Leben in die Hand zu nehmen, nicht sozialstaatliche Umarmung vom Staat zu erwarten, die eigenen Kräfte immer neu zu entfalten. Dabei sollte die Gesellschaft selbstverständlich das Umfeld des Menschen so organisieren, dass auch auf dem Lande der Hausarzt erreichbar ist, ein Altenpfleger zur Verfügung steht, Begegnungsstätten für Jung und Alt, auch Orte der Begeisterung und der Leidenschaft in Musik und Sport, Diskussion und Naturerlebnis angeboten werden.

Wir geben in Deutschland heute 12 bis 13 % des Bruttoinlandsprodukts für das Gesundheitswesen aus. Doch vielfach ist gesagt worden, wir brauchen für die Gesundheits- und Altenpflege mehr Geld und Geld sei da. Dieses ist ein Missverständnis. Geld ist stets ein rares Gut, ist eine Schuldverschreibung, die auf dem Vertrauen beruht, das vom Staat oder der Europäischen Union garantierte Geld werde jederzeit zu dem benannten Betrag eingelöst. Wir brauchen das Geld zur Friedenssicherung, zur Kindererziehung, zur Forschung und Lehre, zu Infrastruktur und Straßenbau, für den Umweltschutz, für Krankenhäuser und Pflegeeinrichtungen. An keiner Stelle ist genug Geld da. Deshalb muss das Parlament die verschiedenen Dringlichkeitsanliegen abwägen und das Geld angemessen verteilen. Ein Ausweichen in die Staatsverschuldung, die unsere Kinder und Kindeskinder belastet, weil wir über unsere Verhältnisse leben, wäre nicht der Weg eines guten Lebens in der Generationenfolge.

Eine Gesellschaft sichert ihre Jugendlichkeit durch ihre Kinder. Wir sollten in Deutschland – dem Land derer, die nicht hungern, sondern Hungernde speisen können – mehr Kinder haben, um den älter werdenden Menschen ein kulturell und wirtschaftlich gesichertes Alter zu garantieren. Den Nachdenklichkeiten des Alters ist jugendliche Spontaneität gegenüber zu stellen. Unsere Kultur gewinnt in einem demokratischen Staatsvolk eine Zukunft. Wirtschaftlich ist die beste Zukunftsvorsorge die Bildung und das Angebot von Arbeitsplätzen. Wer sich selbst sein Einkommen verdient, wird wirtschaftlich handlungsfähig, erfährt auch die Anerkennung seiner Leistung, die durch Entgelt in ihrem wirtschaftlichen Wert bestätigt worden ist. Das anstrengungslos empfangene Einkommen hingegen entsolidarisiert. Wer etwas empfängt, beklagt, es sei zu wenig. Wer zahlen muss, beanstandet, es sei zu viel. Das ist die gerichtliche Erfahrung beim Unterhaltsstreit, beim Länderfinanzausgleich, bei den Finanztransfers unter den Staaten der Europäischen Union.

Was soll die Wissenschaft tun?

Die unserer Akademie eigene Begegnung zwischen Naturwissenschaften und Geisteswissenschaften hat wieder einmal die Kluft überbrückt, die vor vielen Jahren den Dialog zwischen beiden Disziplinen erschwert hat. Damals sagte die Naturwissenschaft: „Der Mensch tut, was er kann". Diese These wird heute von einer verantwortlichen Wissenschaft nicht mehr gestellt. Zeiten der Atomspaltung, die unsere Welt vernichten könnte, der Genforschung, die wohl die Identität des Menschen zu verändern sich anschickt, der Psychopharmaka, die den freien Willen ausschließen können, auch des Gehirnschrittmachers, der von außen beeinflussbar ist, fordern eine Kultur des Maßes.

Die Geisteswissenschaften bemühen sich um die Frage, nach welchen Maßstäben der Mensch leben soll. Wenn nunmehr die Wissenschaft vom Können und die Wissenschaft vom Dürfen sich im ständigen Dialog beunruhigen, wird eine ganzheitliche Wissenschaft den Menschen allein zum Segen und nicht zum Schaden werden.

Für die Frage des Alterns haben die so verbundenen Human- und Humanitätswissenschaften empfohlen, die Wissenschaft solle Krankheiten zunächst vorbeugen, also Schaden vermeiden und Gesundheit erhalten. Erst wenn das nicht gelingt, sind Krankheiten zu heilen, Rehabilitationsmaßnahmen vor Pflegemaßnahmen einzuleiten. Diese Humanität beginnt am ersten Tag des menschlichen Lebens. „Kindermedizin ist Altersmedizin." Die Pflegebedürftigkeit eines Fünfundachtzigjährigen ist teurer als die Vorsorge seit der Kindheit – und das nicht nur ökonomisch.

Die Wissenschaft soll Krankheiten heilen, Schmerzen lindern, das Nachlassen der natürlichen Vitalfunktionen durch Hilfstechniken ausgleichen. Sie soll dem Menschen aber auch helfen, sein Gedächtnis zu üben, den Kreislauf zu stimulieren, alle Sinne ständig zu aktivieren, sein ganzes Leben entwicklungsgerecht zu gestalten.

Der Forscherdrang wird die Wissenschaft zum ständigen Fortschreiten drängen. Sie wird das Wissen in Medizin, Gentechnik, Biologie, Techniken mehren, Einsichten und Erfahrungen der Ethik, der Geschichtswissenschaften, des Rechts im Dienste der Humanität verbreiten, die neuen Fragen einer sich verselbstständigenden Technik kritisch bedenken. Bisher bestimmt der Wille des Menschen sein Werkzeug. Jetzt scheinen sich Computer, Roboter und IT-Techniken so zu verselbstständigen, dass der Mensch deren Wirken nicht mehr in stetiger Herrschaft begleitet, sie ihm und seiner Verantwortlichkeit zu entgleiten droht. Doch dann wird die Wissenschaft diese Maschinen hindern, anstelle des Menschen zu treten und zur „Künstlichen Intelligenz" zu werden. Der Mensch ist nicht der „letzte

Fehler im System", sondern Initiator, Kontrolleur und Verantwortlicher. Er wird seine Technik so verfeinern, dass er jeden Schritt der von ihm hervorgebrachten Maschine beobachtet, versteht, beherrscht, lenken und unterbrechen kann. Je mehr die Technik fasziniert, desto mehr muss der Techniker die Verantwortlichkeit des Menschen für diese Entwicklung sicherstellen, die Herrschaft über jeden Geschehensablauf gewährleisten.

Fragen an die Freiheit

Wenn die Wissenschaft uns lehrt, Krankheiten zu heilen, Schmerzen zu vermeiden oder zu lindern, die altersbedingte Schwächung der Vitalfunktionen zu verlangsamen oder zu kompensieren, mehrt diese Forschung die Freiheit des Menschen. Forschung ist Freiheitspolitik. Wird der Mensch dabei aber selbst zum Objekt der Wissenschaft, muss er sich insbesondere einer medizinischen Behandlung unterwerfen, fordert die Freiheit des Patienten, dass jeder Behandlung eine Einwilligung nach Aufklärung vorausgeht. Diese Einwilligung hat die Behandlung zu rechtfertigen. Eine zusätzliche Einwilligung ist bei Verwendung der Behandlungsergebnisse zu Forschungszwecken erforderlich. So wahrt der Patient ein existentielles Stück an Selbstbestimmung.

Wenn der Mensch sich so entwickelt, dass seine Urteilsfähigkeit immer schwächer wird und letztlich schwindet, muss der Wille des Patienten und des Sterbenden durch andere ersetzt werden. Dazu sind die Familienmitglieder berufen, die allerdings zugleich auch erwartungsvolle Erben, überforderte Pfleger, auch besorgte Versicherer sein können. Deshalb darf der Ersatzentscheider nicht über die Existenz eines Menschen verfügen, auch nicht über den Aufwand einer Behandlung bestimmen. Er formuliert im Rahmen des Rechts den mutmaßlichen Willen des Betroffenen.

In der Frage des humanen Sterbens sind wir vielfach noch unvorbereitet, in den Europäischen Rechtsordnungen uneinheitlich, in der verfassungsrechtlichen Vergewisserung noch unerfahren. So bleibt am Ende meiner schlichten Reflexionen die Frage nach der Würde und Freiheit des Menschen, der im Alter immer mehr an Kraft zur Selbstbestimmung verliert, deshalb vom Recht erwartet, dass es ihm eine Fortsetzung seines Lebens nach seinem Maß und seinem Stil gewährleistet. Je mehr die Erneuerung in Freiheit weicht, sucht das Recht Stetigkeit in einem erprobten und bewährten Umfeld zu bieten.

Printed in the United States
by Baker & Taylor Publisher Services